国家级一流本科课程配套教材
普通高等教育『十三五』规划教材

中国饮食文化

第3版

吴澎·主编
毕阳·主审

化学工业出版社
·北京·

内容提要

《中国饮食文化》（第3版）全面介绍了中国饮食文化的渊源、中国饮食的发展历史及现状；八大菜系的特点，各地、各民族代表性的风味小吃；中国酒文化；中国茶文化；文学作品中的饮食文化；节日和人生仪礼食俗；中国筷子文化；通过名人、名吃的典故阐述饮食文化对中国历史、文学、艺术及其他文化的影响。深入分析了中国饮食文化特点的根源，使读者对传统的中国饮食文化有较全面、系统的了解，并因此更深刻地了解中华民族的生活特点，增强文化修养，提高综合素质。相比第2版，对酒文化、筷子文化部分章节内容进行了调整补充，使内容更加完善。

本书内容深入浅出，难易适度，主要适合作为高等院校食品科学、旅游饭店管理、烹饪专业的专业课以及其他专业学生的选修课教材、相关专业自学考试教材，也可作为饮食文化爱好者的学习参考书。

图书在版编目（CIP）数据

中国饮食文化／吴澎主编．—3版．—北京：化学工业出版社，2020.7（2024.1重印）
普通高等教育“十三五”规划教材
ISBN 978-7-122-35602-4

Ⅰ.①中… Ⅱ.①吴… Ⅲ.①饮食-文化-中国-高等学校-教材 Ⅳ.①TS971.2

中国版本图书馆CIP数据核字（2020）第124639号

责任编辑：尤彩霞　　装帧设计：关　飞
责任校对：刘　颖

出版发行：化学工业出版社（北京市东城区青年湖南街13号　邮政编码100011）
印　　装：三河市双峰印刷装订有限公司
787mm×1092mm　1/16　印张10¼　字数238千字　2024年1月北京第3版第10次印刷

购书咨询：010-64518888　　售后服务：010-64518899
网　　址：http://www.cip.com.cn
凡购买本书，如有缺损质量问题，本社销售中心负责调换。

定　　价：36.00元

《中国饮食文化》
第3版
编写人员名单

主　　编：吴　澎

副 主 编：齐　丽　高瑞萍　夏远志　薛玉法

编写人员（按姓氏拼音排序）：

代养勇（山东农业大学）
董文明（云南农业大学）
高瑞萍（山东271教育集团）
侯爱香（湖南农业大学）
李宁阳（山东农业大学）
梁　进（安徽农业大学）
路　飞（沈阳师范大学）
牛闪闪（泰安市谷香园食品有限公司）
齐　丽（泰安市党校）
亓燕然（山东农业大学）
王兆祥（山东泰山茶溪谷农业发展有限公司）
魏　敏（山东第一医科大学）
吴　澎（山东农业大学）
夏远志（三千茶农茶业集团股份有限公司）
薛玉法（泰山职业技术学院）
杨凌宸（湖南农业大学）
张　淼（云南农业大学）
曾艺琼（湖南中医药大学）
周　涛（山东农业大学）
訾胜军（泰安市饭店烹饪协会）

主　　审：毕　阳（甘肃农业大学）

前言

随着物质生活的富足和传统文化的回归，越来越多的人对饮食文化产生了浓厚的兴趣；随着全球化的到来和社交场合的多样化，越来越多的人注重对自身素养的提高，开始学习中、西餐及各种酒水饮用方面的礼仪。目前国内饮食文化教材多是针对职业技术院校的学生，强调实用性，而针对高等院校学生旨在增强学生文化修养、提高综合素质的教材还比较少，但社会需求很大。且随着各高等院校的扩招和学分制的实施，学生选修课的范围越来越广。《中国饮食文化》线上公开选修课的开设，受到了全国众多高等院校学生的广泛关注与欢迎。

本书自第1、2版出版至今，受到很多高等院校授课老师、学生和读者的好评与欢迎。我们在第1、2版的基础上，根据相关高等院校老师授课过程中提出的问题及总结的经验，对第3版教材进行了如下修改。

（1）对全篇的内容、部分词句表达、格式做了修整，使逻辑更分明，内容更有条理。

（2）根据授课经验，删减了与现实生活关联不大的中国古代饮食礼仪方面的内容，并与多媒体课件相呼应，以保证听课效率。

（3）增加了相应的多媒体资源，通过化学工业出版社教学资源网（www.cipedu.com.cn）或智慧树平台《中国饮食文化》在线课程链接，可以方便获取相关课件、视频等丰富的资源。

本书全面介绍了中国饮食文化的渊源、中国饮食的发展历史及现状；八大菜系的特点，各地、各民族代表性的风味小吃；通过名人、名吃的典故阐述饮食文化对中国历史、文学、艺术及其他文化的影响。同时，本书深入分析了中国饮食文化特点的根源，使读者对传统的中国文化有较全面、系统的了解，并因此更深刻地了解中华民族的生活特点，从而达到增强文化修养、提高综合素质的目的。编者以实体教材为主，创建了立体化教材的相关网站“食育网”、微信公众号“悦食课”，以丰富拓展本教材的相关知识。

本书内容深入浅出，难易适度，适宜作为高等院校食品科学、旅游饭店管理、烹饪专业的专业课以及其他专业学生的选修课教材，也可作为相关专业自学考试教材及饮食文化爱好者的学习参考书。

囿于编者水平，书中虽经数次修改仍难免存在疏漏之处，恳请读者在阅读过程中提出宝贵意见。

编者

2020年4月

第1版前言

饮食文化是人们为追求饮食的美化、雅化而对它所赋予的文化的形式和内涵，是人们摆脱对饮食物欲的单纯追求，进而升华的精神享受。中华饮食源远流长、内涵丰富，以其工艺精湛、工序完整、流程严谨、烹调方法复杂多变等特点在世界烹饪史上独树一帜，形成独具特色的饮食文化。

中国的饮食文化，是一种艺术。各地不同的食风，风格迥异的特色菜点，以及由来已久的岁时食宿和饮食礼仪等，交织成多姿多彩的饮食文化。中国饮食文化是一种广视野、深层次、多角度、高品位的悠久区域文化，是中国各族人民在多年的生产和生活实践中，在食源开发、食具研制、食品调理、营养保健和饮食审美等方面创造、积累并影响周边国家和世界的物质财富及精神财富。中国的饮食文化还可以看成是具体而微的传统文化。传统文化中的许多特征都在饮食文化中有所反映，如“天人合一”说，“阴阳五行”说，“中和为美”说，以及“重道轻器”、注重领悟、不确定性等都渗透在饮食心态、进食习俗、烹饪原则之中。

本书全面介绍了中国饮食文化的渊源、中国饮食的发展历史及现状；八大菜系的特点，各地、各民族代表性的风味小吃；通过名人、名吃的典故阐述饮食文化对中国历史、文学、艺术及其他文化的影响；深入分析中国饮食文化特点的根源，使学生对传统的中国文化有较全面、系统的了解，并因此更深刻地了解中华民族的文化历史，增强学生的文化修养，提高学生的综合素质。本书内容深入浅出，难易适度，适用性广，兼顾学术性与普及性，主要适用于高等院校食品科学、旅游饭店管理、烹饪专业以及其他专业学生的选修课教材，也可作为相关专业自学考试教材及饮食文化爱好者的学习参考书。

本书第一章、第六章由张淼编写；第二章第一节、第七章、第八章由代养勇编写，其余各章均由吴澎编写，全书由吴澎统稿。由于编者水平有限，本书难免有疏漏之处，敬请读者批评指正。

编者

2009年2月

第2版前言

饮食与人们的生活息息相关。中国是一个注重饮食的国家，久在其中，耳濡目染，很多人对饮食都持有浓厚的兴趣。开设中国饮食文化课程，受到各专业很多学生的青睐。目前国内饮食文化教材多是针对高职院校编写，强调实用性，而针对高等院校学生增强文化修养、提高综合素质的教材还比较少，同时由于课程的边缘性很明显，社会需求很大。此外，随着各高校的扩招和学分制的实施，学生面对的选修课的范围越来越广。

本书第1版出版至今，受到很多高校授课老师、学生的好评与欢迎。在第1版的基础上，根据很多高校老师授课过程中提出的问题及总结的经验，编者对第2版教材进行了如下修改。

(1) 对茶文化一章做了改动，增添了一些内容，使逻辑更清晰，内容更有条理。

(2) 结合授课经验，将学生兴趣浓厚的内容和稍显枯燥的内容穿插讲解，将茶文化与酒文化的次序调整，并与多媒体课件相呼应，以保证听课效率。

(3) 增加了一章中国筷子文化，这也是学生普遍反映非常感兴趣并与我们生活中的饮食礼仪息息相关的内容。

(4) 适当缩减了与现实生活关联不大的先秦饮食礼仪方面的内容，只做概括性介绍；针对自助餐近年来在国内的普及，相应增加了自助餐餐饮礼仪。

本书全面介绍了中国饮食文化的渊源、中国饮食的发展历史及现状；八大菜系的特点，各地、各民族代表性的风味小吃；通过名人、名吃的典故阐述饮食文化对中国历史、文学、艺术及其它文化的影响。同时，本书深入分析了中国饮食文化特点的根源，使读者对中国传统的饮食文化有较全面、系统的了解，并因此更深刻地了解中华民族的生活特点，从而达到增强历史文化修养、提高综合素质的目的。

本书内容深入浅出，难易适度，适宜作为高等院校食品科学、旅游饭店管理、烹饪专业的专业课以及其他专业学生的选修课教材、相关专业自学考试教材，也可作为饮食文化爱好者的学习参考书。

囿于编者水平，书中虽经数次修改仍难免存在疏漏之处，恳请读者在阅读过程中提出宝贵意见。

编者

2013 年 9 月

目录

第七章　中国筷子文化 / 114

第八章　中国饮食礼仪 / 124

第九章 历史名人与饮食 / 140

参考文献 / 149

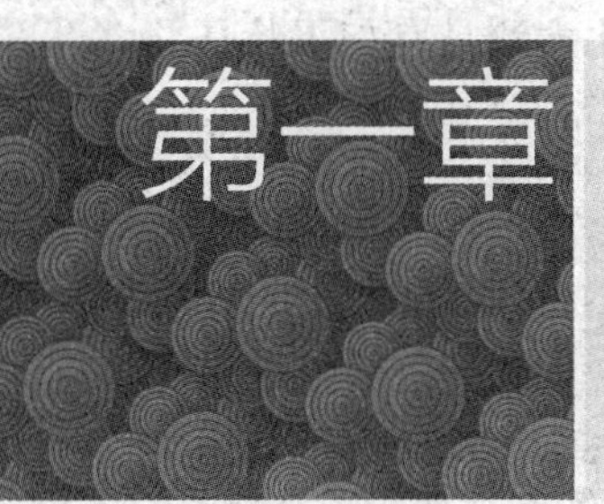

第一章 概 论

本章课程导引：

结合饮食典故中所表现出来的人文精神，注重引导学生进行人格的自我完善，提高学生的思想道德素质。

第一节 中国饮食文化的定义及特征

一、“饮食文化”的定义

“饮食文化”是一个涉及自然科学、社会科学及哲学的普泛的概念，是指食物原料开发利用、食品制作和饮食消费过程中的技术、科学、艺术，以及以饮食为基础的习俗、传统、思想和哲学，即由人们食生产和食生活的方式、过程、功能等结构组合而成的全部食事的总和。

二、中国饮食文化的特征

人类饮食文化的内涵十分广泛，涉及的方面也很多，但归纳起来，也不外乎是围绕着一个“吃”字。在中国，人们一向很讲究“吃”。在当今世界，有“吃在中国”之说，中国被誉为“烹饪王国”。迄今发现的人类用火熟食的遗迹，也以中国的为最早。孙中山先生在其《建国方略》一书中说：“我中国近代文明进化，事事皆落人之后，惟饮食一道之进步，至今尚为文明各国所不及”、“中国烹调法之精良，又非欧美所可并驾”、“昔者中西未通市以前，西人只知烹调一道，法国为世界之冠；及一尝中国之味，莫不以中国为冠矣”、中国人之食“以为世界人类之师导也可”。

中国饮食文化与中国文化，关联极其密切，因而我们有必要先对中国文化的某些特征作一阐述。中国文化自中华文明产生以后就以比较强烈的现实主义的思潮表现出来，伦理道德的色彩十分浓厚。纵观我国近五千年文化史，虽然封建礼教曾有过主张“存天理，灭人欲”，不过人要吃饭总是天经地义，于是饮食文化发展较顺利。首先，因为人口压力以及其它多种因素的存在，中国人的饮食从先秦开始至20世纪中叶的典型的饭菜结构就是以谷物为主，肉少粮多，辅以菜蔬。其中饭是主食，而菜则是为了下饭，即助饭下咽。这样促使中国烹饪的首要目的是装点饮食，使不可口的食物变得更加美味可口、精妙绝伦。其次，中国文化追求完美，加上中国手工业发达，使得中国的饮食加工技术在世界上可以说是首屈一指，体现了中国饮食文化追求完美的特征，即不仅要获得良好的感官享受，还要获得人生哲理、科学饮食搭配等方面的理性享受。综合所有这些原因，可以总结出中国饮食文化大致具有如下特征。

1. 博大精深

在中国传统文化教育中的阴阳五行哲学思想、儒家伦理道德观念、中医营养摄生学说，还有文化艺术成就、饮食审美风尚、民族性格特征等诸多因素的影响下，创造出了彪炳史册的中国烹饪技艺，形成了博大精深的中国饮食文化。

① 从历史沿革上看，中国饮食文化绵延近5000年，分为生食、熟食、自然烹饪、科学烹饪4个发展阶段，形成6万多种传统菜点、两万多种工业食品、五光十色的筵宴和多种多样的风味流派，赢得了“烹饪王国”的美誉。

② 从内涵上看，中国饮食文化涉及食源的开发与利用、食具的运用与创新、食品的生产与消费、餐饮的服务与接待、餐饮业与食品业的经营与管理，以及饮食与国泰民安、饮食与文学艺术、饮食与人生境界的关系等，深厚广博。

③ 从外延上看，中国饮食文化可以从时代与技法、地域与经济、民族与宗教、食品与食具、消费与层次、民俗与功能等多种角度进行分类，展示出不同的文化品位，体现出不同的使用价值，异彩纷呈。

④ 从特质上看，中国饮食文化突出养助益充的营卫论（素食为主，重视药膳和进补）、五味调和的境界说（风味鲜明，适口者珍，有“舌头菜”之誉）、奇正互变的烹调法（厨规为本，灵活变通）、畅神怡情的美食观（文质彬彬，寓教于食）四大属性，有着不同于海外各国饮食文化的独特品质。

⑤ 从影响上看，中国饮食文化直接影响到日本、蒙古、朝鲜、韩国、泰国、新加坡等国家，是东方饮食文化圈的轴心。与此同时，它还间接影响到欧洲、美洲、非洲和大洋洲，像中国的素食文化、茶文化、酱醋、面食、药膳、陶瓷餐具等，惠及全世界。

中国饮食文化的发展与繁荣，是与整个中国历史的发展和谐统一的，以中国古代饮食文化为例，具体体现在从宫廷到民间、从内地到边疆、从王公贵族到平民百姓，食风的盛、雅，艺的精、奇等方面：

“吃”的繁荣——菜系林立，风味饮食小吃千余种，各地食风食味独特且多样。

“吃”的艺术——美食、美味辅之以美器，追求三者的和谐统一，浑然一体。调味之精益，肴器之华贵，膳食之繁盛，烹饪技艺之巧妙，均堪称举世无双，独树一帜。

“吃”的典雅——表现在御宴排场之豪华，宫廷宴席与祭祀祭食礼仪之庄重，礼制和礼仪等级之森严，各式宴会氛围之典雅。

“吃”的效益——体现在官场之交接，人际关系之沟通，食疗之精道，延年益寿之成效，益神健体，祛疾疗饥之功能。

“吃”的奇异——边疆塞外，民族众多，风俗奇异。民族食艺、食风、食味，别具情调。

2. 烹饪技术发达

中国饮食文化有一个显著特点，即烹饪原料的广泛、多样、庞杂，几乎难以穷尽，这一点是西方人的饮食所无法比拟的。这种在原料选用上禁忌甚少的饮食习俗，使得中国烹饪的原料丰富，出现令人叹为观止的博杂景象，成为人类饮食文化史上的奇迹。

中国烹饪在原料利用上有一个基本原则，就是物尽其用，即将有限的原料制作出尽可能多和尽可能美味的吃食。无论原料是动物产品还是植物产品，在中国厨师看来，几乎均有所用。禽畜的头脚、内脏甚至血液，蔬菜的根、茎、叶、花、果，无不可以拿来烹制出精美的佳肴。这种物尽其用的原则，拓宽了中国烹饪的思路，极大地丰富了中国菜肴的花色品种。

"化腐朽为神奇"，这是中国艺术创作中一条重要的美学原则，也是中国烹饪的优良传统。把看似没有什么价值的原料，或者看来几乎无法食用的食物转化为人人喜爱的美味，是中国人的聪明之处。化废为宝的做法包括两个层次：一是把原先弃之不用的原料用来制作佳肴。例如，在江南一带用青鱼的肝可以烹制出"青鱼秃肺"，用鲃鱼的肝制作的"鲃肺汤"，用挤出虾仁的虾壳、洗出的虾籽和虾脑烹制出的"三虾豆腐"，用鱼的鳞片融化后做成的"水晶脍"，用野菜制作的"拌马兰""荠菜羹"等，都是化废为宝的实例。当然这种化废为宝是有一个过渡过程的，开始也许是为了生存的需要，以后就逐渐演变成了某种饮食习俗。化废为宝的第二个层次是把变质的食物转化为美味。中国传统食品中有不少经过发酵形成的风味食品，如腐乳、豆豉、臭豆腐、酸菜等，这些食品最早的起源可能是出于舍不得丢掉变质的食物，于是"歪打正着"，做出了别有风味的食品。

3. 食谱广泛

用同一原料烹调出不同口味的菜肴，是中国烹饪的另一大特色。如我们常说的"一鱼三吃""一鸡多吃"之法。一料多吃诚然反映出中国人在吃方面的精细讲究，而从其深层原因来说，还是建立在过去食物不多的情况下的无奈和智慧。烹饪原料的丰富可以为菜肴的花样翻新提供必要的条件，但是原料的稀缺更会刺激人们通过利用有限的原料去获得更多的味觉享受。如果仅有一只鸡，又不能满足于一种口味，就会想方设法用仅有的这只鸡做成几种不同口味。在这种一料多吃的促进下，菜肴的品种和烹调方法就愈积愈多。中国人利用黄豆发明了品种多样、口味不同的豆制品，就是"一料多吃"的典型例子。

4. 饮食涵义丰富

(1) 对生活习俗影响深刻

中国人总是尽可能地完善自己的日常生活——包括安排自己的节日。中国人的节日，最明显的体现即对饮食的重视（譬如端午节的粽子、中秋节的月饼等）。中国人的吃，不仅要满足胃、嘴，还要满足视觉、嗅觉。所以中国菜的真谛，就是"色、香、味、形"俱全，还包括营养学方面的要求（如"膳补"比"药补"更得人心，两者的结合又形成了"药膳"）。从这个意义上看，中国人既像厨师，又像大夫，还带点匠人或艺术家的气质。因而中国的饮食有着非常丰富、非常完善的理论体系。19 世纪末，美国传教士明恩傅就注意到了中国人对年饭的重视："中国疆域辽阔，各地风俗差异很大，但很少有一个地方在春节时会不吃饺子或类似的食物，这种食物就如同英格兰圣诞节上的葡萄干布丁，或是新英格兰感恩节上的烤火鸡和馅饼"。与西方人相比，在食物的质和量上不加节制的中国人是相当少的。中国的大众饮食总的说来比较简单，在食物上的代代节俭，可以说是中国人的显著特点。"好好吃上一顿"通常用来指婚宴或其他一些不可缺少美味佳肴之重要场合的事情。

在中国，用吃来表达各种思想行为现象的词汇非常丰富，含义又极其广泛复杂，如，情况紧急叫"吃紧"，受了惊吓叫"吃惊"，经受困难叫"吃苦"，力不从心叫"吃力"，受了损失叫"吃亏"，占便宜叫"吃了甜头"等。除了直接带吃字说的，还有间接带吃字说的，像在吃的过程中的各种味觉感受——甜酸苦辣，就被广泛用来形容多种事物，如"甜蜜的事业""甜美的声音""辛酸的回忆""痛苦的经历""泼辣的性格"等。

（2）饮食命名丰富

在中国，不仅菜的做法博大精深，就连菜的名字也是五彩缤纷。吃文化在菜名上的反映，就是给菜起名字很有讲究，一个雅名也许可以成为一个绝句妙语，令人反复品评；一个巧名或许就是一个生动传说，令人拍案叫绝；一个趣名可能包含一个历史典故，使人回味无穷；即便是一个俗名，也许就是一个诙谐笑谈，让人莞尔一笑。如在民间，人们给一些乡间菜肴赋予美丽的传说，借以提升菜肴的文化品位。一道普普通通的白菜豆腐汤，如果没有“珍珠翡翠白玉汤”这一响亮的名称，以及其中附缀的与朱元璋有关的传说，会令人感觉乏味。中国人给菜命名主要是根据料、味、形、质、色、时令、烹调技法、地名、人物、典故、比喻、寄意、抒怀、数字等。

① 以食料命名：如荷叶鸡、鲢鱼豆腐、羊肉团鱼汤。

② 以味命名：如五香肉、怪味鸡、酸辣汤。

③ 以形命名：如樱桃肉、太极芋泥、菊花鱼。

④ 以质命名：如一口酥。

⑤ 以色命名：如金玉羹、玉露团、琥珀肉。

⑥ 以时令、气象命名：如冬凌粥、秋叶饼、见风消、清风饭、雪花酥。

⑦ 以烹调技法命名：如滑熘里脊、粉蒸肉、干炸带鱼。

⑧ 以地名命名：如北京烤鸭、南京板鸭、涪陵榨菜。

⑨ 以人物命名：如东坡肉、文思豆腐。

⑩ 以典故命名：如柳浪闻莺、掌上明珠、阳关三叠。

⑪ 以比喻、寄意命名：如通神饼、龙凤腿、龙眼包子、麒麟鱼、鸳鸯鱼片、蚂蚁上树。

⑫ 以数字命名：一窝丝、二色脍、三不粘、四美羹、五福饼、六一菜、七返膏、八宝饭、九丝汤、十远羹等。

宴会也有各种命名，如全鱼席、全羊席、全鸭席、全素席、满汉全席、燕窝席、熊掌席、鱼翅席、海参席；寿宴、喜宴、除夕宴、避暑宴、迎春宴、孔府宴、百鸡宴、千叟宴等。

（3）饮食造型丰富

“吃文化”的另一个重要体现恐怕就是菜的造型了，而谈到造型就必须要谈到刀工。中国菜的刀工主要有切、批、斩等；刀法主要有直刀、平刀、斜刀、剞刀等，现代中国的刀法名称已不下200种，可将原料做成块、段、条、丝、片、丁、粒、茸、末、泥等形状。

菜的造型要重“形”，如雕瓜、画卵、面塑等造型绝技自古就有。如《烧尾宴食单》记载，用面塑蓬莱仙人70个入笼蒸成；《春明梦余录》记载，水果盘用荔枝约为现在的120斤❶、枣柿260斤粘砌而成；《清异录》记载，尼姑梵正用各种食物仿20处景做出大型的盆景；五代吴越地区用鱼片腌制发酵做成牡丹花，不能辨出真伪。菜的造型也要重视色彩效果，原则是必须体现食物原料的本色，并且与配料颜色的搭配要合理。在烹饪制作过程中食物常发生变色，要保持原料的本色或者改变原料到预定的颜色，都是创作的难题，这就要有高超的绝技了。可见，古人在“吃文化”上的造诣颇深。

（4）饮食寓意的应用广泛

在中国，从远古之时起，人们对吃已不是仅仅停留在品味“食之内”的美味上，而开始

❶ 1斤＝500克。

追求“食之外”的精神境界了。如中国的很多治国之道，就是从烹饪中得来的，甚至中国古代有的政治家就厨艺精湛。老子《道德经》第六十章中“治大国，若烹小鲜”，就是讲商代伊尹将“治大国”与“烹小鲜”联系起来，开创了特色独具的“烹饪政治学”；春秋时代孔夫子的“食不厌精，脍不厌细”，表述了精益求精、不断进取的理想追求和人生抱负；战国时代孟子的“鱼，我所欲也；熊掌，亦我所欲也，二者不可得兼，舍鱼而取熊掌者也”，则形象地阐述了逻辑学和社会学的微言大义。

由吃或烹饪所引发的“食之外”的思想理念进一步升华，并逐步赋予饮食以政治、哲学、人文、美学、道德修养等种种内涵。杜甫诗句“朱门酒肉臭，路有冻死骨”，即借变质的酒肉喻社会的不平，抒发了自己的政治倾向与抱负。李白对酒的吟咏则处处表达着对神仙世界的美好向往与飘逸奔放的性情。正因为中华烹饪文化赋予了饮食种种的内涵，吃，这一本来简单的生理需求，便成为修身养性、谈经论道的最佳载体。翻开中国古代文化典籍，与吃有关的文章或诗句比比皆是。吃，这一在常人看来大俗之事，在文人的眼里变成了大雅之举。中国饮食文化的提升、传播与中国历代文人的贡献密不可分，这也是中国饮食文化的另一大特色。

讨口彩，也就是老百姓所说的说吉利话。如送苹果不送梨，忌讳“梨”的谐音“离”；在除夕吃年夜饭时，鱼是少不了的一道菜，并且不能吃光，一定要留些到大年初一，取其“年年有余”之意。到了唐代，由于“鲤”与“李”谐音，鲤鱼顿时身价百倍。传说唐太宗李世民曾下过一道旨意，禁止人民吃鲤鱼，百姓捕到的鲤鱼必须放生，谁出售鲤鱼就得受罚。据传唐高祖李渊建立唐朝时，命令所有四品以上的官员身上佩上金龟，因为龟在当时是一种吉祥动物。武则天将唐改国号为周时，改佩金龟为佩金鱼，也就是鲤鱼，因此鲤鱼的身价就更高了。老百姓不敢直呼其名，改称鲤鱼为“赤鲜公”。后来，由于看到鲤鱼能在水中跳跃，就有了“鲤鱼跳龙门”之说。鲤鱼既然跳过龙门就能变成龙，与龙拉上了关系那就是不同凡响的。

中国的菜肴可谓是集讨口彩之大成了，有些菜肴就是皇帝金口御题的。如乾隆皇帝第六次下江南时，在杭州用御膳。厨师用鱼片、鲍鱼、干贝、海参、鱼翅、火腿片和鸡片等放在砂锅内用文火炖好后奉上。锅盖一拿开，顿时香气扑鼻，乾隆皇帝不禁龙颜大悦，想到自己富贵寿考，样样俱全，又自名“十全老人”，因此将此菜定名为“全家福”。

《御香缥缈录》中记载：慈禧太后用膳时，首先上来的是四盆用火腿丝拼成的“万寿无疆”四字，但这纯系讨口彩，慈禧从不动筷。接着送上来的菜肴，几乎每一道都有一个吉利的名字，如“有凤来仪”“琴台三凤”“百鸟朝凤”“玉屏凤汤”“龙凤呈祥”“花好月圆”“福禄寿”等。相传她还把鸡爪改名为“凤爪”，把鸡肝改名为“凤肝”，甜饭称之为“八宝饭”。

第二节　饮食文化的地域差异

一、中国饮食文化的地域差异

我国自然环境、气候条件、民族习俗等差异较大，各地区和各民族在饮食结构和饮食习惯上又有所不同，从而使得我国的饮食文化呈现复杂的地域差异。

1. 地区差异

我国在饮食习惯上有“南甜、北咸、东辣、西酸”之说，充分体现了我国饮食的地区差异。在我国东部平原地区，大概以秦岭—淮河为界，以南是水田，种植水稻；以北是旱田，种植冬小麦或春小麦。南方人以大米为主食，而北方人则以小麦面粉为主食。在气候方面，北方的气温比南方低，尤其冬季十分寒冷，因此北方人的饮食中，脂肪、蛋白质等在食物中所占比重大，尤其在牧区，以奶制品、肉类等为主。南方人饮食以植物类为主，有喝菜汤、吃稀饭的习惯。而在高寒的青藏高原上，青稞是藏族人民种植的主要农作物和主食，为了适应和抵御高寒的高原气候，具有增热活血功效的酥油和青稞酒成为藏族人民生活中不可缺少的主要食用油和饮料。

我国地域辽阔，民族众多，饮食调制习俗、饮食风味也千差万别，最能反映这一特点的是我国的菜系。我国有八大菜系或十大菜系之分，各菜系的原料不同、工艺不同、风味不同。川菜以“辣”著称，调味多样，取材广泛，麻辣、三椒、怪味、鱼香等自成体系，这与当地人抵御潮湿多雨的气候密切相关。粤菜集古今中外烹饪技术于一炉，以海味为主，兼取猪、羊、鸡、蛇、猴、猫等，使粤菜以杂奇著称。丰盛实惠、擅长调制禽畜味、工于火候的鲁菜，因黄河、黄海提供了丰富的原料，而成为北方菜系的代表，以爆炒、烧炸、酱扒诸技艺见长，并保留了山东人爱吃大葱的特点。此外，淮扬菜、北京菜、湘菜等，各具特色，充分显示了我国饮食体系因各地特产、气候、风土人情不同而形成的复杂性和地域性。

不同的地域环境也影响着人们的饮食习惯。如春节，各地饮食习惯就差别很大。南方水产丰富，常大鱼大肉数天，除夕晚餐少不了鱼，含“年年有余”之意。华北地区除夕晚上吃饺子，含“交子”（新年伊始）之意，且有“初一吃饺子，初二吃面”的习俗。而西北地区的汉族在除夕全家共吃煮熟的猪头，称“咬鬼”，以防恶鬼勾魂等。诸如此类的节日供品、节日喜庆等活动，又为我国饮食文化增添了丰富的内容。

2. 民族差异

我国有56个民族，汉族主要居住在东部平原地区，众多的少数民族则主要分布在西北、东北、西南地区，地形和气候差异大，更重要的是各民族在生产活动、民族信仰上都有各自的特点，在饮食上形成了各自的民族特色。

我国汉族聚居的东部平原，耕作条件较好，盛产稻米、小麦，同那些以耕作业为主的少数民族如朝鲜族、锡伯族、傣族、壮族、独龙族等一样，以五谷为主食。朝鲜族人喜食米饭、冷面。羌族人喜欢将大米掺入玉米混蒸，称“金裹银”。壮族的“包生饭”、苗族的“乌米饭”均颇具特色。蒙古族、鄂伦春族、怒族和牧区藏族，由于居住在寒冷地区，为抵御严寒，故以高热量的肉类为主食。松花江、黑龙江沿岸的赫哲族以渔猎为生，鱼肉、兽肉为其主食。蒙古族以放牧为主，饮食分白食和红食。白食为各类奶制品，红食主要是牛羊肉。维吾尔族则爱吃用大米、羊肉、胡萝卜等做成的手抓饭，以及拉面、烤羊肉、馕等。哈萨克族的风味小吃是用奶油混合幼畜肉装进马肠内蒸熟的“金特”和碎马肉拌香料蒸成的“那仁”等。

受自然条件的制约，各民族在民族发展过程中形成了各自的图腾信仰和对动植物的精灵崇拜。这同时也影响到饮食，比如鄂温克族人的祖先禁止猎熊，这样尽管他们以肉类为主食，却不会吃熊肉。

3. 旅游城市的风味饮食

城市风味饮食是饮食地域化的一个体现。例如，著名的北京烤鸭、天津狗不理包子、兰州拉面等，都具有鲜明的民族特色和地方特色。在旅游业日益发展的今天，城市风味饮食在原有传统的基础上进行加工改进，成为旅游文化的一个重要组成部分。许多游客，特别是外国游客来到中国的某一个旅游城市或旅游景点，都爱品尝一下当地的风味小吃。

北京曾是多个封建王朝的国都，曾是我国最为繁华的城市，汇集了各地饮食方面的能工巧匠，并逐渐形成了自己的风味饮食。北京饮食在传承历史的基础上推陈出新，特色饮食已成为北京旅游业不可或缺的资源，像北京烤鸭、仿膳宫廷菜、涮羊肉、谭家菜、炒肝、烧卖、萨其马、打卤面等都吸引着中外游客。天津除了闻名遐迩的狗不理包子外，还有十八街的麻花、锅巴菜等。太原的八珍饼干、八珍汤、过油肉、刀削面等，也别具特色。乌鲁木齐是维吾尔族集中的地方，因此它的饮食也颇具浓郁的维吾尔族情调，如烤羊肉串、哈密瓜、烤全羊、手抓饭等。而兰州是汉族和西北地区少数民族汇集的地方，民族成分的复杂性使该地区的饮食也多种多样，如清汤牛肉面、千层牛肉饼、臊子面等。除此之外，像南京的板鸭、虎皮三鲜，苏州的春卷、酱鸡，桂林的马肉米粉、南乳地羊（狗肉）、鸳鸯马蹄等，都颇有名气。这些城市风味饮食与人文建筑、城市风情以及城市工艺品等，构成了一个城市旅游资源的人文特色。

二、中西饮食文化的比较

众所周知，世界上有很多国家讲究吃并形成了具有一定特色的饮食文化，比较有名如以法国为代表的西方饮食文化、以中国为代表的中华饮食文化。中国人和外国人都讲究吃，外国人讲究的最高境界是美酒佳肴之外，环境的优雅和服务的周到，体味的是或高贵典雅或舒适周到或温馨浪漫的感官享受；中国人的饮食文化则要更上一层，不仅要获得良好的感官享受，还要获得人生哲理等方面的理性享受。中国美食广泛为各国所称道，其重要原因在于自先秦以来，历代的许多政治家、思想家、哲学家、医学家、艺术家等都善于烹饪并精于美食之道，更以饮食、烹饪而论修身齐家治国平天下之事，从而使烹饪超越了做饭本身的范畴，上升为一种思想、一种哲理，形成美食论，成为中国灿烂传统文化的重要部分，这也是我们强调的中华饮食文化最有特色的地方。

西方的饮食，由于最初主要以畜牧产品为主，肉食在饮食中的比例一直很高。欧洲人在显示富裕的时候，多以饮食的工具来表现，如器皿的多少和豪华程度成为讲究的内容。

在文艺复兴和工业革命后，西方科学精神兴起，确立了科学理性的饮食观，注重营养而忽视味觉。

中西文化之间的差异造就了中西饮食文化的差异，而这种差异来自中西方不同的思维方式和处世哲学，中国人注重“天人合一”，西方人注重“以人为本”。中西方饮食文化的差异主要体现在以下三个方面。

1. 饮食观念不同

相对于注重“味”的中国饮食，西方人坚持理性饮食观念。不论食物的色、香、味、形如何，营养一定首先要得到保证，讲究一天要摄取多少热量、维生素、蛋白质等。即便口味千篇一律，也一定要吃下去——因为有营养。在西方首屈一指的饮食大国——法国，烹调虽然也追求美味，但是“营养”却是美味的一大前提。尤其是20世纪60年代出现了现代烹调思潮，强调养生、减肥，因而追求清淡少油，一般采用新鲜原料，强调在烹调过程中保持原有的营养成分和原有的味道，所以蔬菜基本上都是生吃的。西方的咖啡广告多谈及某种咖啡内含许多有益人体健康的成分。有一种特制的完全不含咖啡因的咖啡，虽然价格比较高，但买者众多。

西方烹调因讲究营养而有时会忽视味道，至少有些场合是不以味觉享受为首要目的。西方人经常以冷饮为辅，在餐桌上冰镇的冷酒还要再加冰块，而人的舌头一经冰镇，味觉神经麻木，就很多味道也感觉不出来了。他们一般还拒绝使用味精。但对中国人来说，菜要是凉了就会变味或者说“没味儿了”。在欧美人中，好像只有俄国人喜欢吃热的，因此他们有很多罐焖菜。基于对营养的重视，西方人多生吃蔬菜，不仅西红柿、黄瓜、生菜生吃，就是洋白菜、洋葱、绿菜花也都生吃。在西方人的宴席上，可以讲究餐具、用料、服务，讲究菜之原料的形、色方面的搭配，但食物味道可能会相对单一。作为菜肴，鸡就是鸡，牛排就是牛排，纵然有搭配，那也是在盘中进行的。一盘法式羊排，一边放土豆泥，旁倚羊排；另一边配煮青豆，加几片番茄便成。色彩上对比鲜明，但在滋味上各种原料互不相干，各是各的味，简单明了。

在中国的烹调术中，对美味的追求几乎达到极致。民间有句俗话：“民以食为天，食以味为先。”中国饮食的独特魅力，关键就在于“味”。而美味的产生，在于调和，要使食物的本味、加热以后的熟味、加上配料和辅料的味以及调料的调和之味，交织、融合、协调在一起，使之互相补充，互相渗透。中国人对饮食的追求是一种难以言传的“意境”，即使用人们通常所说的“色、香、味、形、器”来把这种“境界”具体化，也很难完全体现中国博大精深的饮食文化。

2. 饮食对象不同

（1）素食与肉食的区别

很多西方人认为菜肴是充饥的，所以爱吃大块肉、整块鸡等“硬菜”。而中国的菜肴是“吃味”的，同样的大块肉、整块鸡却可以烹调出多种味道，所以中国烹调在用料上显示出极大的随意性。许多外国厨师无法处理的东西，一到中国厨师手里，就可以化腐朽为神奇，足见中国饮食在用料方面的随意性。据西方植物学者的调查，中国人吃的菜蔬有六百多种，比西方多近六倍。所以在中国，自古便有“菜食”之说，菜食在平常的饮食结构中占重要地位。

（2）规范与随意之别

烹饪讲究的调和之美，是中国烹饪艺术的精要之处。菜点的形和色是外在的东西，而味却是内在的东西，重内在而不刻意修饰外表，重菜肴的味而不过分展露菜肴的形和色，这些正是中国美性饮食观的最重要的表现。中国菜的制作方法最终是要调和出一种美好的滋味。这讲究的是分寸，是整体的配合。它包含了中国哲学丰富的辩证法思想，一切以菜的味的美好、协调为度，度以内的千变万化就决定了中国菜的丰富和富于变化，决定了中国菜的特点。

西方人的饮食遵从的是科学的原则，因此，在烹调过程中严格按照科学和营养的原则来行事，并不是以是否有味为主。如，牛排的味道从纽约到旧金山大都一样，牛排的配菜几乎都是番茄、土豆、生菜等有限的几种。而且，规范化的烹调要求调料的添加量精确到克，烹调的时间精确到秒。

中国的烹调不仅各大菜系都有自己的风味特点，就是同一菜系的同一个菜，根据不同厨师的配菜特点以及使用调料的不同也有所不同。

因此，虽然中国的烹调也讲究规范化、科学性，但是更为突出的特点还是它的随意性。主要体现在加工方式的随意性等方面。食品加工的随意性，促使中国菜具有多样性。如原料的多样性、刀功的多样性、调料的多样性以及烹调的多样性。如果再把它们交叉组合，种类就会更多，因此一种原料就可以做成几种甚至几十种菜肴。比如常用的原料鸡，就可以做出几十道甚至上百道的菜，其它原料也是如此。因此一般来说，在盛产某种原料的地方，经常能以这种原料做出成桌的酒席来，如北京的“全鸭席”、延边的“全狗席”、广东的“全鱼席”等。

(3) 分别与和合

国学大师钱穆先生在《现代中国学术论衡》中说：“文化异，斯学术亦异。中国重和合，西方重分别。”体现在饮食文化上，亦是如此。一般来说，西菜中除少数汤菜，如俄罗斯的罗宋汤，是以多种荤素原料集一锅而熬成的之外，正菜大多就只有一种原料，如西方正菜中的鱼一般就是只有一种鱼，鸡就是只有一种鸡，蜗牛就是只有一种蜗牛，牡蛎就是只有一种牡蛎。而“土豆烧牛肉”不过是烧好的牛肉辅以煮熟的土豆，并不是将牛肉和土豆一起放在锅里烧。

中西饮食文化中的“分别”与“和合”的差异，根本之处还是体现在烹与调的分合上。虽说是烹调，可西餐基本上是有烹无调，或者说烹多而调少，西餐的主菜和配菜一般都不是放在一个锅里烹制，因此也就不可能有中国所谓的五味调和，西餐配菜的作用要么是在营养上的配合，荤配素，蛋白质配维生素；要么在颜色的配合上下功夫，红的番茄，绿的西蓝花，浅绿的生菜，黄色的柠檬，这些都能增加美感促进食欲，促进唾液和胃液的分泌，还可以在口味上有所调剂，起到助消化的作用，比如用西式烤鸭配烤苹果、酸白菜，炸猪排配苹果泥，炸鱼配柠檬片。所有这些，其重在“配合”而非“调和”。

中国人历来都追求“和”与“合”的美妙境界。音乐上讲究“和乐”“唱和”，医学上主张“气和”。“和”用在饮食烹调中是指适中和平衡。其实“和”最早的意义还是从饮食中来的。中国饮食文化的核心就是这个“和”字，烹调的核心就是“五味调和”。而这个“五味调和”论又是由“本味论”“气味阴阳论”“时序论”和“适口论”组成。所谓的“本味论”指的是强调饮食原料的原汁原味，例如广州的靓汤最重视的就是入汤原料的原味，一般很少往汤里加调料，以免破坏了原料的原味。“气味阴阳论”是指按照阴阳五行说来指导饮食烹调，五行说认为金、木、水、火、土在饮食口味上的属性分别是辛（辣）、酸、咸、苦、甘，称之为五味，这五味受五行统辖。“时序论”重在说明烹调的时候要注意先后顺序以及按照时令而使烹调有所变化。最后的“适口论”就是目的了，所有以上的这些“本味论”“气味阴阳论”“时序论”都是为了达到使食物美味可口的目的。中国传统饭菜摆设时，主食、副食要分开，目的是使饭、菜交替入口。吃菜时稍有味觉疲劳，再换着吃米饭、花卷、面条之类的主食，用吸附力很强的米饭或面将口腔中的菜味加以清除，以恢复口腔对菜味的全新感受。继而再吃饭，又可从饭的淡香中领受到饭的另一种味道。所以说饭与菜交替入口，不仅使两种味道相得益彰，而且唤醒了人类固有的对饮食美的欣赏与追求。这种奇妙的享受，从西餐中恐怕是难以得到深刻体会的。

3. 饮食方式不同

中西方的饮食方式有很大不同，这种差异对民族性格也有影响。在中国，尤其是过去的年代，任何一个宴席，不管是什么目的，大都是大家团团围坐，共享一席。筵席多用圆桌，这就从形式上造成了一种团结、礼貌、共趣的气氛。美味佳肴放在一桌人的中心，它既是一桌人欣赏、品尝的对象，又是一桌人感情交流的媒介物。人们相互敬酒、让菜、劝菜，在美好的食物面前，体现了人们之间相互尊重、礼让的美德。虽然从现代卫生学的角度看，这种饮食方式有明显的不足之处，但它符合我们民族“大团圆”的普遍心态，反映了中国古典哲学中“和”这个范畴对后代思想的影响，便于集体的情感交流，因而延续至今。

西式饮宴上，食品和酒尽管非常重要，但实际上均为陪衬。宴会的核心在于交谊，通过与邻座客人之间的交谈，达到交谊的目的。如果将宴会的交谊性与舞蹈相类比，那么可以说，中式宴席好比是集体舞，而西式宴会好比是男女的交谊舞。由此可见，中式宴会和西式宴会交谊的目的都很明显，只不过中式宴会更多地体现在全席的交谊，而西式宴会多体现于私人之间的交谊。与中国饮食方式的差异更为明显的是西方流行的自助餐。自助餐的做法是：将所有食物一一陈列出来，如酒、菜、点心、水果等应有尽有，大家各取所需，不必固定在座位上吃，可以自由走动。这种方式便于个人之间的情感交流，不必将所有的话摆在桌面上，也表现了西方人对个性和自我的尊重。但各吃各的，互不相扰，缺少了一些中国人聊欢共乐的情调。

西方人如果为了社交而设宴款待客人的话，大多采用的也是“自助餐”。西方人的这种设宴方式和分餐制充分尊重了个人的爱好，不浪费，因为人们一般是吃多少取多少，而且相对来说比较卫生，不容易传染疾病，减小了“病从口入”的概率。

随着科学的发展，中西饮食文化的差异变得越来越模糊。随着中国人生活节奏的加快，不少人认为传统的中餐做起来太麻烦，快餐如汉堡、方便面等也越来越受欢迎。西式自助餐厅在中国也越来越多。

第三节　中国饮食文化研究的基本状况

一、历史上的饮食文化研究

中华文化，自秦始皇起就走上了封建专制的“政治文化”的道路。汉武帝“独尊儒术”，则使这种“政治文化”确定了以儒家为主的基本内容。它的核心是治封建之国，治封建之家，修封建之人身，即纳入封建之道的政治色彩极浓的文化。在这种封建的专制政治和文化氛围中，几乎一切知识精英都埋头于传统和正统的政治文化之习学研究。除这种直接或间接服务于封建治术的政治文化之外的一切文化科学门类，大多都被视为“虚应”（《红楼梦》中贾政语）和“末技”。至于烹调技艺和厨作，都是贱民所从事的下作之业。即便是属于上等社会的成员，如果他把饮食之事视为第一等大事而置于封建的道德之上，甚至是过于追求饮食，那他就成了所谓的“饮食之人”，“饮食之人，则人贱之矣，为其养小以失大也……养其小者为小人，养其大者为大人”（《孟子·告子上》），这“大人”亦即“君子”。“君子食无求饱，居无求安。敏于事而慎于言，就有道而正焉。可谓好学也已。”（《论语·学而》），儒家视自己的“道”高于一切，主张毕生循道、卫道，为道可“杀身”（《论语·卫灵公》），为道可“舍生”（《孟子·告子上》）。饮食，活命养生，固是民天大事，但它只有统一和服从于道时才有存在的价值和意义。

正因为如此，就造成了中国历史上针对饮食研究的一种反常现象，即一方面有不断发展的“吃”文化，另一方面却是很少有记录文字留世。明中叶以前，关于饮食生活与烹调技艺的文字记载，不仅数量上很少，而且大多流于文墨之客的浮泛粗陋之词，难以按图索骥。两汉以后至唐之前，尽管有数部以“食经”名世的著述见录于史籍，却又多失而不传，后人难窥其详。倒是一些农书和本草保留了些相关资料，却又没有专述饮食与烹调，故不可视为饮食文化之专著。

1. 商周时期

商周时期，《诗经》中有不少诗句反映当时黄河中下游地区人们的饮食习俗和饮食文化。周公旦所著的早期礼制全书《周礼》中记载，为王室服务的天官大冢宰中，与制作和供奉饮食有关的人员就达2332人，分为22种官职，并且书中还出现了“六食”“六饮”“六膳”“百馐”“百酱”“八珍”等有关饮食的名称。后来西汉的《礼记》中又有许多有关当时黄河中下游地区饮食文化的记述，其中提到周代“八珍”及周代的风味小吃“饵”（糕饼），成为中国有关饮食文化方面的最早记录。

与黄河中下游地区饮食文化相对应，这个时期人们也开始研究和记录长江中下游地区的饮食文化，如中国现存首部浪漫主义诗歌总集《楚辞》中，就有许多作品歌颂当时楚国的酒与食品，特别是宋玉的《招魂》中提到许多食品和饮料名称。《楚辞》记述了楚地的文学样式、方言声韵和风土物产等，具有浓厚的地方色彩，因此，《楚辞》可以说是中国最古老的关于长江中下游地区饮食菜谱。在战国末期又出现了专门的烹饪论述——《吕氏春秋·本味》，篇中记述了商汤以厨技擢用伊尹的故事及伊尹说汤的烹饪要诀：“凡味之本，水最为始。五味三材，九沸九变，火为之纪。时疾时徐，灭腥去臊除膻，必以其胜，无失其理。调和之事，必以甘酸苦辛咸。先后多少，其齐甚微，皆有自起。鼎中之变，精妙微纤，口弗能言，志弗能喻。若射御之微，阴阳之化，四时之数。故久而不弊，熟而不烂，甘而不哝，酸而不酷，咸而不减，辛而不烈，淡而不薄，肥而不腻。”该烹调理论成为中国以后两千多年饮食烹调的理论依据。

总体而言，这时中国的饮食文化研究还只是处于发轫时期，多以描述礼制规定为主，很少有更深入的理论研究。

2. 秦汉时期

秦汉时期，中国成了统一的多民族国家，这便大大促进了各地各民族的饮食文化的交流，相应地饮食文化的研究也上了一个新台阶，特别是追求长寿等道术的流行更进一步促进了食疗理论的发展。

在秦汉时期的许多辞赋中都大量记述了当时的饮食物品，如司马相如的《上林赋》、枚乘的《七发》、扬雄的《蜀都赋》等。其中王褒的《僮约》中有“烹荼”“买荼”的文字，是“荼”发展为“茶”字的最早由来。这个时期出现了研究食疗的专门论述，主要见于《黄帝内经》《神农本草经》和《山海经》等，为以后食疗理论的形成奠定了基础。

3. 魏晋南北朝时期

魏晋南北朝时期，中国饮食文化研究开始走向繁荣时期，食品制作、烹调和食疗方面的著述成批涌现，出现了良好的发展势头。这期间，关于饮食和烹调的书有崔浩《崔氏食经》（四卷）、嵇康的《养生论》。这一时期现存的有关饮食的著述主要有《临海水土志》，为三国时吴国沈莹所著的地理书，书中收录了中国东南沿海地区的鱼类、鸟类、竹木藤果等物产。

《荆楚岁时记》为南北朝时梁朝的宗懔编撰的笔记体散文集。书中有不少梁代荆楚地区岁时饮食的记载，如寒食、曲水、汤饼、冰鉴、菊酒、羹、脍、赤豆粥、腌食等。晋朝是个很讲求奢华的时代，何曾也曾是个权倾一时的人物，他只因“厨膳滋味，过于王者”，而在生前死后多遭非议（《晋书·卷三十三·何曾传》）。但由此也可以看出当时注重奢侈豪华宴饮的风气。

4. 隋唐宋时期

隋代因其存续时间较短，现存饮食方面的研究成果只有谢讽所撰的《食经》，并且只记录了53种菜肴的名称。

盛唐时期随着社会的相对稳定，国富民强的社会环境的熏陶，人们追求安逸和享乐，追求口腹之欲，从而使饮食文化研究出现了高潮，饮食文化的著述也就不断涌现。烹饪和食物加工的书籍，现存的主要有韦巨源《食谱》，是唐代韦巨源献给皇帝的“烧尾宴”的菜单。其中罗列了58种菜名，并附有简单的说明。

《膳夫经手录》是唐代杨晔撰写的烹饪书，书中介绍了26种食品的产地、性味和食用方法。食疗保健方面的著述有孙思邈的《千金翼方》和《千金要方》、孟诜的《食疗本草》。

唐代在饮食文化研究上出现了两种新趋势：一是开始总结前代的成果，如欧阳询等人奉敕撰写的《艺文类聚》中就开始总结唐代以前的饮食文化的宝贵资料；二是茶文化研究被列入议事日程。从唐代开始，在佛教的影响下，中国饮茶之风大盛，出现茶文化热，涌现出大量的专家和典籍。其中以陆羽（被誉为“茶圣”）的《茶经》最为有名。《茶经》共三卷，为现存最早的茶书，全书分上、中、下三卷共十个部分，涉及茶文化的“源”“具”“造”“器”“煮”“饮”“事”“出”“略”“图”等内容，成为万世茶道之经典。与此同时，由于盛唐疆域广大，人口流动较前代频繁，人们对各处风土研究的兴趣也大为增强，写出了许多记述各地风物（包括饮食）的志书，如段成式的《酉阳杂俎》、段公路的《北户录》、刘恂的《岭表录异》等。

宋代与饮食文化有关的作品主要有李昉、扈蒙、李穆等人的《太平广记》，沈括的《梦溪笔谈》，孟元老的《东京梦华录》，内容涉及饮食民俗、名肴、历史故事、诗文典据、名物制度的考证等。

《清异录》是北宋陶穀所作杂文集。书中采录了自隋代至五代的旧闻故事，共分为37门，661条，其中与饮食有关的有“馔羞”“蔬”“鱼”“禽”“兽”“酒浆”“茗荈”“果”等门，是饮食史上的宝贵资料。该书还首次出现红曲、绿花包子等食品的明确记述。

《东京梦华录》是南宋孟元老因金兵南下而移居江南后，对旧京汴梁的回忆录。该书记述了东京的“酒楼”和“饮食果子”、与每月的节日行事有关的饮食及当时各地的名菜，是当代探讨这些名菜起源的宝贵资料。

宋代由于饮茶之风更为普遍，饮茶成为当时社会各阶层共有的雅趣，上至皇帝，下至百姓无不精于此道，当时有关茶道的书籍有北宋蔡襄的《茶录》，甚至还有宋徽宗赵佶所作的《大观茶论》。

5. 元明清时期

《居家必用事类全集》《随园食单》为这个时期有名的饮食文化代表作。《居家必用事类全集》为元前期的百科全书，该书对居家生活所必需的知识进行了分类和整理，其中与饮食有关的记载于己集卷十一、卷十二的“诸品茶”，庚集卷十三、卷十四的“饮食类”中，共计 377 条，其影响可与《齐民要术》相匹敌。书中不仅介绍了许多食品的制作方法，还介绍了蒙古族以及其他少数民族的饮食，是研究宋、元饮食史的宝贵资料。

明朝时还出现了明周定王朱橚的《救荒本草》、王磐的《野菜谱》、姚可成的《救荒野谱》等一系列以救荒为本的野菜书籍。

《随园食单》为清代袁枚所撰的烹饪书。该书的开头部分是“须知单”，共 34 项，接着在后文中介绍了 300 余种饭菜和点心的制作方法。其中多数为浙江、江苏两省的食品，另外对北京、山东、广东的饮食也有所介绍。

清末宣统元年（1909 年），中国出现了西餐烹饪书《造洋饭书》，书中分二十五章，介绍了西餐的配料及烹调方法，卷末附有英语、汉语对照表。

6. 中华民国时期

孙中山的《建国方略》《三民主义》等著述中，曾对中国饮食文化作了精辟的论述。孙先生认为，作为饮食文化重要组成部分的烹调技艺的发展与整个饮食文化水平的提高，同整个民族的经济、文化的发展紧密相连，并且是社会进化的结果，是文明程度的重要标志。他从中西文化比较的角度，论述了中国饮食文化的特点和优点。孙先生之后，诸如蔡元培、林语堂、郭沫若等文化名人，也都不乏此类论点。

二、现代饮食文化研究

20 世纪 70 年代以来，中国饮食文化的研究，是以烹饪为中心进行的。从 20 世纪 70 年代到 80 年代的 10 余年间，菜谱化和烹饪技术普及读物是研究的基本特色和主要成果。

随着 20 世纪 80 年代中期开始的“文化热”研究的深入和 90 年代初“旅游热”的推动，90 年代的饮食文化研究出现了一个空前高潮。

当前，从事饮食文化研究的队伍十分庞大。饮食文化相关组织机构有中国酒文化研究委员会、中华茶人联谊会、中国食文化研究会、中国饭店协会等，地方性民间组织有上海市茶叶学会、上海茶文化研究中心、安徽茶文化学会、青岛市烹饪协会、上海饮食行业协会、北京市餐饮行业协会等，并且有大量公司和饭店以及一些高等院校也加入了这个行列。各大相关高校相继设立了食品专业，多地设立有食品研究院。除这些组织外，还有大量的个体研究人员，包括文化学者、饮食机构的科研人员、厨师等。饮食文化研究已有自己的专业出版物，主要有《中国烹饪》《食品科技》《中国食品报》等报刊，另外如《民俗研究》《民俗》等有关杂志还设有饮食文化研究专栏。

三、海外研究热潮

中国食文化近现代研究的兴起，并非是在中国内地，也并非由华人为中坚力量率先搞起来的。严格地说，中国食文化研究在近现代的兴起，是由日本学者率先开始并以他们为主力队伍的。由于中日文化“一衣带水”的特点和长久交往的历史事实，日本学者食文化研究的许多著述，都有相当大部分的中国食文化内容，对我国近代饮食文化的研究具有相当重要的参考意义。最迟自 20 世纪 40 年代以来至今的半个多世纪里，有大批日本学者从事中国食文化研究并提供了堪称丰硕的成果，而且这种势头还更趋兴旺。其中，以篠田统和田中静一先生的成就比较高，影响比较大。

追随日本学者之后的，是海外华人学者和少数欧美汉学家开始进行的研究。其中值得一提的是尹德寿《中国饮食史》、张光直《Food in Chinese Culture》、张起钧《烹调原理》、杨文骐《中国饮食文化和食品工业发展简史》、唐鲁孙《中国吃的故事》、刘华康《中国人吃的历史》等。纵观数十年间海外学者的中国食文化研究，可以说思想活跃、范围广泛、学者如林、成果丰厚。而大陆饮食文化学开拓人赵荣光先生的著作较多，形成了独具特色的“赵氏理论”。

第四节　孔孟、老庄的饮食之道

一、孔子的饮食思想

孔子最早提出了关于饮食卫生、饮食礼仪的内容，为中国烹饪观念的形成，奠定了重要的理论基础，同时也客观地反映了春秋时期黄河流域已达到了相对较高的烹饪技术水平。

孔子的饮食观完整而自成系统，涉及饮食原则、饮食礼仪、烹饪技术等多个方面，并为我国的古代饮食理论拓展了思维空间。遵循孔子饮食思想创建的孔府菜，已成为中华美食大家族中的独秀一枝。孔府菜可以说是最典型、级别最高的官府菜，它具有选料珍贵、烹调精细、技艺高超、形象完美、盛器讲究、菜名典雅、礼仪隆重的特点，这与古齐鲁“雅秀而文”的风气一脉相承，也是孔子的一套饮食观在实践中的运用和发展。

孔子的饮食言论，表面上不过是零散的片言只语，不成体系，但通过这些不完整的论述所体现出来的饮食思想，不仅在孔子生活的年代影响很大，而且为后世孔府饮食文化的形成奠定了理论基础。孔子的饮食思想丰富而具体，并且与实践相结合。同时，由于儒家思想在历代中国统治阶层中占有至高无上的正统地位，孔子的饮食思想对整个中华民族饮食文化的形成和发展都起到了很大的影响作用，概括起来，主要有以下几个方面。

1. 强调“民以食为天”的强国富民之道

从孔子自身的行为和言论中所反映出来的对“饱食终日，无所用心”之辈的鄙视，或是对“君子谋道，不谋食”崇高品德的赞赏，显然是在文化层面对人思想品德的要求，鼓励年轻人应以求道立业为重。从另一个方面看，孔子并不反对，反而积极倡导要尽量改善人民的饮食生活水平，因而提出“食不厌精，脍不厌细”的观点。他的这一饮食思想是针对当时庶民阶层粗粝饭食而提出的改善饮食的主张。在经济方面，他认为，要让人民有饭吃，才是最成功的治国之道。他宣传和推行“周礼”的基础，是要千方百计取信于民。那么怎样才能取信于民呢？孔子的得意门生子贡要出任地方长官的时候，临行前向孔子请教治理政事的方法和秘诀。孔子说：“足食，足兵，民信之矣。”子贡又问，在逼不得已的情况下，二者必去其一，又该如何做？孔子毫不犹豫地回答说：“去兵。”就是说，食与兵都是保障人民安定的根本要素，如果两者相比，则食比兵更为重要。孔子强调的国以富民为重的饮食思想，一直成为后世统治者的重要施政内容。孔子推行“周礼”，主张用礼制来治理国家，应该说是一种较为温和的政治主张，目的在于让民众安居乐业，维护社会的稳定统治。所以当孔子看到苛捐杂税多如牛毛，沉重的经济负担逼得民不聊生的情形时，曾大声疾呼“苛政猛于虎”，充分表达了孔子强国之道的民食思想。

2. 孔子的“礼食”思想

中国是一个崇尚礼仪的国家，无论是古代的“饮和食德”，还是今天的现代饮食文明，都充分体现了文化古国的文明饮食风貌。这种传统美德的形成，与孔子倡导的“礼食”思想有一定的渊源。

从西周降至春秋，周礼已分崩离析。诸侯国之间你争我斗，到处充斥着暴力行为。只有在当时的鲁国较为完好地保留了周礼制度。孔子正是在鲁国这样的环境中长大的，最终成为周礼集大成的继承者。人民的生活更多的是需要稳定的发展，反对暴力的战争。孔子所倡导的礼食思想正符合了广大平民的愿望，后世统治者也认为这是稳定统治政权的良策。因此，孔子的礼食思想便成为影响后世食风食德、文明饮食的主要历史背景之一。古人有“夫礼之初，始诸饮食”（《礼记·礼运》）的命题，同时这“礼”反过来又去规范人们的饮食行为，便成为“食礼”，用现代话说就是“饮食文明”的社会美德。饮食文明的发展程度，往往是体现一个民族、一个国家的文明程度、文化水平高低的重要标识。孔子论饮食，多与祭祀有关。《论语·乡党》云：“祭于公，不宿肉。祭肉不出三日。出三日，不食之矣。”为国君助祭后分得的肉食，要当天吃完，不能留到次日。家中祭祀用过的肉超过三天就不吃了。“乡人饮酒，杖者出，斯出矣。”孔子和本乡人一道喝酒，喝完之后，一定要等老年人先出去，然后自己才出去。此“礼”反映了孔子对尊老敬老传统美德的传承和发扬。“有盛馔，必变色而作。”做客时有丰盛的筵席，要改变神色并站起来以示感谢。又《论语·述而》云：“子食于有丧者之侧，未尝饱也。”孔子在有丧事的人旁边吃饭，从来没有吃饱过。因为服丧者不会饱食，办丧事者应有悲哀恻隐之心。

“克己复礼”是孔子为自己确立的终生奋斗目标。因而，孔子倡导“食而有礼，不乱其序”。“非礼”之事他从来不做，“违礼”之事每每必纠。孔子心目中的“礼乐”社会，应尊卑有序、贵贱有别，每个人都在不同的社会阶层按照自己的地位，并且在礼的约束下说话、办事、生活。只有这样，才可能出现一个无贫穷、无战争、无盗贼、社会安宁、庶民乐业的繁荣景象。在饮食活动中，也是按礼行事，从不逾越。《孔子家语》中就记载了一段孔子不越礼而食的趣事。有一次，鲁哀公又请孔子进宫叙谈。孔子不按当时的习惯用黍子来擦拭桃子上的毛，而是恭敬地对哀公说：“黍米是五谷中的尊者，它是帝王用来祭祀天地及宗庙中最上等的谷物，其地位是很高的。但在水果所属的六类中，桃子是最下等的果品，祭祀时从不用桃子，其地位是比较低贱的。所以，在我看来，用低贱的东西去擦拭尊贵的东西，是君子所为。如果用尊贵的东西去擦拭低贱的东西，就不是君子所为了。今天用五谷之长的黍米去擦拭果品中下等的桃子，臣子以为这有违于周礼的教义。所以，我不敢那样做。”鲁哀公听了，大加赞赏：“夫子所言，真是妙极了。”这件事表面上看虽然有些滑稽可笑，甚至可以说孔子到了迂腐之极的地步，但却足以反映孔子的良苦用心。因为食中有礼，食要讲礼，亦可寓教于食。用这样的启迪方法去劝化鲁哀公，比刻板的说教更有意义。

孔子对待君主讲究食礼，对待学生也是如此。颜路是孔子开设私学的第一个入室弟子。颜路家境虽贫穷，却还立志求学，孔子非常钦佩，细心指导。后来，颜路喜得一子，孔子听了非常高兴，亲自叫他夫人亓官氏拿出六条肉干，送给颜路作为贺礼，取“六六大顺”之意，以示老师对学生的爱护之情。

孔子认为，食非小事。许多政事、国事、家事都寓于平常的一食一饮之中。如果不重视这一点，处理不当，不仅失礼，甚至可能会带来灾难。

孔子的弟子子路，曾被孔子介绍给卫国的相国季孙肥任邑宰。有一次，子路组织当地的农民进行农事活动，为鼓舞干劲将自己的俸禄拿出来做成饭食给大家吃。孔子听说后派子贡去斥责。子路非常不理解。孔子说："按礼制的规定，天子爱普天下的人民，诸侯爱封地内的人民，大夫爱自己所管束的人民，士爱自己的家人。如果超过了所爱的范围，就是夺人之爱。你现在这样做不是夺人之爱、有侵权越礼的行为吗？"子路的行为，从仁爱的角度看没有错，不过一顿饭而已。但在孔子看来，饮食事小，越礼事大，仁爱之心也要建立在遵礼之上，否则就是失礼。

3. 提倡科学饮食

在孔子的饮食思想体系中，最光辉的部分就是教导人们科学地加工食品和合理饮食。这一观点即使在今天仍具现实意义。孔子科学饮食的内容大体包括如下几个方面。

(1) 主张饮食简朴

孔子曾经说："君子食无求饱，居无求安，敏于事而慎于言。"可见他并不追求饱食终日、无所事事的生活。他追求饮食简朴，他说："饭疏食饮水，曲肱而枕之，乐亦在其中矣。不义而富且贵，于我如浮云。"因此，他对于那些有志于学习和践行圣人的道理，但又以吃穿不好为耻辱的人，采取了不理睬、不交谈的态度，即所谓"士志于道，而耻恶衣恶食者，未足与议也"。而对于家境贫寒、箪食瓢饮、居住陋巷、好学不倦的弟子颜回，则大加称赞，他说："贤哉回也！"意即：颜回的品质多么高尚呀！

在饮食生活上，孔子是一个有福不奢侈、有苦也能受得了的人。在艰难之中，他不怕吃苦。由于他出身没落贵族之家，成长过程备受生活煎熬。所以，他说："吾少也贫贱，故多能鄙事。"即使"饭疏食饮水，曲肱而枕之"的时候，也同样泰然处之，"乐亦在其中矣"。

他对广大贫苦庶民非常同情和理解。汉朝的刘向在《说苑》中记录了这样一段轶事。鲁国有一个生活非常俭朴的人，平时所食都是在粗糙的陶盆中煮制食物，他吃起来觉得非常香美，于是感到很自豪，便赠送了一些给孔子。孔子非常高兴地接受了这些食物，而且很感动，就像接受了别人送给他的太牢之献似的庄重。孔子说："并不是因为吃这样粗劣的食物感到味美，而是因为他虽贫穷，却没有把我给忘记了，并且还是在他吃起来觉得味道美好的时候给了我。这是一种亲近之情。所谓礼薄情意深，就是这个道理了。"孔子的话充分体现了他对贫困人民的一片深情。孔子没有因为礼薄丢掉亲近之情，也没有因送食物者贫穷就避而远之。为此，孔子经常开导教育他的弟子们不能忘记贫困的平民。因为没有民就无国，要治国就要取信于民，要取信于民就要了解他们，并为他们着想。他理想的社会是礼治的国家，虽然有严格的等级区别，但却希望人人都过上幸福平安的生活，实现民有所耕、人人饱食足衣、人民安乐祥和的目标。

(2) 饮食要讲究时、节、度

饮食讲究节度，不暴饮暴食，这是中华民族一直提倡的养生之道。甚至在宴席上，也不能偏嗜美味的菜肴而超过主食。"肉虽多，不使胜食气……不多食"，孔子直言不讳地告诉人们应遵守这样的饮食习惯，现在看来，仍不失其科学价值。进餐不仅要有节制和适量，还要按时、按季节的需要定时定量进餐。这些观点一直被后世的养生家视为圭臬而加以弘扬。

在所有记录孔子生活的文字中，有关孔子饮酒的文字最少。孔子是一个遇事必按"礼"的要求去做的倡导者，他虽不反对人们饮酒，却也看不出他对酒的溢美之意，至少他不提倡过量饮酒。《论语・乡党》中有"唯酒无量，不及乱"之语，其意为只有酒没有限制（当时酒的酒精度很低），但应以不醉为度。通过节酒，可以正饮酒之"礼"，进而也有利于道德品行的修养，这就是孔子对待饮酒的态度。由于酒的刺激作用，饮酒过多，就会导致醉酒，使人失去自控能力，便会说出许多非“礼”之言，做出非“礼”之行为，甚至出现乱伦丧德之事。对此，孔子非常清楚。因此，孔子主张饮酒要因人而异，酒量大者可多饮点，酒量少者少饮，无酒量者则可不饮，其原则是以“不及乱”为标准。孔子虽然善饮，却很少饮酒，即使在非饮不可的情况下，也只是少饮而不失其礼数，使自已始终保持清醒的头脑，决不会因饮酒过量而导致失礼的行为发生。孔子的这一饮食生活准则，足可使现代嗜酒如命之流参照反思。

（3）饮食要讲究卫生

孔子特别强调饮食卫生的重要性。根据史料可知，先秦时期，人们对饮食卫生的认识，尤其是在平民阶层还是很淡薄的。所以，食物中毒现象较多。孔子针对这一问题，警告世人要重视食品卫生问题，即使是分赐的祭肉，超过了贮存的期限，也应弃而不食，因为饮食卫生直接关系到人的生命安全。尽管这样做可能有冒犯国君的危险。孔子提出了许多饮食卫生的原则和鉴别食物卫生的标准，而且阐述精辟，见解独到。这集中载于《论语·乡党》中。如“食饐（yì）而餲（ài），鱼馁（něi）而肉败，不食”，食物陈旧变味了，鱼和肉都腐烂变质了，都不吃；“色恶，不食”，食物的颜色变坏了，不吃；“臭恶，不食”，色味不好，不吃。孔子的“道”体现在饮食之“礼”中，因而，“败”“馁”“色恶”及“臭恶”，实指“无道”，而“不食”体现了“正道”的追求。从中可以看出，孔子在其伦理思想的灌注方面，是独具匠心的。在《论语》这样一部阐述儒家伦理思想的著作中，讲到不食馁鱼、败肉，表层的含义，是对食物质量的要求，更为深刻的喻义，是孔子对周礼崩坏的痛惜及对更为理想的社会秩序的追求。“不时不食”，如果不是进餐时间，不吃，因为吃饭不应时会扰乱肠胃的消化功能。“失饪，不食”，是指烹调不得当，就不吃。“割不正，不食”，厨师切割刀法不正，就不吃。同时，不是当季的食物不宜吃。“肉虽多，不使胜食气”，吃饭应以作为主食的谷物为主，吃肉佐饭，要使肉与饭有一个适当的比例。肉太多，饭太少，油腻腻的，使肉气胜于饭气了，也不相宜。这一点既反映了华夏民族的饮食文化意识，又合乎营养卫生的原理。“沽酒市脯，不食”，市场上买来的酒，多有掺水掺杂质的；买来的熟肉熟菜，往往不清洁卫生，都不能吃。这当是从卫生角度出发，与《礼记·王制》所云“衣服饮食，不粥于市”可以互相印证。“不撤姜食，不多食”，每餐必须有姜，但也不能多吃。因为姜味辛，可祛湿解毒，食前吃一点有益于健康和饮食。“食不语，寝不言”，吃饭不说话，睡觉时也不说话，不仅吃得雅洁卫生，而且能及早进入梦乡，这也是符合卫生原理的。孔子不仅讲究饮食卫生，而且讲究饮食艺术。《论语·乡党》云：“食不厌精，脍不厌细。”孔子主张吃饭时，食品尽可能做得精细，烹制时，肉要切得细致。如此做，一方面益于健康，另一方面，这与《周礼》中对人的言行的严格要求极为相似。孔子“食不厌精”的饮食观，是他对中国饮食文化创建的一个理论观点，表明中国古代饮食文化已经总结到了物质和精神的两个方面。

（4）烹制、调味也要讲究养生之道

菜肴、饭食加工得精细些，既便于入味和烹熟，又益于人体消化吸收。合理的调味除了能增加菜肴的美味之外，更重要的还在于它的养生意义。所以孔子提出“食精”“脍细”“酱姜”调味的观点，是十分合理的。

4. 通过饮食倡导人们树立健康的人生观

在生产力还相对落后的先秦时期，人们为食而劳累、奋斗。而那些生活条件优裕的达官阶层，也有很多人整天只知吃喝玩乐，无所事事。孔子对此深恶痛绝。他主张“君子谋道，不谋食”的人生追求，倡导人们树立健康的人生观。在孔子看来，人生的意义不能只是为了求得几餐美味，更重要的是要树立起远大的理想和政治抱负，培养良好的进取心，确立正确的人生观。这种把事业看得比衣食生命还重要的思想境界，被后世无数有志之士视为终生的追求目标。其历史影响之深、之远，是无法估量的。

《论语·阳货》和《孟子·滕文公下》记载了阳虎玩弄手段，控制了季氏的家政。阳虎为收买孔子，亲自乘车登门拜访孔子并赠送乳猪。孔子痛恨的正是阳虎这样的乱臣贼子之流。于是退避内室，让他的儿子孔鲤出来接待阳虎。阳虎让随从将蒸猪献上，扬长而去，孔鲤虽婉拒但无济于事。经过精心加工、蒸制或烤制而成的小乳猪在春秋时，是非常珍贵的食品，被列为宫廷御膳的“八珍”之一，其制法非常讲究。见到乳猪，孔子心里非常明白阳虎的用意。按春秋时的礼仪规矩，别人送来礼物，主人如果不在家，应该在回来后亲自登门致谢。而孔子又非常崇尚古礼，不去则会被时人嗤笑。如果登门致谢，又怕落得个与叛贼合流的罪名。经过再三思考，他趁阳虎出门办事之机乘车来到阳虎家，让阳虎的家人转达谢意。这样既不失其礼节，又不会见怪于时人，也避开了阳虎的纠缠。“道不同不相为谋”，岂能为一餐美食而屈其心志，更何况乱臣之类?！这是孔子人生的基本信条，充分显示了孔子爱憎分明、刚直不阿的高尚情操。

5. 中国朴素的饮食审美内核源于孔子的饮食思想

孔子“食不厌精，脍不厌细”饮食言论的提出，是基于其生活的那个时代的社会背景，目的在于改善和提高人们落后的饮食状况，有相当高的科学价值。同时，这一观点本身又蕴含着朴素的审美要求。其实，人类发展的历史，就是一部追求自身完美的历史。历史上的每一个进步，都是在向更美好的境界迈出的一步。所谓“爱美之心，人皆有之”，也说明人类生活需要美。而对饮食美的追求，自然也不例外。古人云：“食必常饱，然后求美；衣必常暖，然后求丽；居必常安，然后求乐。”（汉刘向《说苑》引《墨子》佚文），这很清楚地表明人们对美的需要和追求。孔子“食精、脍细”的原意也许更注重的是恪守祭礼食规以示敬、慎洁，但一旦离开了孔子生活时代的祭祀背景，便会自然被人们理解成为是对精美食物的追求。这也是无可厚非的，也是历史发展的必然。

我国饮食烹饪技术的一个突出特点，就是讲究美食与审美。精细的刀工，精心的烹饪，精致的食具，精美的宴饮场面，都与孔子“食不厌精、脍不厌细”的审美观有一定的渊源。

二、孟子的饮食思想

孟子以孔子的行为为规范，可以说是完全承袭并坚定地崇奉着孔子饮食生活的信念与准则。不仅如此，通过他的理解与实践，更使之深化为“食志—食功—食德”的食事理念和鲜明系统化的“孔孟食道”理论。

1. “食志”

“梓匠轮舆，其志将以求食也；君子之为道也，其志亦将以求食与?”孟子提出“不碌碌无为白吃饭”的“食志”原则，这一原则既适用于劳力者也适用于劳心者。“养口腹而失道德”（赵岐注《孟子》）的人是“饮食之人”，这种人“则人贱之矣，为其养小以失大也”“养其小者为小人，养其大者为大人”。孟子的“饮食之人”，即孔子所鄙夷的“谋食”而不“谋道”之辈，在孔子“是不与为伍”的原则坚持，而孟子则表述为“人以群分”的定性标准，因而更具理论性和实践性。他主张“非其道，则一箪食不可受于人；如其道，则舜受尧之天下，不以为泰”。劳动者以自己有益于人的创造性劳动去换取养生之食是正大光明的，这就是“食志”。

2. “食功”

所谓“食功”，可以理解为以等值或足当量的劳动（劳心或劳力）成果换来养生之食的过程，即事实上并没有“素餐”，“士无事而食，不可也”。

3. “食德”

“食德”，则是指坚持吃正大清白之食和符合礼仪进食的原则，就是孟子所赞赏的齐国仲子的行为准则：“仲子，齐之世家也。兄戴，盖禄万锺。以兄之禄为不义之禄而不食也；以兄之室为不义之室而不居也。”（《孟子·滕文公下》）

“食德”即守礼而食。食于人者如此，食人者亦有“礼”规当循，“食而弗爱，豕交之也；爱而不敬，兽畜之也。”（《孟子·尽心上》）在人们的交往中，不爱人而馈之以食，如同是喂猪；爱却不能敬如礼仪，则如同豢养禽兽，同样违礼。这也就是孟子所表达的：“鱼我所欲也，熊掌亦我所欲也。二者不可得兼，舍鱼而取熊掌者也。生，亦我所欲也；义，亦我所欲也。二者不可得兼，舍生而取义者也。”（《孟子·告子上》）说得更加明快犀利的是：“一箪食，一豆羹，得之则生，弗得则死。呼尔而与之，行道之人弗受；蹴尔而与之，乞人不屑也。”（《孟子·告子上》）孟子认为进食尊“礼”同样是关乎食德的重大原则问题，认为即便在“以礼食，则饥而死；不以礼食，则得食”的生死抉择面前，也应当毫不迟疑地守礼而死。这种观点，显然同孔子答子贡问的“去食”以“守信”的观点出于一辙而又鲜明过之。

三、老子的饮食思想

道教出现后，老子被尊为“太上老君”，从《列仙传》开始，老子就被尊为神仙。其饮食思想主要有以下几点。

1. 为腹不为目

就是说，腹是表示一个人的基本的生存条件和物质条件，肚子只有这么一点容量，而眼睛能看到的东西无穷无尽，代表无限的欲望。王弼（226—249，魏晋玄学理论奠基人）注释：为腹是以物养己，就是用外部的事物来滋养自己的生命，为目是以物役己，就是用外面的事物来奴役自己。所以老子的饮食之道之一就是人要为腹，不要为目，饮食是这样，人生也是这样。

2. 五味令人口爽

五味就是酸、苦、辛、咸、甘的味道，这个五味不仅表示这五种味道，还表示调味出来的美味的食品。所以五味又指美食。五味令人口爽就是美食吃得太多了，嘴巴、口感、味觉发生错乱了，就辨不出美食的味道来了。

3. 味无味

以无为的态度去有所作为，以不滋事的方法处理事情，把平淡无味的生活当做美好的幸福去品味。饮食要做到味无味，主要包含以下两个层次：第一，味无味，要从没有味道的东西当中、饮食当中体味出它的美味来，这就叫味无味。吃的是素菜，咬的是菜根，但是要从粗茶淡饭如菜根当中品味出人生的安定，提炼出健康的理念，提炼出人生恬淡的幸福。第二，当吃到美味的东西，吃了以后要像无味一样，毫不矜持夸耀，而应知足。从而达到饮食结构的平衡。如果吃比较粗糙的食物，也不要不满足。所以中国人有一句话，叫"咬得菜根香，百事做得"。比如孔子很注意卫生，很注重审美，很讲究礼，但是他说"饭疏食饮水，曲肱而枕之"，能上能下，能精能粗，能美能丑，这也是老子所说的味无味，即吃到好的东西不露声色，吃到不好的东西照样很淡然。

4. 甘其食，美其服，安其居，乐其俗

老子《道德经》里的这段话，描绘了他理想中"小国寡民"的社会图像：使人民对他们的吃食感到香甜，对他们的穿戴感到漂亮，对他们的住宅感到安适，对他们的习俗感到满意。人们安于现有的条件和生活环境，就会达到一种无欲无求的境界，这样，社会自然安定，易于治理。

四、庄子的饮食思想

庄子，名周，字子休，战国中晚期宋国蒙城（今河南商丘）人，公元前369—前286，著名哲学家。他继承和发展老子"道法自然"的观点，认为"道"是无限的、无所不在的，强调事物的自生自灭，否认有神的主宰。他的思想包含着朴素的辩证法因素。他认为"道"是"先天生地"的，从"道未始有封"。老子的思想被庄子传承，并与儒家和后来的佛家思想一起构成了中国传统思想文化的内核。庄子的饮食思想主要包括以下几个方面。

1. 充分享受人生的乐趣

中国人善于在极普通的饮食生活中咀嚼人生的美好与意义，哲学家更是如此。庄子认为上古社会最美好、最值得人们回忆与追求，其中最重要的原因就是人们可以"含哺而熙，鼓腹而游"，也就是说吃饱了，嘴里还含着点剩余食物无忧无虑地游逛，就能充分享受人生的乐趣。

2. 饮食要有节制

庄子借孔子的口说："以礼饮酒者，始乎治，常卒乎乱，泰至则多奇乐。"喝酒的人开始喝酒时都很有礼貌，喝醉了，十八代祖宗都会翻出来，然后变成冤家。所以酒肉朋友不能交，就是这个道理。"泰至则多奇乐"，喝醉了的人，神经受到酒精的刺激，越喝越高兴，进入了疯狂的状态，叫"奇乐"，不是正常的快乐。一句话，"凡事亦然"。做人做事都是这个原则，这就是外交哲学，也是人生哲学。

庄子讲："人之所取畏者，衽席之上，饮食之间，而不知为之戒者，过也。"饮食之间不能节制，却不知引以为戒，实在是大错特错。庄子此句话主要是劝人节制酒色。同时民间有谚语"大渴不大饮，大饥不大食"也是这个意思，饮食过量容易导致疾病，当饥饿过度时，不要大吃大喝，应饮食有节，不暴饮暴食。

3. 借饮食寓意人生

《庄子·秋水》中记载了这样一个故事。惠施在梁惠王那儿当了相国，庄子去看他。有人说，庄子要与惠施争夺相位。惠施派人搜拿他，花了三天三夜。庄子就直接去见惠施，说："南方有鸟，名为鹓雏，可以从南海飞到北海，非梧桐不止，非练实不食，非醴泉不饮。有一只猫头鹰却叼着臭老鼠，仰起头来冲着鹓雏大叫：吓！现在你想和猫头鹰吓唬鹓雏一样，用梁国的相位来威吓我吗？"

孔孟老庄的饮食言论及其饮食思想，形成于两千多年前的春秋战国时期，应该说是很难得的，非圣贤之人不可为。他们的这些观点对后世的影响也是不可估量的，其意义是深远的。尽管有些言论在某种程度上易被误解，但他们那精辟深刻而熠熠生辉的饮食思想却永远不会被人们忘记。

第二章 八大菜系

本章课程导引：

通过对八大菜系的讲解，弘扬中国传统文化，结合习书记提出的“大食物观”，立足我国境况，拓展食物资源，树立民族自信心。

第一节　中国八大菜系的形成历程和背景

历史上，不同地区形成了自己独特的烹调技艺、传统食物、食俗和饮食风格，这就形成了中国饮食文化的区域性。菜系是中国饮食文化区域性的特征性体现，菜系的形成和发展是不同地区饮食史的积淀过程。

一、中国菜系的形成过程

我国幅员辽阔，各地自然条件、人们生活习惯、经济文化发展状况和历史时期的不同，在饮食烹调和菜肴品类方面，逐渐形成了不同的地方风味。南北两大风味，自春秋战国时期开始出现。到了唐代，经济文化空前繁荣，为饮食文化的发展奠定了坚实的基础。此外，唐代由于高椅大桌的出现，改变了中国几千年的分餐制的进餐方式，出现了中国独特的共餐制，促进了我国烹饪事业的飞速发展，到唐宋时期已形成南食和北食两大风味派别。到了清代初期，鲁菜（包括京、津等北方地区的风味菜）、苏菜（包括江、浙、皖地区的风味菜）、粤菜（包括闽、台、粤、琼地区的风味菜）、川菜（包括湘、鄂、黔、滇地区的风味菜），已成为我国最有影响的地方菜，后称“四大菜系”。随着饮食业的进一步发展，有些地方菜愈显其独有特色而自成派系，这样，到了清末，加入浙、闽、湘、徽地方菜而形成为“八大菜系”，以后再增京、沪，便有“十大菜系”之说。尽管菜系繁衍发展，但人们还是习惯以“四大菜系”和“八大菜系”来代表我国多达数万种的各地风味菜。各地风味菜中著名的有数千种，它们选料考究，制作精细，品种繁多，风味各异，讲究色、香、味、形、器俱佳的协调统一，使中国在世界上享有“烹饪王国”的美誉。这些名菜大都有它们各自的发展历史，不仅体现了精湛的传统技艺，还有种种优美动人的传说或典故，成为我国饮食文化的一个重要部分。

二、中国菜系的形成背景

中国菜系的形成与发展，是特定地域的地理气候、风俗习惯、历史文化以及古代落后生产力和排外性等因素共同作用的结果。

1. 地理环境和气候的差异

（1）食物原料的不同

山东地处黄河下游，气候温和，物产丰富，号称“世界三大菜园”之一，东部海岸漫长，盛产海产品，故鲁菜中胶东菜以烹饪海鲜见长。江苏地处我国东部温带，气候温和，地理条件优越，东临黄海，长江横贯中部，淮河东流，西有洪泽湖，南临太湖，静静的运河纵流南北，省内大小湖泊星罗棋布。镇江鲥鱼，两淮鳝鱼，太湖银鱼，南通刀鱼，连云港的海蟹、沙光鱼，阳澄湖的大闸蟹，无不提供了丰富的饮食原料。桂花盛开时江苏独有的斑鱼纷纷上市，由此产生了全鱼席、全蝎席。苏菜中还有全鸭席，如驰名中外的鲜美柔韧、愈嚼愈出味的盐水鸭，鲜嫩异常的炒鸭腰，别有滋味的烩鸭掌，鸭心、鸭血等均可入馔。以鸭肝为主料配上鸡脯制作的“美味肝”一菜为南京特色名菜，又名“美人肝”。而我国北部地区是一望无际的大草原，以游牧方式发展畜牧业，此地区人们的饮食结构以肉、奶为主。

（2）口味不同

地理环境和气候的差异，还造成了中国“东辣西酸，南甜北咸”的口味差异。

喜辣的食俗多与气候潮湿的地理环境有关。我国东部地处沿海，气候也湿润多雨，冬春阴湿寒冷，而四川虽不处于东部，但其地处盆地，更是潮湿多雾，天空多云，一年四季少见太阳，因而有“蜀犬吠日”之说。这种气候导致人的身体表面湿度与空气饱和湿度相当，难以排出汗液，常令人感到烦闷不安，时间久了，还易使人患风湿寒邪、脾胃虚弱等病症。吃辣椒后易浑身出汗，汗液较易排出，因此，当地人经常吃辣椒以驱寒祛湿，养脾健胃。湖南、贵州、四川等地居民多喜辣，流传有“贵州人不怕辣、湖南人辣不怕、四川人怕不辣”之说。另外，东北地区吃辣也与寒冷的气候有关，吃辣可以驱寒。山西人能吃醋，可谓“西酸”之首。山西等地的“西方人”何以爱吃酸？打开中国地图可以看到这些地区属于黄土高原及其周边地区，这里的水土中含有大量的钙，因而他们的食物中钙的含量也相应较多。通过饮食，易在体内引起钙质淀积，形成结石。这一带的劳动人民，经过长期的实践经验，发现多吃酸性食物有利于动员骨骼中沉积的钙和减少结石等疾病。此外西部人喜欢吃硬的食物，易形成消化不良，爱吃酸有助消化。所以久而久之，西部人也就渐渐养成了爱吃酸的习惯。

我国北部气候寒冷，过去新鲜蔬菜在北方是比较罕见的。即使有少量的蔬菜也难以过冬，北方人便把菜腌制起来慢慢“享用”，这样一来，北方大多数人养成了吃咸的习惯。此外，北方天气干燥，易出汗，电解质损失多，人体内缺少电解质，就会“口无味，体无力”，因此菜肴多偏咸。过去，北方人说“多吃盐有劲”。南方多雨，光热条件好，盛产甘蔗，比起北方来，蔬菜更是一年几茬。南方人被糖类“包围”，自然也就养成了吃甜的习惯。

2. 生产力水平低

这是形成饮食文化地域差异性的最根本原因。在古代，经济发展水平低下，我国古代以男耕女织一夫一妻一牛的生产模式为主，食物原料比较匮乏，牛是家庭主要的运输动力，再加上通信手段都十分落后，人们的生产活动往往局限于一个较小的范围内，食料的来源多为就地取材。地区之间缺乏沟通和交流，文化的封闭性也造成饮食习惯的承袭性，久而久之成为习俗。这种习俗在人一生下来就潜移默化地影响着他，并渗透到他的生活习惯、思想、观念中去，因此形成了“靠山吃山，靠水吃水”的现象。

3. 宗教迷信和民族习惯

在上古人看来，世界是错综复杂而又严峻无情的，他们只能凭借着感性的、质朴的思维方式去探索宇宙万物的奥秘，把握自然的某些表象。当他们对大自然的许多奥秘寻找不出答案时，就相信在现实世界之外，存在着超自然的神秘境界，有鬼神主宰着自然和人类，从而对鬼神产生敬畏与崇拜。不同地区不同民族的崇拜习性和迷信方式也影响到当地居民对食料的选择和食用方法。例如，鄂伦春族人以熊为民族的图腾，他们早期不狩熊。畲族崇拜狗，在生活中禁杀狗和吃狗肉及禁说或写狗字。佛教传入中国后，僧侣们只吃素食。“南朝四百八十寺，多少楼台烟雨中”，描绘的就是南北朝时现在江苏一带佛教的大发展。所以在苏菜中还有“斋席”。四川青城山是道教的发源地，道教注重饮食养生，注重本味，很少使用调味料，比如“白果炖鸡”就是川菜的代表名菜。

此外，不同民族也有不同的饮食习惯。例如，捕鱼和狩猎是赫哲族人衣食的主要来源，因此，赫哲族人喜爱吃鱼，尤其喜爱吃生鱼，一向以杀生鱼为敬。满族人家，有祭祀或喜庆事，家人要将福肉敬献给尊长和客人。肉是白煮，不能加盐，特别嫩美，客人用刀片割着吃，佐以盐、酸菜、酱。手扒羊肉是蒙古族牧民喜欢的传统餐食。做法通常是，选用膘肥肉嫩的小口齿羯羊一只，用刀在胸腹部割开约 2 寸[1]的直口，把手伸入刀口内，摸着大动脉捏断，使羊血都流聚在胸腔和腹腔内。剥去皮，切除头蹄，除净内脏和腔血，切除腹部软肉，然后把整羊劈成几大块。洗净后放入开水锅内煮，不加任何调料，煮得不要过老，一般用刀割开，肉里微有血丝即捞出，装木盘上席，大家围坐在一起，用自己随身携带的蒙古刀，边割边吃。羊肉呈粉红色，鲜嫩肥美。此外，西南有些少数民族喜食昆虫、蛆蛹等。

4. 历史文化原因

中华民族是一个以汉民族为主体的多民族的共同体，而汉民族主要活动地域为黄河、长江的中下游地区，多为平原地区，水系发达，土壤肥沃，气候适宜，经济文化繁荣，交通便利。

我国第一位典籍留名的职业厨师彭铿出生在徐州，彭铿被尊为厨师的祖师爷，并创制有雉羹、羊方藏鱼（“鲜”味的起源）等名菜。秦汉以前饮食主要是“饭稻羹鱼”，《楚辞·天问》记有“彭铿斟雉，帝何飨?”之句，即名厨彭铿所制之野鸡羹，供帝尧所食，深得尧的赏识，封其建立大彭国，即现在的徐州。南京是我国著名的古都之一，曾有十代王朝在此建都，其烹饪发达自然在情理之中。南京烹饪天厨美名始自六朝，六朝天厨之代表是南齐的虞悰，他善于调味，所制之杂味菜肴非常鲜美，胜过宫中大官膳食，号称天厨当之无愧。“上有天堂，下有苏杭”“一出门来两座桥”的苏州被称为“东方威尼斯”，“苏州美，无锡富”，苏锡一带历来都因其风景秀丽而为诸多文人雅士、官宦商贾所流连忘返，是著名的旅游胜地，并由此产生了全国闻名的“船菜”。

---

[1] 1 寸≈3.33 厘米。

5. 心理和生理的排外性

首先，中华民族是一个重历史、重家族、重传统的民族，对祖先留下来的东西世代传承，久而久之形成了一个地区的风俗。每个地区的居民对自己的饮食习俗具有的特点、形式，不但怀有深厚的感情，而且极为敏感。固定的生活方式和饮食习惯使得人们对外来食物不自觉地加以抵制。这种心理因素的存在，使得各地区的饮食特征具有一定的稳定性和历史传承性。其次，由于长期进食某类食物，人类的消化器官也发生了变化，这就造成了生理的排外性。比如北方人到了南方吃米饭，因为米饭不像馒头那样容易在胃中膨胀，所以常会有一种吃不饱的感觉。长期以植物性食品为主的人，一连吃几顿肉，就会易消化不良。因此，不同菜系都保持了各个地域的乡土特色。

综上可见，八大菜系的形成是多种因素共同作用的结果。不同菜系之间相互区别，相互借鉴，共同发展，最终形成了博大精深的中国饮食文化。

第二节 鲁 菜

一、概述

八大菜系之首当推鲁菜。鲁菜的形成和发展与山东地区的文化历史、地理环境、经济条件和习俗有关。

山东粮食产量居全国第三位。蔬菜种类繁多，品质优良。如胶州大白菜、章丘大葱、兰陵大蒜、莱芜生姜都蜚声海内外。水果产量居全国之首，仅苹果就占全国总产量的40%以上。猪、羊、禽、蛋等产量也是非常可观。水产品产量也是全国第三，其中名贵海产品如鱼翅、海参、大对虾、加吉鱼、比目鱼、鲍鱼、“西施舌”文蛔、扇贝、红螺、紫菜等驰名中外。酿造业历史悠久，品种多，质量优，诸如洛口食醋、济南酱油、即墨老酒等，都是久负盛名的佳品。如此丰富的物产，为鲁菜系的发展提供了丰富的原料资源。

鲁菜历史极其久远。《尚书·禹贡》中载有青州贡盐，说明至少在夏代，山东已经用盐调味；远在周朝的《诗经》中已有食用黄河的鲂鱼和鲤鱼的记载，而今糖醋黄河鲤鱼仍然是鲁菜中的佼佼者，可见其源远流长。

秦汉时期，山东的经济空前繁荣，地主、富豪出则车马交错，居则琼台楼阁，过着“钟鸣鼎食，征歌选舞”的奢靡生活。从“诸城前凉台庖厨画像石”上，可以看到上部挂满猪头、猪腿、鸡、兔、鱼等各种畜类、禽类，下部有汲水、烧灶、劈柴、屠狗、切鱼、烤肉串等画面，各种忙碌烹调操作的人们。这幅画所描绘的场面之复杂，分工之精细，真可以与现代烹饪加工相媲美。

鲁菜系的雏形可以追溯到春秋战国时期。北魏的《齐民要术》对黄河流域，主要是对山东地区的烹调技术作了较为全面的总结，不但详细阐述了煎、烧、炒、煮、烤、蒸、腌、腊、炖、糟等烹调方法，还记载了“烤鸭”“烤乳猪”等名菜的制作方法。此书对鲁菜系的形成、发展有深远的影响。历经隋、唐、宋各代的提高和锤炼，鲁菜逐渐成为北方菜的代表，以至宋代山东的“北食店”久兴不衰。

二、鲁菜代表

经过长期的发展和演变，鲁菜系逐渐形成包括青岛在内、以烟台福山帮为代表的胶东派，以及包括德州、泰安在内的济南派两个流派，并有堪称“阳春白雪”的典雅华贵的孔府菜，还有种类繁多的各种地方菜和风味小吃。济南菜尤重制汤，清汤、奶汤的熬制及使用都有严格规定，菜品以清鲜脆嫩著称。胶东菜起源于烟台福山、青岛等地，口味以鲜嫩为主，侧重清淡，讲究花色。胶东菜擅长爆、炸、扒、熘、蒸，选料多为明虾、海螺、鲍鱼、蛎黄、海带等海鲜。其中名菜有“扒原壳鲍鱼”，主料为长山列岛海珍鲍鱼，以鲁菜传统技法烹调，鲜美滑嫩，催人食欲。其它名菜还有蟹黄鱼翅、芙蓉干贝、烧海参、烤大虾、炸蛎黄和清蒸加吉鱼等。孔府菜是“食不厌精，脍不厌细”的具体体现，其用料之精广、筵席之丰盛堪与过去皇朝宫廷御膳相比。

山东菜调味极重、纯正醇浓，少有复杂的合成滋味，一菜一味，尽力体现原料的本味。另一特征是面食品种极多，小麦、玉米、甘薯、黄豆、高粱、小米均可制成风味各异的面食，成为筵席名点。山东著名风味菜点还有炸山蝎、德州脱骨扒鸡、九转大肠、糖醋黄河鲤鱼等。

1. 济南派

济南派以汤著称，辅以爆、炒、烧、炸，菜肴以清、鲜、脆、嫩见长。其中名肴有清汤什锦、奶汤蒲菜，清鲜淡雅。而里嫩外焦的糖醋黄河鲤鱼、脆嫩爽口的油爆双脆、素菜之珍的锅塌豆腐，则显示了济南菜的火候功力。清光绪年间，济南九华林酒楼店主将猪大肠洗涮后，加香料开水煮至软酥取出，切成段后，加酱油、糖、香料等制成又香又肥的红烧大肠，闻名于世。后来在制作上又有所改进，将洗净的大肠入开水煮熟后，入油锅炸，再加入调料和香料烹制，菜的味道更鲜美。文人雅士根据其制作精细如道家“九炼金丹”一般，将其命名为“九转大肠”。

济南人日常饮食一般比较重视早、晚的稀饭。此类稀饭旧时多以小米、高粱米煮制，现今则以小米、大米为主。午餐讲究食用汤羹，多用蔬菜熬制。这大概与济南地势较低、一年四季气候干燥有关。据《济南快览》云：“食品以麦为上，黍次之，大米非上客不用，且多施之于稀饭。若玉蜀、高粱，若豆类，则为乡居农民一般之常食。”用面粉蒸馒头，“此为富家商号之便饭，菜蔬一两种，羹汤一盂”。济南的面食制品以硬、干、酥为特色。主要有馒头、锅饼、杠子头火食、家常饼、水饺、面条、玉米窝头、两合面饼等。煎饼作为鲁中主食品之一，一般用玉米面或杂合面，条件好者用小米面，调稀糊摊烙而成。其薄如纸，食时卷葱、酱，香甜可口。《临淄县志·饮食》载：本地“以麦、豆、小米、高粱为大宗，居民常食煎饼”。清初的蒲松龄对此还作过考证：“煎饼合米豆为之，齐人以代面食，岂非自古至今，惟齐有之欤?”还说：“煎饼之裨于民生，非浅鲜也。”（见《煎饼赋》）这足以说明煎饼在山东民间日常饮食中的地位。另外，阳谷、临清乡间还喜吃金银卷：将发面团擀成面皮，上铺一层玉米面，卷起，蒸熟，切段。此为以粗代细的代表性食品。

鲁中地区，风味小吃种类繁多，其中又多以面食为主。仅济南常见的就有盘丝饼、油旋、荷叶粥、八批馃子、五香甜沫、鸡丝馄饨、炸茄盒、麻酱烧饼等。济南的油旋，外皮酥脆，内瓤柔软，葱香透鼻，因形似螺旋而得名。其制法早在清初的《食宪鸿秘》中已有记载。济南人多趁热食油旋，配一碗鸡丝馄饨，妙不可言。

鲁中农村，日常菜肴多以新鲜蔬菜炒之，加一汤羹。鲁中乡间特别嗜好生食大葱、大蒜、甜面酱。日常饮食，只要有大葱和甜面酱即可。孔子曰："不得其酱不食"（《论语·乡党》）。《齐民要术》中记录的制酱法就有十几种。酱既可单独食用，又可作为调味品使用。《中国实业志》载："葱以章丘为最肥美，男女皆好食之。"单饼或煎饼卷大葱蘸酱这种民间食法已被吸收到高级宴席上，像烤鸭、锅烧鸭一类菜肴，就要配生葱段、甜酱、单饼（或合页饼）食用。鲁中人喜生食大蒜，大蒜几乎是吃水饺、面条必备之物，也是凉拌菜的主要调味品。常见的吃法是整瓣蒜捣成蒜泥，也可整瓣蒜腌制成糖醋蒜，即取新鲜大蒜加入醋、糖腌泡，经 15 日左右由白变为酱红即成。

山东淄博、潍坊一带民间对小咸菜的制作特别讲究。除了萝卜、芥菜一类外，还有煮八宝菜、熏豆腐、韭花酱、酱黄瓜等。在潍坊，乡民逢节日就调制小鲜蔬菜，有芥菜鸡、酱疙瘩丝、拌合菜等，清爽鲜美。济南人口味偏咸，一日三餐多配有咸菜。民间有"菜不够，咸菜凑"之说。济南的小菜种类颇多，如酱萝卜、腌莴苣、腌香椿、糖蒜等，制作都很讲究。在济南，还有一种几乎家家都会做的"酥锅"，此菜制作一般用砂锅，底部垫有老菜叶，然后分层排入藕、豆腐、鱼、猪骨、海带卷等，撒上葱、姜，加糖、醋、酱油、汤汁（以能浸没过原料为宜），置旺火烧开，慢火煨炖五六小时，待汤汁全部浸入原料中，菜变酥软时，取出放凉，随吃随取，佐食下酒均可。

山东淄博、潍坊一带的著名小吃还有朝天锅、周村烧饼、博山石蛤蟆水饺等。

潍坊朝天锅本是一种市肆小吃，露天砌灶，中置一大锅，将猪血、肺、大肠、豆腐、猪骨、肉丸子之类盛满一锅煮熟，众人围而食之，故名"朝天锅"。后来，讲卫生，移于室内。现今经改进，已成宴席上名吃。

博山石蛤蟆水饺，历史悠久，由博山一石姓店主所创制。"蛤蟆"之名，出自同行的嫉妒讥讽。不料此名一出，此小吃更是名镇四方。店家即以"石蛤蟆水饺"为号。近代园林家陈从周教授曾以"博山风味推第一"七字相赠。

德州、惠民、聊城的著名小吃有德州羊肠汤、保店驴肉、阳谷烧饼、大柳面条、无棣肴肉、聊城熏鸡等。羊肠汤历史久远，《齐民要术》中已有记载。其制法是：将羊肠洗净，在羊血中掺入粉团、豆粉，搅匀灌入肠内，每 10cm 捆扎一下，入锅加汤煮熟。吃时将羊肠切段，加原汤，随带胡椒面、醋等调味品。麻辣酸香，腴美滑润，与麻酱烧饼配食，美味可口。

2. 胶东派

胶东半岛素有"山东明珠"之称，海岸线长达 3000 余千米，沿海岛屿星罗棋布。海产品极为丰富，仅近海的鱼、虾就达 260 余种。此外，还有数量可观的贝类和软体动物等。胶东多属丘陵地，但沿海岸有一条较平稳的带形平地，良田沃野，气候温和，物产丰富，主产小麦、豆类和桑麻。丘陵地盛产各种水果，烟台苹果和莱阳梨等闻名遐迩。

胶东人民自古擅长烹饪。胶东菜早在春秋时已有相当成就，后经汉、晋、隋、唐历代发展，成为鲁菜的重要组成部分。据《福山县志》记载，胶东菜大约形成于元、明间。明末清初，胶东人外出谋生并大量进入北京，将胶东菜带入北京，并成为京都菜的主流。胶东菜讲究用料，刀工精细，口味清爽脆嫩，保持菜肴原料的原有汁味，长于海鲜制作，尤以烹制小海货见长。清末以来胶东菜又形成以京、津为代表的"京帮胶东菜"，以烟台福山为代表的"本帮胶东菜"，以青岛为代表的"改良胶东菜"。

京帮胶东菜受清宫御膳影响较大，制作考究，排场华丽，长于肉类、禽蛋及干货制作，对水陆八珍烹制尤有独到之处。本帮胶东菜以传统特色著称，长于海鲜制作，口味偏于清淡、平和，以鲜为主，脆嫩滑爽。乡间厨师还长于猪下水烹制。本帮胶东菜的主要名菜有糟熘鱼片、熘虾、炸蛎黄、清蒸加吉鱼、葱烧海参、煎烹大虾、浮油鸡片等。相传，明代兵部尚书郭忠皋有一次回福山探亲，将一名福山名厨带进京城。此福山厨师技压京城，后成为皇帝的御厨。御厨告老还乡后数年，皇帝思食福山的“糟熘鱼片”，派半副銮驾往福山传召老名厨进宫。那名厨的家乡至今仍名“銮驾庄”。

改良胶东菜广泛吸收西餐技艺，采用果酱、面包等原料。代表菜有烤加吉鱼、茄汁菊花鱼、红烧大虾、炸虾托、氽西施舌等。其中氽西施舌淡爽、清新、脆嫩。相传，清末文人王绪曾赴青岛聚福楼开业庆典。宴席即将结束时，上了一道用蛤蜊腹肌烹制而成的汤肴，色泽洁白细腻，鲜嫩脆爽。王绪询问菜名，店主答“尚无菜名”，求王秀才赐名。王绪乘兴写下“西施舌”三字。从此，此菜得名“西施舌”。

胶东各地均以面食为主，兼及各种杂粮。一般日食三餐，早晨以稀为主，配食小面食、油炸食品及点心等；午餐以干为主，讲究佐餐小菜；晚餐也以干为主，大多配有面汤（带有汤水的面条）、馄饨、棋子面（即面片汤）之类的稀食。

胶东农村烹饪技术不亚于城镇，尤其是在福山县一带，民间厨师水平高超，每逢婚嫁喜日或逢年过节，家家大显神通，着实令人惊叹。当地有“要想吃好饭，围着福山转”之说。相传，福山原名两水镇，宋天会年间，伪齐皇帝刘豫路过此地，品尝当地佳肴后几乎不想离去，临行时赐名“福山”。民间宴席菜肴多用蒸、煮、氽、炸、焖等技法。常见菜肴有黄焖鸡、草菇蒸鸡、手抓大虾、芙蓉干贝、炸蛎黄、锅塌黄鱼等，具有浓厚的地方特色。

鲁南及鲁西南地区包括临沂、济宁、枣庄、菏泽等地区，这里有丘陵和平原，麦、菽、稻、蔬产量较大，瓜、果、梨、枣品种繁多。平原区多河流、湖泊，其中南四湖最有名，盛产淡水鱼、蟹。此地多为古代鲁国之地，居民讲究礼仪，也精于饮食膳事。像临沂八宝豆豉、临沂糁糁、单县羊肉汤、济宁甏肉，均系当地传统名吃。济宁等地有大运河通过，属南北交通要道，在烹调方面受南北烹调技术影响较大。居民口味喜咸鲜、嫩爽、醇厚，以烹制河湖水产及肉禽蛋品见长。代表菜有清蒸鳜鱼、红烧甲鱼、奶汤鲫鱼、油淋白鲢等。鳜鱼是微山湖名产之一，肉质洁白细嫩，是当地宴席不可缺少的佳品。

3. 孔府菜

孔府饮食有着得天独厚的物质条件。孔府不仅有钦赐的土地，还有钦赐的佃户，有屠户、猪户、羊户、牛户、鸭蛋户、菱角户、香米户、择豆芽户等，专门从事各类食品的加工，以供孔府日常或年节宴客之用。另外，还有各地向孔府进贡的各种山珍海味。

孔府一日三餐，主食为面粉制品兼及大米与各种杂粮。孔府内设两个大厨房，分内厨与外厨。内厨设在孔府内宅中，专供衍圣公及其家属的日常饮食。据《孔府内宅轶事》所述，在清末民初，孔府经济已经开始衰落，但饮食生活仍异常讲究。一般早上是六个家常小炒，喝豆粥或咸糊糊，并有三四种点心。豆粥是用上等小黄米面掺到豆浆中熬制而成，味香浓、滑爽。午餐和晚餐都要吃七八个炒菜，还要有银耳汤羹之类。冬天，常常吃火锅。在孔府，日常有时也吃一些当地农村的普通食品，如山芋、煎饼及各种咸菜。山芋是孔林里特产的一种林芋，香滑糯软，清代曾作为贡品献给朝廷。煎饼是用当地特产的黄米面粉制成的。孔府内所用的各种点心都是自己的厨师制作的，现吃现做，制作精细。一般分为两大类：一类是供衍圣公府的主人们食用的，数量较少；另一种是外用点心，主要是用于进贡、馈赠、恩赏。清末，孔府进贡的糕点以“枣煎饼”和“缠手酥”为多。

孔府食用糕点时还要配用各式各样的汤。如绿豆糕配山楂汤，各类酥点配用桂圆汤、莲子汤、百合汤等，咸点心则配用紫菜汤、口蘑汤、银耳汤等。

孔府菜肴的制作讲究精美，重于调味，工于火候。孔府菜在选料上极为广泛，粗细料均可入馔，只是细料精制，粗料细做。口味以鲜咸为主，火候偏重于软烂柔滑。烹调技法以蒸、烤、扒、烧、炸、炒见长。著名的菜肴有当朝一品锅、玉笔猴头、玉带虾仁、带子上朝、诗礼银杏、烤花篮鳜鱼等。比如豆芽，本是极平常的一种菜，但经乾隆皇帝一吃，则身价倍增，成为孔府菜中的佳品。据说，有一次乾隆到曲阜祭祀孔子，事毕用膳，因为不饿而吃得很少。衍圣公很着急，传话让厨师想办法。厨师们急得团团转，正在这时有人送来了一筐鲜豆芽，一个厨师顺手抓了一把豆芽洗净，放上几粒花椒爆锅，做好送了上去。乾隆从未吃过这样的菜，出于好奇，尝了一口，清香脆爽，竟大吃起来。从此，炒豆芽就成了孔府的传统名菜。

“八仙过海闹罗汉”是孔府喜寿宴第一道菜，选用鱼翅、海参、鲍鱼、鱼骨、鱼肚、虾、芦笋、火腿为“八仙”。将鸡脯肉剁成泥，在碗底做成罗汉钱状，称为“罗汉”。制成后放在圆瓷罐里，摆成八方，中间放罗汉鸡，上撒火腿片、姜片及汆好的青菜叶，再将烧好的鸡汤浇上即成。旧时此菜上席即开锣唱戏，在品尝美味的同时听戏，热闹非凡，也奢侈至极。

孔府中还有一些野菜也可入肴，如荠菜、山芋、“珍珠笋”（即刚结粒、尚未充浆时的玉米穗）、“龙爪笋”（即高粱根部的嫩须根叉芽）等都可以制成美味入宴。至于家常菜，虽然用料平常，但制作很讲究。如“神仙鸭子”一菜，对火候要求很严。相传孔子后裔孔繁坡在清朝任山西同州知州时，特别喜欢吃鸭子，他的家厨就千方百计地变换各种烹饪技法。有一次这位厨师将鸭子收拾干净后，精心调味，入笼蒸制。因当时无钟表，用燃香计时。鸭子入笼后燃香于旁，香烬后取出鸭子，味香醇美，软烂滑腴，孔知州食后大加赞赏，遂赐名“神仙鸭子”。

孔府每年都要腌制一些咸菜，如腌白菜、腌萝卜、醉螃蟹等。腌白菜，又名“珊瑚白菜”，选用白菜心，从根部切开口，塞入调好的各种佐料，排放在缸内，加盖密封，一个月后即可食用，酸辣甜咸，清爽脆口。腌萝卜，又名“蓑衣萝卜”，是选用形状细长的青萝卜，用刀切成螺旋状，层层放入缸内，撒上各种调料，倒入醋及糖水浸泡，酸甜脆爽，多于早晨喝粥佐餐用。

第三节　川　菜

一、概述

川菜历史悠久，其发源地是古代的巴国和蜀国。据《华阳国志》记载，巴国“土植五谷，牲具六畜”，并出产鱼、盐、茶、蜜；蜀国则“山林泽鱼，园囿瓜果，四代节熟，靡不有焉”。川菜系的形成，大致在秦始皇统一中国到三国鼎立之间。当时四川政治、经济、文化中心逐渐移向成都。其时，无论烹饪原料的取材，还是调味品的使用，以及刀工、火候的要求和专业烹饪水平，均已初具规模，已有川菜系的雏形。秦惠王和秦始皇先后两次大量移民蜀中，同时也就带去了中原地区先进的生产技术至蜀中，这对当时的生产发展有巨大的推动和促进作用。秦代为蜀中奠定了良好的经济基础，到了汉代，蜀中就更加富庶。张骞出使西域，引进胡瓜、胡豆、胡桃、大豆、大蒜等品种，又增加了川菜的烹饪原料和调料。西汉时国家统一，官办、私营的商业都比较发达。以长安为中心的五大商业城市出现，其中就有成都。三国时魏、蜀、吴鼎立，刘备以四川为“蜀都”。虽然在全国范围内处于分裂状态，但蜀中相对稳定，为商业，包括饮食业的发展，创造了良好的条件，使川菜系在形成初期，便有了坚实的经济基础。

曹操在《四时食制》中，特别记有“郫县子鱼，黄鳞赤尾，出稻田，可以为酱”；黄鱼“大数百斤，骨软可食，出江阳，犍为”。还提到“䰾鲶”，可见三国时已有鲶鱼做的汤。西晋文学家左思在《蜀都赋》中把1000多年前川菜的烹饪技艺和宴席盛况描绘为“若其旧俗，终冬始春。吉日良辰，置酒高堂，以御嘉宾”。

唐代诗仙、诗圣都与川菜有不解之缘。诗仙李白幼年随父迁居锦州隆昌，即现在的四川江油青莲乡，直至25岁才离川。在四川近20年的生活中，他很爱吃当地名菜焖蒸鸭子。厨师宰鸭后，将鸭放入盛器内，加酒等各种调料，注入汤汁，用一大张浸湿的绵纸，封严盛器口，蒸烂后保持原汁原味，既香且嫩。天宝元年，李白受到唐玄宗的荣宠，入京供奉翰林。他以年轻时食过的焖蒸鸭子为蓝本，用百年陈酿花雕、枸杞子、三七等蒸肥鸭献给唐玄宗。皇帝非常高兴，将此菜命名为“太白鸭”。诗圣杜甫长期居住成都草堂，诗歌《观打鱼歌》写道：“饔子左右挥双刀，脍飞金盘白雪高。”更是传达了他对川菜的赞美之情。

宋代川菜越过巴蜀境界，进入东京（现开封），为世人所知。苏轼从小受川菜习惯的影响，20岁时和弟弟随父亲到京城应试。冬天的开封天寒地冻，上至宫廷，下至民间，都靠收藏的一些蔬菜度日。苏轼的诗歌中，写以蔬菜入馔的特别多，如“秋来霜露满园东，芦菔生儿芥有孙。我与何曾同一饱，不知何苦食鸡豚。”“芥蓝如菌蕈，脆美牙颊响。白菘类羔豚，冒土出蹯掌。”这些诗事实上是写诗人对川菜的怀念。苏轼还是著名的美食家，不但撰写了脍炙人口的《老饕赋》，还创制了东坡肉、东坡羹和玉糁羹等佳肴，为川菜的丰富和发扬光大做出了可贵的贡献。

元、明、清建都北京后，随着入川官吏增多，大批北京厨师前往成都落户，经营饮食业，使川菜又得到进一步发展，逐渐成为我国的主要地方菜系。明末清初，川菜用辣椒调味，使巴蜀地区形成“尚滋味”“好香辛”的调味传统，并进一步有所发展。

二、川菜代表

川菜风味包括成都、重庆和乐山、自贡等地方菜的特色。主要特点在于味型多样，变化精妙。辣椒、胡椒、花椒、豆瓣酱等是主要调味品，不同的配比，演化出了麻辣、酸辣、椒麻、麻酱、蒜泥、芥末、红油、糖醋、鱼香、怪味等多种味型，无不厚实醇浓，具有“一菜一格”“百菜百味”的特殊风味，各式菜点无不脍炙人口。川菜所用的调味品既复杂多样，又富有特色，尤其是号称“三椒”的花椒、胡椒、辣椒，“三香”的葱、姜、蒜，醋、郫县豆瓣酱的使用频繁及数量之多，远非其他菜系所能比。特别是“鱼香”“怪味”更是离不开这些调味品，如用代用品则味道要打折扣。川菜有“七滋八味”之说，“七滋”指甜、酸、麻、辣、苦、香、咸；“八味”即是鱼香、酸辣、椒麻、怪味、麻辣、红油、姜汁、家常。烹调方法达三十多种，且色、香、味、形俱佳，故国际烹饪界有“食在中国，味在四川”之说。

清乾隆年间，四川罗江著名文人李化楠在其《醒园录》中就系统地搜集了39种烹调方法，如炒、滑、爆、煸、烧、焖、炖、摊、煨等，以及冷菜类的拌、卤、熏、腌、腊、冻、酱等。不论是官府菜，还是市肆菜，都有许多名菜。清同治年间，成都北门外万福桥边有家小饭店，面带麻粒的陈姓女店主用嫩豆腐、牛肉末、辣椒、花椒、豆瓣酱等烹制的佳肴麻辣、鲜香，十分受人欢迎，这就是著名的“麻婆豆腐”，后来饭店也改名为“陈麻婆豆腐店”。

贵州籍的咸丰进士丁宝桢，曾任山东巡抚，后任四川总督，因镇守边关有功，被追赠“太子太保”，“太子太保”是“宫保”之一，所以人称“丁宫保”。他很喜欢吃用花生和嫩鸡丁肉做成的炒鸡丁，流传入市后成为“宫保鸡丁”。

川菜名菜还有灯影牛肉、樟茶鸭子、毛肚火锅、夫妻肺片、东坡墨鱼、清蒸江团等300余种。

其中“灯影牛肉”的制作方法与众不同，风味独特，是将牛后腿上的腱子肉切成薄片，撒上炒干水分的盐，裹成圆筒形晾干，平铺在钢丝架上，进烘炉烘干，再上蒸笼蒸后取出，切成小片复蒸透。最后下炒锅炒透，加入调料，起锅晾凉，淋上麻油才成。此菜呈半透明状，薄如纸，红艳艳，油光滑，其肉片之薄，薄到在灯光下可透出物象，如同皮影戏中的幕布，故称灯影牛肉。

“夫妻肺片”是成都地区人人皆知的一道风味菜。相传20世纪30年代，有个叫郭朝华的小贩，和妻子制作凉拌牛肺片，串街走巷，提篮叫卖。人们谑称其为“夫妻肺片”，沿用至今。

“东坡墨鱼”是四川乐山一道与北宋大文豪苏东坡有关的风味佳肴。墨鱼并非海中的乌贼，而是乐山市凌云山、乌龙山脚下的岷江中一种嘴小、身长、肉多的墨皮鱼，又叫“墨头鱼”。相传苏东坡在凌云寺读书时，常到凌云岩下洗砚，江中之鱼食其墨汁，皮色浓黑如墨，人们称之为“东坡墨鱼”；与江团、肥鲩并称为川江三大名鱼，成为川菜的特色名菜。

“清蒸江团”人称嘉陵美味、上等佳肴。据传抗日战争期间，四川澄江镇上的韵流餐厅名厨张世界、郑祖华烹制的“叉烧江团”“清蒸江团”等菜肴闻名遐迩。冯玉祥将军赴美考察水利之前也曾到韵流餐厅品尝江团，食后赞扬说：“四川江团，果然名不虚传。”

四川最负盛名的菜肴和小吃还有干烧岩鲤、干烧桂鱼、鱼香肉丝、毛肚火锅、干煸牛肉丝、担担面、赖汤圆、龙抄手等。

第四节　粤　菜

一、概述

粤菜系的形成和发展与广东的地理环境、经济条件和风俗习惯等因素密切相关。广东地处亚热带，濒临南海，雨量充沛，四季常青，物产富饶。故广东的饮食，一向得天独厚。早在西汉《淮南子·精神训》中就载有粤菜选料的精细和广泛，由此可以想见两千年前的广东人已经对用不同烹调方法烹制不同的异味游刃有余。唐代诗人韩愈曾被贬至潮州，在他的诗中有描述，潮州人食鲎、蛇、蒲鱼、青蛙、章鱼、江瑶柱等数十种异物，使他感到很不是滋味。但到南宋时，章鱼等海味已是许多地方菜肴的上品佳肴。在配料和口味方面，有采用生食的方法。到后来生食猪、牛、羊、鹿已不多见，但生食鱼片，包括生鱼粥等习惯仍保留至今。而将白切鸡以仅熟、大腿骨带微血为准，则于今依然如此。

粤菜还善于取各家之长，为我所用，常学常新。苏菜系中的名菜松鼠鳜鱼，饮誉大江南北，但不能上粤菜宴席。虽粤人曾喜食鼠肉，但鼠辈之名不登大雅之堂。粤菜名厨运用娴熟的刀工将鱼改成小菊花型，名为菊花鱼。如此一改，能一口一块，用筷子或刀叉食用都方便、卫生，部分苏菜经过这类改造，便成了粤菜。此外，粤菜中的爆、扒、烤、汆是从北方菜的烹调方法移植而来。而煎、炸的新法是吸取西菜同类方法改进之后形成的。但粤菜制作方法的移植，并不是生搬硬套，而是结合广东原料广博、质地鲜嫩、人们口味喜欢清鲜常新的特点，而加以发展、触类旁通的。如北方菜的扒，通常是把原料调味后，烤至酥烂，推芡打明油上碟，称为清扒。而粤菜的扒，却是将原料煲或蒸至腻，然后推芡扒上，表现多为有料扒，代表作有八珍扒大鸭、鸡丝扒肉脯等。广东的饮食文化多与中原各地一脉相通，其中一个很重要的原因是广州历史上曾有多个另立王朝的北方人。另外，历代王朝派来治粤或被贬的官吏等，也会带来北方的饮食文化，其间还有许多官厨高手或将他们的技艺传给当地的同行，或是在市肆上自设店营生，从而将各地的饮食文化直接介绍给岭南人民，进而使之变为粤菜的重要组成部分。

二、粤菜代表

粤菜系由广州菜、潮州菜、东江菜三种地方风味组成，是起步较晚的菜系，但它影响极大，不仅在香港和澳门特别行政区，而且世界各国的中菜馆，也多数以粤菜为主。粤菜注意吸取各菜系之长，形成多种烹饪形式，是具有自己独特风味的菜系。广州菜包括珠江三角洲和肇庆、韶关、湛江等地的名食在内，地域较广，用料庞杂，选料精细，技艺精良，善于变化，风味讲究，清而不淡，鲜而不俗，嫩而不生，油而不腻。夏秋力求清淡，冬春偏重浓郁，擅长小炒，要求掌握火候和油温恰到好处。广州菜品种多样，还兼容了许多西菜做法，讲究菜的气势和档次。潮州同福建交界，语言和习俗与闽南相近，又受珠江三角洲的影响，故潮州菜接近闽、粤，汇两家之长，自成一派。以烹制海鲜见长，汤类、素菜、甜菜最具特色，刀工精细，口味清纯。东江菜又名客家菜，因客家原是中原人，在汉末和北宋后期因避战乱南迁，聚居在广东东江一带，其语言、风俗尚保留中原固有的风貌。菜品多用肉类，极少水产，主料突出，讲究香浓，下油重，味偏咸，以砂锅菜见长，有独特的乡土风味。粤菜系还有一派海南菜，菜的品种较少，但具有热带食物特有的风味。

粤菜系在烹调上以炒、爆为主，兼有烩、煎、烤，讲究鲜、嫩、爽、滑，曾有“五滋六味”之说。“五滋”即香、松、脆、肥、浓，“六味”是酸、甜、苦、辣、咸、鲜，同时注意色、香、味、形。许多广东点心是用烘箱烤出来的，带有西菜的特点。粤菜较为著名的有贵联升的满汉全席、香糟鲈鱼球，聚丰园的醉虾、醉蟹，南阳堂的什锦冷盘、一品锅，品容升的芝麻球，玉波楼的半斋炸锅巴，福来居的酥鲫鱼，万栈堂的挂炉鸭，文园的江南百花鸡等菜品。

粤菜的主要名菜还有脆皮烤乳猪、龙虎斗、护国菜、潮州烧雁鹅、艇仔粥、猴脑汤等百余种。其中烤乳猪是广州最为著名的特色菜。早在西周时代，烤乳猪即是“八珍”之一。清代烤乳猪传播各地，但如今却在广东闻名。随着时代的变迁，在烹调制作方面不断有所改进，真正达到了“色如琥珀，又类真金”，并皮脆肉软，表里浓香，适合南方人的口味。

粤菜总体特点是选料广泛、新奇且尚新鲜，菜肴口味尚清淡，味别丰富，时令性强，有不少菜点具有独特风味。

第五节　苏　菜

一、概述

江苏东临黄海，西拥洪泽湖，南临太湖，长江横贯于中部，运河纵流于南北，境内有蛛网般的港口，串珠似的淀泊，加之寒暖适宜，土壤肥沃，素有“鱼米之乡”之称。“春有刀鲸夏有鳃，秋有肥鸭冬有蔬”，一年四季，水产禽蔬不断上市。这些富饶的物产为江苏菜系的形成提供了优越的物质条件。江苏菜系起始于南北朝时期，唐宋以后，与浙菜竞秀，成为“南食”两大台柱之一。江苏菜的特点是浓中带淡，鲜香酥烂，原汁原汤，浓而不腻，口味平和，咸中带甜，其烹调技艺以擅长于炖、焖、烧、煨、炒而著称。烹调时用料严谨，注重配色，讲究造型，四季有别；同时追求本味，清鲜本和，咸甜醇正。菜品风格雅丽，形质兼美，酥烂脱骨而不失其形，滑嫩爽脆而益显其味，影响遍及长江中下游广大地区。

二、苏菜代表

江苏是名厨荟萃的地方，我国第一位典籍留名的职业厨师和第一座以厨师姓氏命名的城市均在这里。夏禹时代的“淮夷贡鱼”应为淮扬菜最初的文献记载，淮白鱼直至明清均系贡品。《吕氏春秋·本味》：“菜之美者：……云梦之芹，具区之菁”，具区就是太湖。也就是说，战国时期，太湖的芜菁，跟云梦泽的芹菜一样，已登大雅之堂。春秋时齐国的易牙曾在徐州传艺，由他创制的“鱼腹藏羊肉”千古流传，是为“鲜”字之本（虽然此“鲜”字本义传说与前文徐州彭铿“羊方藏鱼”有所不同，但大意都是指古人的饮食创造之智慧）。汉代淮南王刘安在八公山上发明了豆腐，首先在苏、皖地区流传。汉武帝逐夷民至海边，发现渔民所嗜“鱼肠”滋味甚美。南北朝时期南朝宋国的明帝也酷嗜此食。其实“鱼肠”就是乌贼的卵巢精白。名医华佗在江苏行医时，与其江苏弟子吴晋均提倡“火化”熟食，即食物疗法。晋人葛洪有“五芝”之说，对江苏食用菌影响颇大。宋代高僧赞宁作《笋谱》，总结食笋的经验。豆腐、面筋、笋、蕈号称素菜的“四大金刚”，这些美食的发源都与江苏有关。南北朝时南京“天厨”能用一个瓜做出几十种菜，一种菜又能做出几十种风味。此外，腌制咸蛋、酱制黄瓜，在1500年前就已载入典籍。苏菜系的主食、点心在五代时即有“建康七妙”之称。其米饭粒粒分明，柔而不烂；面条筋韧，可以穿结成带而不断；饼薄透明，可以映字；馄饨汤清，可注砚磨墨；馓子既香又脆，嚼起来声响能“惊动十里人”，足见技艺之高妙。宋室南渡至现杭州，中原大批士大夫南下，带来了中原风味的影响。苏、锡今日的嗜甜，由此而滥觞。此外唐宋时期，特别是金元以来，伊斯兰教徒到江苏者日多，苏菜系又受清真菜的影响，烹饪更为丰富多彩。明清以来，苏菜系又受到许多地方风味的影响。昔日吴王夫差、隋炀帝行船宴饮，享受船点船菜，船菜也可供寻常百姓品尝。

苏菜系由淮扬、苏锡、徐海（连云港古称海州，故自江苏省徐州市向东沿陇海铁路至连云港一带称为徐海）三大地方风味菜肴组成，以淮扬菜为主体。淮扬菜是中国长江中下游地区的著名菜系，其覆盖地域甚广，包括现今江苏、浙江、安徽、上海以及江西、河南部分地区，有“东南第一佳味”“天下之至美”之誉，声誉远播海内外。淮扬风味以扬州、淮安为中心，以大运河为主干，南起镇江，西北至洪泽湖附近，东含里下河并及于沿海。这里水网交织，江河湖泊所出甚丰。其中，扬州刀工为全国之冠，淮安的鳝鱼菜品丰富多彩，镇江三鱼（鲥鱼、刀鲸、鮰鱼）驰名天下。淮扬菜的特点是选料严谨，注意刀工和火工，强调本味，突出主料，色调淡雅，造型新颖，咸甜适中，口味平和，故适应面较广。在烹调技艺上，多用炖、焖、煨、焐之法。其中南京菜以烹制鸭菜著称，其细点以发酵面点、烫面点和油酥面点取胜。苏锡菜包括苏州、无锡一带，西到常熟，东到上海、昆山都在这个范围内。徐海菜原近齐鲁风味，肉食五畜俱用，水产以海味取胜。菜肴色调浓重，口味偏咸，习尚五辛，烹调技艺多用煮、煎、炸等。近年来，三种地方风味菜均有所发展和变化。淮扬菜由平和而变为略甜，似受苏锡菜的影响。而苏锡菜尤其是苏州菜口味由偏甜而转变为平和。又受到淮扬菜的影响，徐海菜则咸味大减，色调亦趋淡雅，向淮扬菜看齐。在整个苏菜系中，淮扬菜仍占主导地位。

苏菜系的名菜众多，其中三套鸭系传统名菜。清代《调鼎集》曾记载套鸭制作方法，为“肥家鸭去骨，板鸭亦去骨，填入家鸭肚内，蒸极烂，整供”。后来扬州的厨师又将湖鸭、野鸭、菜鸽三禽相套，用宜兴产的紫砂烧锅，小火浓汤炖焖而成。家鸭肥嫩，野鸭香酥，菜鸽细鲜，风味独特。

扬州煮干丝与乾隆皇帝下江南有关。乾隆曾六下江南，扬州地方官员聘请名厨为皇帝烹制佳肴，其中有一道“九丝汤”，是用豆腐干丝加火腿丝，在鸡汤中烩制，味道鲜美。特别是豆腐干丝切得细，味道渗透较好，吸入各种鲜味，名传天下，后来更名为“煮干丝”。与鸡丝、火腿丝同煮叫鸡火干丝，加海米（开洋）叫海米（开洋）干丝，加虾仁则叫虾仁干丝。

隋炀帝到扬州观琼花后，对扬州的万松山、金钱墩、象牙林、葵花岗四大名景十分留恋。回到行宫后命御厨以上述四景为题，制作四道佳肴，即松鼠鳜鱼、金钱虾饼、象牙鸡条、葵花斩肉。隋炀帝赞赏不已，赐宴群臣。从此，这些菜传遍大江南北。

江苏名菜名点还有盐水鸭肫、炖菜核、炖生敲、生炒甲鱼、丁香排骨、清炖鸡子、金陵扇贝（以上为南京名菜），松鼠鳜鱼、碧螺虾仁、翡翠虾斗、雪花蟹斗、蟹粉鱼唇、蝴蝶海参、清汤鱼翅、香炸银鱼、梁溪脆鳝、常州糟扣肉（以上为苏锡名菜）；霸王别姬、沛公狗肉、彭城鱼丸、荷花铁雀、红焖加吉鱼、红烧沙光鱼（以上为徐州名菜）。此外，江苏点心富有特色，如秦淮小吃、苏州糕团、汤包，都很有名。

第六节 闽 菜

一、概述

闽菜系以烹制山珍海味而著称。在色、香、味、形兼顾的基础上，尤以香味见长。其清新、和醇、荤香、不腻的风味特色，在中国饮食文化中独树一帜。

福建位于我国东南隅，依山傍海，终年气候温和，雨量充沛，四季如春。其山区地带林木参天，翠竹遍野，溪流江河纵横交错；沿海地区海岸线漫长，浅海滩辽阔。地理条件优越，山珍海味富饶，为闽菜系提供了得天独厚的烹饪资源。这里盛产稻米、蔬菜、瓜果，尤以龙眼、荔枝、柑橘等佳果誉满中外。山林溪涧有闻名全国的茶叶、香菇、竹笋、莲子、薏苡仁，以及鹿、雉、鹧鸪、河鳗、石鳞等山珍美味；沿海地区则鱼、虾、螺、蚌等海产佳品丰富，常年不绝。据明代万历年间的统计资料，当时当地的海、水产品达270多种，而现代专家的统计则有750余种。清代编纂的《福建通志》中有“茶笋山木之饶遍天下”“鱼盐蜃蛤匹富齐青”“两信潮生海接天，鱼虾入市不论钱”的记载。

二、闽菜代表

闽菜系起源于福建闽侯县，由福州、闽南的厦门、闽南的泉州等地的地方菜发展而成，以福州菜为主要代表。福州菜清鲜、淡爽，偏于甜酸，尤其讲究调汤。另一特色是善用红糟作配料，具有防腐、去腥、增香、生味、调色的作用。在实践中，有炝糟、拉糟、煎糟、醉糟、爆糟等十多种，尤以“淡糟炒响螺片”“醉糟鸡”“糟汁氽海蚌”等名肴最负盛名。闽南菜除新鲜、淡爽的特色外，还以讲究作料、善用甜辣著称。最常用的作料有辣椒酱、沙茶酱、芥末酱、橘汁等，其名菜“沙茶焖鸭块”“芥辣鸡丝”“东壁龙珠”等均具风味。闽系菜偏咸、辣，多以山区特有的奇珍异味为原料，如“油焖石鳞”“爆炒地猴”等，有浓郁的山乡色彩。闽菜系历来以选料精细，刀工严谨，讲究火候、调汤、作料和以味取胜而著称。其烹饪技艺，有四个鲜明的特征。

一是采用细致入微的片、切、剞等刀法，使不同质地的材料，达到入味透彻的效果。故闽菜的刀工有“剞花如荔，切丝如发，片薄如纸”的美誉。如凉拌菜肴“萝卜蜇丝”，将薄薄的海蜇皮，每张分别切成2～3片，复切成极细的丝，再与同样粗细的萝卜丝合并烹制，凉后拌上调料上桌。此菜刀工精湛，海蜇与萝卜丝交融在一起，食之脆嫩爽口，兴味盎然。“鸡茸金丝笋”是将冬笋切成近头发丝粗细的“金丝笋”，每100克冬笋要切500～600条细丝，要切得长短一致，粗细均匀。这样冬笋才能和鸡茸、蛋液等料拌成的糊融为一体。经巧炒烹饪后，鸡茸与笋丝之味特佳。此菜经历百年，盛名不衰。

二是汤菜居多，变化无穷。闽菜多汤由来已久，这与福建有丰富的海产资源密切相关。闽菜始终将质鲜、味纯、滋补联系在一起，而在各种烹调方法中，汤菜最能体现原汁原味、本色本味。故闽菜多汤，原因在于此。

闽菜系的汤菜通过精选各种辅料加以调制，使不同原料固有的膻、苦、涩、腥等味得以摒除，又使不同质量的菜肴，经调汤后味道各具特色，因而有“一汤变十”之说。如干鱿鱼味腥，须经水发之法去除，否则也不适应烹制脆嫩菜肴所需。但一经水发，又失去鱿鱼的本味，必须另行调制鱿鱼汤，使之达到质量和味道俱存的效果。烹制“鸡汤氽海蚌”时，鲜海蚌汁咸，要经过加工处理。但如果洗净，又过于清淡。所以，将蚌肉经细腻的刀工片成大薄片，在沸水锅里氽至八成熟，盛入汤碗，再加入咸淡适宜的热鸡汤。这样的蚌肉清鲜脆嫩，且有鸡汤醇香美味，二者相得益彰。细嚼缓呷，香鲜融为一体。

三是调味奇异，别具一格。闽菜偏甜、偏酸、偏淡，这与福建有丰富多彩的作料以及其烹饪原料多用山珍海味有关。偏甜可去腥膻，偏酸爽口，味清淡则可保其质地鲜纯。闽菜名肴荔枝肉、甜酸竹节肉、葱烧酥鲫、白烧鲜竹蛏等均能恰到好处地体现偏甜、偏酸、偏清淡的特征。

四是烹调细腻，雅致大方。闽菜的烹调技艺，不但蒸、炒、炖、焖、氽、煨等法各具特色，而且以炒、蒸、煨技术称殊。在餐具上，闽菜习用大、中、小盖碗，十分细腻雅致。炒

"西施舌"（福建一般是指海蚌）、清蒸加吉鱼、佛跳墙等名肴都鲜明地体现了闽菜的特征。其中尤以佛跳墙为甚，其选料精细，加工严谨，讲究火工与时效，以及注重煨制器皿等特色，使之成为名扬中外的美馔佳肴。佛跳墙是闽菜中著名的古典名菜，相传始于清道光年间，百余年来，一直驰名中外，成为中国著名的特色菜之一。东璧龙珠是一道取用地方特产烹制的特殊风味名菜。福建泉州名刹开元寺内东璧寺有几棵龙眼树，相传已有千余年历史，树上所结龙眼，是稀有品种东璧龙眼，其壳薄核小，肉厚而脆，甘洌清香，有特殊风味，享誉国内外。福建泉州地区采用东璧龙眼为原料，配以猪瘦肉、鲜虾仁、水发香菇、荸荠、鸡蛋等制成菜肴，取名"东璧龙珠"，成为当地著名的特色风味菜。"炒西施舌"采用福建长乐漳港的特产蛤蜊烹制，传说春秋战国时期，越王勾践灭吴后，其妻派人偷偷将西施骗出来，用石头绑在西施身上，把她沉入海底。从此沿海泥沙中便有了一种类似人舌的蛤蜊，传说是西施的舌头，故称其为"西施舌"。此闽菜系"西施舌"的传说与鲁菜系中"西施舌"的传说不同。福建地区很早就有人用此蛤蜊来做美味佳肴。闽菜"西施舌"无论汆、炒、拌、炖，都具清甜鲜美的味道，令人难忘。周亮工在《闽小记》中说："画家有能品，逸品，神品，闽中海错，西施舌当列神品。"

第七节 浙 菜

一、概述

浙菜，是我国八大菜系之一。浙江省位于我国东海之滨，北部水道成网，素有江南鱼米之乡之称。西南丘陵起伏，盛产山珍野味。东部沿海渔场密布，水产资源丰富，经济鱼类和贝壳水产品达500余种，总产值居全国前列，物产丰富，佳肴自美，特色独具，有口皆碑。浙江山清水秀，物产丰富佳肴美，故谚曰："上有天堂，下有苏杭。"

浙菜系历史悠久。特别是南宋时期，京师人南下开饭店，用北方的烹调方法将南方丰富的原料做得美味可口，"南料北烹"成为浙菜系一大特色。汴京名菜"糖醋黄河鲤鱼"到临安后，以鱼为原料，烹成浙江传统名菜"西湖醋鱼"。浙菜菜系，由杭州、宁波、绍兴和温州为代表的四个地方流派所组成。杭州菜历史悠久，自南宋迁都临安（今杭州）后，商市繁荣，各地食店相继进入临安，菜馆、食店众多，而且多效仿京师。杭州菜重视原料的鲜、活、嫩，以鱼、虾、时令蔬菜为主，讲究刀工，口味清鲜，突出本味。据南宋《梦粱录》记载，当时"杭城食店，多是效学京师人，开张亦御厨体式，贵官家品件"。经营名菜有百味羹、五味焙鸡、米脯风鳗、酒蒸鲥鱼等近百种。明清年间，杭州又成为全国著名的风景区，游览杭州的帝王将相和文人骚客日益增多，饮食业更是发展迅速，名菜名点大批涌现，杭州成为既有美丽的西湖，又有脍炙人口的名菜名点的著名城市。

浙菜就整体而言，有比较明显的特色风格，概而言之有四：

① 选料苛求细、特、鲜、嫩。细，取用物料的精华部分，使菜品达到高雅上乘。特，选用特产，使菜品具有明显的地方特色。鲜，用料讲求鲜活，使菜品保持味道纯正。嫩，时鲜为尚，使菜品食之清鲜爽脆。

② 烹调擅长炒、炸、烩、熘、蒸、烧。海鲜河鲜烹制独到一面，与北方烹法有显著不

同。浙菜烹鱼，大都过水，约有三分之二是用水作传热体烹制的，突出鱼的鲜嫩，保持本味。如著名的“西湖醋鱼”，系活鱼现杀，经沸水氽熟，软熘而成，不加任何油，滑嫩鲜美，众口交赞。

③ 注重清鲜脆嫩，保持主料的本色和真味，多以当季鲜笋、火腿、冬菇和绿叶的菜为辅佐，同时十分讲究以绍酒、葱、姜、醋、糖调味，借以去腥、戒腻、吊鲜、起香。

④ 形态精巧细腻，清秀雅丽。此风格可溯至南宋，《梦粱录》曰：“杭城风俗，凡百货卖饮食之人，多是装饰车盖担儿，盘盒器皿新洁精巧，以炫耀人耳目……”许多菜肴，以风景名胜命名，造型优美。

二、浙菜代表

杭州菜制作精细，品种多样，清鲜爽脆，淡雅典丽，是浙菜的主流。名菜如西湖醋鱼、东坡肉、龙井虾仁、油焖春笋、西湖莼菜汤等，集中反映了杭菜的风味特点。宁波菜鲜咸合一，以蒸、烤、炖为主，以烹制海鲜见长，讲究鲜嫩软滑，注重保持原汁原味，主要代表菜有雪菜大汤黄鱼、奉化摇蚶、宁式鳝丝、苔菜拖黄鱼等。绍兴菜擅长烹制河鲜家禽，入口香酥绵糯，汤浓味重，富有乡村风味，代表名菜有绍兴虾球、干菜焖肉、清汤越鸡、白鲞扣鸡等。温州古称“瓯”，地处浙南沿海，当地的语言、风俗和饮食方面，都自成一体，别具一格，素以“东瓯名镇”著称。瓯菜以海鲜入馔为主，口味清鲜，淡而不薄，烹调讲究“二轻一重”，即轻油、轻芡、重刀工。代表名菜有三丝敲鱼、双味蝤蛑、橘络鱼脯、蒜子鱼皮、爆墨鱼花等。

“龙井虾仁”因取杭州最佳的龙井茶叶烹制而著名。龙井茶产于浙江杭州西湖附近的山中，以龙井村狮子峰所产为最佳，素有“色翠、香郁、味醇、形美”四绝之称。据传此茶起源于唐，宋、元、明、清以来，经当地人民精心培育，品质独特。清代龙井茶列为贡品。当时安徽地区用“雀舌”“鹰爪”之茶叶嫩尖制作珍贵菜肴，杭州用清明节前后的龙井新茶配以鲜活河虾仁制作炒虾仁，故名“龙井虾仁”，不久就成为杭州最著名的特色名菜，闻名遐迩。

“新风鳗鲞”是浙江宁波地区的风味名菜。鱼鲞是东南沿海渔民最喜欢食用的佳品，用黄鱼制作的叫“黄鱼鲞”，用鳗鱼制作的叫“鳗鲞”。相传春秋末期，吴王夫差与越国交战，带兵攻陷越地鄞邑，即现在的宁波地区，御厨在五鼎食中，除牛肉、羊肉、麋肉、猪肉外，取当地的鳗鲞，代替鲜鱼做菜。吴王食后，觉得此鱼香浓味美，与往日宫中所吃的鲤鱼、鲫鱼不同。待到回宫，虽餐餐有鱼肴，但总觉其味不如鄞邑的可口。后来他差人到鄞县海边抓来一位老渔民，专为他制作鱼肴。老渔民用鳗鲞加调味品后蒸熟，夫差吃后赞不绝口。鳗鲞从此身价百倍。清代鳗鲞也在民间流行，当时浙江台州温岭县松门地区出产的“台鲞”，闻名全国。袁枚在《随园食单》上曾提道：“台鲞好丑不一。出台州松门者为佳，肉软而鲜肥。生时拆之，便可当作小菜，不必煮食也；用鲜肉同煨，须肉烂时放鲞，否则鲞消化不见矣。冻之即为鲞冻。绍兴人法也。”宁波当地每当冬令及过春节时制作的新风鳗鲞，略微风干，即可食用。

干菜焖肉是绍兴名肴，是用绍兴特有的霉干菜和五花肉同煮，焖至酥烂时为佳。同时，肉上的油浸入霉干菜，霉干菜香味透入肉中，相得益彰，酥香糯软，鲜美可口。浙菜系中的名菜名点还有虾爆鳝背、炸响铃、炝蟹、冰糖甲鱼、湖州千张包子等。

第八节　湘　菜

一、概述

湘菜，是我国历史悠久的地方风味菜。湖南地处我国中南地区，气候温和，雨量充沛，自然条件优越。湘西多山，盛产笋、蕈和山珍野味；湘东南为丘陵和盆地，农林牧副渔业发达；湘北是著名的洞庭湖平原，素称“鱼米之乡”。《史记》中曾记载了楚地“地势饶食，无饥馑之患”。湘菜历史悠久，早在汉朝就已经形成菜系，烹调技艺已有相当高的水平。西汉时期，长沙已经是封建王朝政治、经济和文化都比较发达的一个主要城市，特产丰富，烹饪技术已发展到一定的水平。1974 年，在长沙马王堆出土的西汉古墓中，发现了许多与烹饪技术相关的资料。其中有迄今最早的一批竹简菜单，它记录了 103 种名贵菜品和炖、焖、煨、烧、炒、熘、煎、熏、腊九类烹调方法。唐宋以后，由于长沙是封建王朝的重要城市，又是文人荟萃之地，因而湘菜系发展很快，成为我国著名的地方风味之一。到明清时期，湘菜又有了新的发展，进而成为我国八大菜系之一。

二、湘菜代表

湘菜是由湘江流域、洞庭湖区和湘西山区三个地方的风味菜肴为主组成。湘江流域的菜以长沙、衡阳、湘潭为中心，特点是用料广泛、制作精细、品种繁多；口味上注重香鲜、酸辣、软嫩；在制作上以煨、炖、腊、蒸、炒诸法见称。洞庭湖区的菜以烹制河鲜和家禽家畜见长，多用炖、烧、腊的制作方法，其特点是芡大油厚、咸辣香软。湘西菜擅长制作山珍野味、烟熏腊肉和各种腌肉，口味侧重于咸、香、酸、辣。由于湖南地处亚热带，气候多变，夏季炎热，冬季寒冷，因此湘菜特别讲究调味，尤重酸辣、咸香、清香、浓鲜。夏天炎热，味重清淡、香鲜；冬天湿冷，味重热辣、浓鲜。

湘菜以其油重色浓、主味突出，尤以酸、辣、香、鲜、腊见长。主要名菜有东安子鸡、红煨鱼翅、腊味合蒸、面包全鸭、油辣冬笋尖、冰糖湘莲、火宫殿臭豆腐、发丝牛百叶、红椒腊牛肉等。其中红煨鱼翅又名组庵鱼翅，是湖南地方名菜。烹制方法是用鱼翅加鸡汤、酱油等，用小火煨制而成，汁浓味鲜，以清鲜糯柔著名。清代光绪年间进士谭延闿（字组庵）十分喜欢吃此菜，其家厨便将红煨鱼翅的制法做了改进，加上鸡肉、五花猪肉和鱼翅同煨，使鱼翅更加软糯爽滑，汤汁更加醇香鲜美。谭进士食之称赞不已，从此闻名天下，因此菜为谭家家厨所创，故称为“组庵鱼翅”。清末民初此菜传到长沙，成为湖南名肴。五元神仙鸡又名五元全鸡，古已有之。清代《调鼎集》曾有“神仙炖鸡”（现又称五元神仙鸡）的记载。其制法是将生鸡“洗净，入钵，和酱油，隔汤干炖，嫩鸡肚填黄芪数钱，干蒸，更益人”。这是以黄芪炖鸡，可以强身健体，延年益寿，故名“神仙鸡”。相传为曲园酒楼所制。1938 年日寇轰炸长沙，酒楼迁至南宁，李宗仁曾在该店大宴宾客。新中国成立以来，湘菜特色技术有了更进一步的发展。1949 年后曲园酒楼搬迁到北京，至今仍是非常著名的湖南风味菜馆，“五元神仙鸡”仍是该店的特色名菜。

湖南驰名的主要风味湘菜还有以下几种。

① 全家福　是家宴的传统头道菜，以示合家欢乐，幸福美满。全家福的用料比较简易。一般主料为油炸肉丸、蛋肉卷、水发炸肉皮、净冬笋、水发豆笋、水发木耳、素肉片、熟肚片、碱发墨鱼片、鸡肫、鸡肝等。辅料为精盐、味精、胡椒粉、葱段、酱油、水芡粉、鲜肉汤等。制作比较容易：将上述主、辅料备办周全以后，先把冬笋放进沸水锅中煮五分钟左右捞出，切成柳叶片状，再把豆笋切成一寸长，然后将木耳洗净、撕开，将水发炸肉皮的皮肉批刀成片（块），鸡肫和鸡肝切成薄片，墨鱼切成一寸左右的片状，把肉丸和蛋卷扣入蒸钵内蒸熟，上菜时取出复入大汤盆中即可。

② 百鸟朝凤　是一道传统湘菜，象征欢聚一堂，其乐融融。选一只肥嫩母鸡宰杀，去血，褪尽鸡毛，除掉嘴壳、脚皮，从颈翅之间用刀划开一寸长左右的鸡皮，取出食管、食袋、气管；再从肛门处横开一寸半长左右的口子，取出其余鸡内脏，清洁干净。这样，整只鸡的形体未遭破坏。然后把整鸡用旺火蒸至鸡肉松软，再放入去壳的熟鸡蛋，续蒸 20 分钟左右，倒出原汤于干净锅中，将鸡翻身转入大海碗内，剔去姜片，原鸡汤烧开，加菜心、香菇，再沸时起锅盛入鸡碗内，撒上适量胡椒粉。至此，便成一道鸡身隆起、鸡蛋和白菜心浮现于整鸡周围的形同百鸟朝凤的美味佳肴。

③ 子龙脱袍　是一道以鳝鱼为主料的传统湘菜。因鳝鱼在制作过程中需经破皮、剔骨、去头、脱皮等工序，特别是鳝鱼脱皮，形似古代武将脱袍，故将此菜取名为子龙脱袍。子龙脱袍不仅制法独特，且菜名别致新奇，耐人寻味，一直吸引着不少名士。

④ 霸王别姬　传统湘菜，问世于清代末年。用甲鱼和鸡为主要原料，辅以香菇、火腿、料酒、葱、蒜、姜等作料，采取先煮后蒸的烹调方法精制而成。制法精巧，吃法独特，鲜香味美，营养丰富，一经品尝，齿留余香，是酒席筵上的佳品。

⑤ 三层套鸡　传统湘菜，为长沙名厨柳三和擅长的名菜之一。20 世纪 20 年代末，鲁涤平主湘，其侧室沙夫人患头痛，医者荐方以一麻雀、一斑鸠、一乌骨母鸡，用天麻套蒸饮汤治病。柳三和根据配方以母鸡内放一鸽子，鸽子内放一麻雀，麻雀之内放天麻、枸杞之类，三物套蒸，制成三层套鸡而名噪一时，颇受上层人士赞赏。

⑥ 长沙麻仁香酥鸭　是长沙特级厨师石荫祥大胆推出的优秀之作。此菜集松软、酥脆、软嫩、鲜香于一体，深得四方宾客称赞。此道菜选良种肥鸭，烹饪时在锅内放入花生油，烧至六成热，下入麻仁鸭酥炸，面上浇油淋炸，至麻层呈金黄色时倒去油，撒上花椒粉，淋入芝麻油，取出切成条状，整齐地摆放在盘内，配鸭头、翅、掌，以示鸭入席，周围拼上香菜，造型美观，色调柔和，焦酥鲜香，回味悠长。

⑦ 花菇无黄蛋　长沙的传统名菜，早在 20 世纪 30 年代即闻名遐迩。此菜是将鸡蛋洗净，在每个蛋的大圆头顶端开一小圆孔，逐个将蛋清倒入 1 只大碗内，蛋壳内灌入清水，洗净沥干。碗内蛋清中加入熟猪油、精盐、味精、清鸡汤调匀后均匀地灌入 12 个（一般一盘准备 12 个鸡蛋的量）蛋壳内，用薄纸封闭圆孔。另取大瓷盘 1 只，上面平铺一层生米，将鸡蛋圆子（朝上）逐个竖立在米上，入笼蒸熟后取出鸡蛋放在冷水中浸泡 2 分钟，剥去蛋壳，即成白色无黄蛋。将水发花菇放入熟猪油烧至六成热时下洗净的菜心，加精盐炒熟，摆在大瓷盘的周围，将无黄蛋沥去水，倒在大瓷盘中，再用湿淀粉勾芡成浓汁，盖在无黄蛋上，淋入芝麻油，撒上胡椒粉即成。花菇无黄蛋制作的关键在于掌握火候，既要蒸熟，又不能让蛋清流出，破坏造型。

⑧ 牛中三杰　所谓牛中三杰是指发丝牛百叶、红烧牛蹄筋和烩牛脑髓。著名剧作家田汉在湘时，有一次，与湘乡名士邓攸园在李合盛餐馆共饮时，邓攸园酒酣脱口说出一联：穆

斯林合资开牛肉餐馆；田汉应声对出：李老板盛情款湘上酒徒。正好镶入李合盛三字，李大喜，拿来笔砚，请田汉书赠留念，传为美谈。牛中三杰制作精细。发丝牛百叶要选用牛肚内壁皱褶部位，切细如发，色泽美观，味道酸辣，质地脆嫩，入口酸、辣、咸、鲜、脆五味俱全。红烧牛蹄筋选用牛蹄筋，加桂皮、绍酒、葱节、姜片等精制而成，软糯可口，味道鲜香。烩牛脑髓，取牛脑髓清洗后去表膜切片，入沸水中一焯，待变白色捞出沥去水，下入煸香的姜、香菇中，加黄醋、牛清汤一烩，收汁，撒胡椒粉、葱花，淋入芝麻油即成，鲜嫩清香。发丝牛百叶，红烧牛蹄筋，烩牛脑髓，被赞为“牛中三杰”。人们一提起品尝“牛中三杰”都习惯称“吃李合盛去”。

第九节　徽　菜

一、概述

徽菜，又名皖菜。安徽省地处华东地区，因春秋时曾属皖国，又有著名的皖山，所以简称皖。安徽皖南地区多山，山珍野味非常丰富，有山鸡、斑鸠、野鸭、野兔、鞭笋等，还有鳜鱼、石鸡、青鱼、甲鱼等，这些都为徽菜的烹调提供了特殊的、丰富的原材料。安徽是历代政治、经济和文化比较发达的地区。早在三国时期，这里的农业和手工业在全国经济中就占有重要地位。在唐玄宗年间，经济繁盛，徽籍商人已遍及南北各重要城市。宋朝建立后，国内经济重心进一步南移，安徽商业更为繁荣。到明朝时徽商遍及全国各大城市。据明史记载：当时“大商人中以徽商和晋商最为突出”“富商之称雄者，江南首推新安”。自唐代以后，历代都有“无徽不成镇”之说，可见古代安徽商业之发达，商贾之众多。随着安徽商人出外经商，徽菜也普及各地，在江浙一带及武汉、洛阳、广州、山东、北京、陕西等地均有徽菜馆，尤以上海最多，而且是最早进入上海的异地风味，其经营的馄饨鸭和大血汤、煨海参等安徽菜式曾风靡上海滩。

安徽菜是由皖南、沿江和沿淮三个地方的风味菜肴所构成，以烹制山珍野味而著称。皖南徽菜是安徽菜的主要代表，它起源于黄山麓下的歙县（古徽州）。后来，由于新安江畔的屯溪小镇成为“祁红”“屯绿”等名茶和徽墨、歙砚等土特产品的集散中心，商业兴起，饮食业发达，徽菜也随之转移到了屯溪，并得到了进一步发展。

二、徽菜代表

徽菜系的名菜有火腿炖甲鱼、腌鲜鳜鱼、无为熏鸡、符离集烧鸡、问政山笋、黄山炖鸽等。其中“火腿炖甲鱼”又名“清炖马蹄鳖”，是徽菜中最古老的传统名菜，是采用当地最著名的特产沙地马蹄鳖炖成。据传南宋时，上至高宗，下至地方百官都品尝过此菜。明、清时，一些著名诗人、居士都曾慕名前往徽州品尝“马蹄鳖”之美味，因而它享誉全国，成为安徽特有的传统名菜。相传乾隆三十九年（1774 年），无为县的厨师将鸡先熏后卤，使鸡色泽金黄油亮，皮脂丰润，美味可口，独具一格，称为无为熏鸡。后来渐传至安徽其他地区，到清末已传遍全省。符离集烧鸡源于山东的德州扒鸡，最早叫红鸡，是将鸡加调料煮烧后，搽上一层红米曲，当时并无很大名气。20 世纪 30 年代，德州管姓烧鸡师傅迁居符离集镇，带来德州五香脱骨扒鸡的制作技术。他改进烧鸡选料，并增加许多调味品，使鸡色泽金黄，鸡肉酥烂脱骨，滋味鲜美，符离集烧鸡逐渐成名。其中以管、魏、韩三家烧鸡店最为出名。于是，符离集烧鸡遂与德州扒鸡齐名，享誉中外。

徽菜在烹调方法上也有独特之处。徽菜讲究火功，善烹野味，量大油重，朴素实惠，保持原汁原味；不少菜肴都是取用木炭小火炖、煨而成，汤清味醇，原锅上席，香气四溢；徽菜选料精良，擅长烧、炖、蒸、炒等，并具有“三重”的特点，即重油、重酱色、重火工。重油，这是由于徽州人常年饮用含有较多矿物质的山溪泉水，再加盛产茶叶，人们常年饮茶，需要多吃油脂，以滋润肠胃。重酱色、重火工则是为了突出菜肴的色、香、味，利用木炭小炉，小火单炖单烤，使火功到家，以保持原汁原味。如金银蹄鸡，因为小火久炖，汤浓似奶，其火腿红如胭脂，蹄膀玉白，鸡色奶黄，味鲜醇芳香。又如淡菜炖酥腰，猪腰不去腰臊，与海产品淡菜隔水同炖，汤清味厚，既香且鲜，别具风味。徽式烧鱼方法也很独特，如红烧青鱼、红烧划水等，鲜活之鱼，不用油煎，仅以油滑锅，加调味品，旺火急烧 5～6 分钟即成。由于水分损失甚少，鱼肉味鲜质嫩。炒菜则芡稍大，油重，并以冰糖提鲜，但不使觉有甜味。唯徽式卤味不带甜味，火腿与竹笋常年使用，作为主料或配料，风味别具一格。

沿江菜以芜湖、安庆地区为代表，之后也传到合肥地区。它以烹制河鲜、家畜见长，讲究刀工，注意色、形，善用糖调味，尤以烟熏菜肴别具一格。

沿淮菜以淮北蚌埠、宿州、阜阳等地为代表，菜品讲究咸中带辣，汤汁味重色浓，并惯用香菜配色和调味。

皖南虽水产不多，但烹制经腌制的臭鳜鱼知名度较高。臭鳜鱼是传统佳肴，已有两百多年的历史。新安江内盛产鳜鱼，到了春季，桃花盛开之时，正是捕获肥美鳜鱼的好季节。鳜鱼肉质白嫩，营养丰富。过去，徽州人把鳜鱼进行腌制，有的还放在肉卤中腌制，一段时间后，肉质更加鲜美细嫩，鱼先腌后烧，肉似臭实香，嫩而鲜美，具有特殊的发酵香味。一代代传下来，便成为远近闻名的徽州臭鳜鱼。

徽州的风味名肴清蒸石鸡，清汤见底，盖碗清蒸，原味不失，香气浓郁，味鲜肉嫩，食者赞不绝口。烹调时，先将石鸡从颈部开一小口，剥出外皮，开膛去内脏、头和脚尖，洗净，把每只石鸡切成四块。火腿切成片，香菇切成两片。然后取汤碗一只，将石鸡在碗中拼成原形，加入精盐、火腿、蒜瓣、冰糖、甜米酒、姜片、熟猪油和鸡汤，用大盘盖在汤碗上，上笼蒸 30 分钟左右即可。

徽州圆子，外观金黄，表皮酥脆，馅心味甜香浓，汤汁泛光，是徽州风味菜肴。徽州圆子在制作上非常考究、精细。先将煮熟的猪肥膘肉、金橘、蜜枣、青梅分别切成绿豆大的丁，放在碗内，加入白糖、糖桂花拌匀，做成比杏核大的馅心若干个。另将生的猪肥膘肉剁成泥，放在碗内，磕上鸡蛋，加湿淀粉搅匀，再放入炒米拌匀，用手搓散成湿炒米。用手蘸点冷水洒在一部分湿炒米上，做到用一点、洒一点、拌一点。如洒水面积过大，会影响炒米黏结度。拌和均匀后取一份湿炒米，放在手掌上，揿成一个直径约 5cm、厚约 1cm 的圆饼，包入一个馅心，用手搓团成圆子放在盘里。烧热锅，下油，烧至五六成熟时，下圆子，炸成金黄色时捞出装碟。

徽州毛豆腐，也叫霉豆腐，是歙县特有的传统风味小吃。徽州毛豆腐制作方法也比较考究。用来霉制毛豆腐的老豆腐，必须以选用优质的黄豆为原料制成的豆腐，具有色清如雪、刀切似玉、坠地不溢的特色。先把鲜制的豆腐切成小块，一般每小块长约 12 厘米、宽约 6

厘米、厚约3厘米，置于水中浸泡。数小时后捞起，放在竹篮或木筐里，上面撒少许食盐，然后用厚布或木板盖上，置阴凉干燥处，五六天后豆腐表面会长出寸许茸毛。根据茸毛的长短、颜色，可分为虎皮毛、鼠毛、兔毛和棉花毛四种。食前将毛豆腐下油锅煎熟。虎皮毛豆腐，下油锅时，毛会立起来，其色泽斑斓相间；鼠毛略带乌色；兔毛和棉花毛的豆腐，则呈金黄色。徽州毛豆腐四季皆宜，日常可见。

第三章 中国酒文化

本章课程导引：

引导学生熟知我国酒文化中积极向上的主导作用，分析当前酒桌文化中的糟粕，教导学生吸取传统文化中的精华，提高个人素质。

酒，已有几千年历史，是人类的一大创举；酒，在人类文化的历史长河中，已不仅仅只是一种客观的物质存在，而且还是一种文化象征。作为人类文明成果结晶的酒，不仅是生活用品，而且也是各民族认同的名片，是人与人交往、沟通的最好助手。酒，不仅丰富生活、美化生活，还可以治病防病；由酒衍生出的果汁酒、啤酒、药酒、补酒等以及酒器、酒具、酒饰、酒佐，大大丰富了酒文化的研究领域。

在中华民族悠久的历史长河中，酒有着它自身的光辉篇章。

史书和出土文物表明，自中国有历史记载以来，祭祀、会盟、各种庆典用酒都形成了固定程式的礼仪，使用酒器、酒具的使用也逐渐系统、规范。酒器、酒具上的图案、花纹、篆刻也与时俱进地形成了一些特色。中国古代非常崇尚礼仪，而酒被称为“百礼之首”，可见酒在当时的作用和地位。此后士大夫阶层逐渐形成了酒风、酒德，且孔子、孟子都有过论述。魏晋诗人刘伶曾写过一篇骈文《酒德颂》，后来出现的有关酒的诗、词、歌、赋、书法、绘画、戏曲、音乐等艺术形式数不胜数。据统计，《诗经》中大约四分之一的作品与酒有关，全唐诗大约五分之一与酒有关。

第一节 饮酒溯源

我国酒的历史，可以追溯至上古时期。其中《史记·殷本纪》关于纣王“以酒为池，悬肉为林”“为长夜之饮”的记载，以及《诗经》中“八月剥枣，十月获稻。为此春酒，以介眉寿”的诗句等，都表明我国酒之兴起，已有近五千年的历史了。

据考古学家证明，在近现代出土的新石器时代的陶器制品中，已有了专用的酒器，说明在原始社会，我国酿酒已很盛行。之后经过夏、商两代，饮酒的器具也越来越多。在出土的殷商文物中，青铜酒器占相当大的比重，说明当时饮酒的风气确实很盛行。

自此之后的文字记载中，关于酒的起源相关记载虽然不多，但关于酒的记述却不胜枚举。综合起来，我们主要从以下三个方面介绍酒的起源。

一、酒的起源——酿酒起源的传说

在古代，往往将酿酒的起源归于某某人的发明，把这些人说成是酿酒的祖宗。由于这种说法影响非常大，以致几乎成了正统的观点。对于这些观点，宋代窦苹所撰《酒谱》中曾提出过质疑，认为“皆不足以考据，而多其赘说也”。这些观点虽然不足以考据，但作为一种文化认同现象，主要有以下四种传说。

1. 上天造酒说

素有“诗仙”之称的李白，在《月下独酌·其二》一诗中有“天若不爱酒，酒星不在天”的诗句；东汉末年以“坐上客恒满，樽中酒不空”自诩的孔融，在《与曹操论酒禁书》中有“天垂酒星之耀，地列酒泉之郡”之说；经常喝得大醉，被誉为“鬼才”的诗人李贺，在《秦王饮酒》一诗中也有“龙头泻酒邀酒星”的诗句。此外如“吾爱李太白，身是酒星魄”“酒星不照九泉下”“仰酒旗之景曜”“拟酒旗于元象”“囚酒星于天岳”等，都经常有“酒星”或“酒旗”这样的词句。宋代窦苹所撰《酒谱》中，也有酒是“酒星之作也”的话，意思是自古以来，我国祖先就有酒是天上“酒星”所造的说法。

《晋书·天文志》中也有关于酒旗星的记载：“轩辕右角南三星曰酒旗，酒官之旗也，主宴飨饮食。”轩辕，我国古星名，因亮度太小或太遥远，则肉眼很难辨认。酒旗星的发现，最早见《周礼》一书中，距今已有近两千年的历史。在当时科学仪器极其简陋的情况下，我们的祖先能在浩渺的星海中观察到这几颗并不是很明亮的酒旗星，并留下关于酒旗星的种种记载，这不能不说是一种奇迹。至于因何而命名为“酒旗星”，并认为它“主宴飨饮食”，则不仅说明我们的祖先有丰富的想象力，也证明酒在当时的社会活动与日常生活中，确实占有相当重要的位置。“酒自上天造”之说，虽然一直被认为是附会之说，经过文学渲染夸张，却与后面我们要提到的现代科学家的某些发现不谋而合。

2. 猿猴造酒说

唐人李肇所撰《国史补》一书，记载了人类如何捕捉聪明伶俐的猿猴。猿猴是十分机敏的动物，它们居于深山野林中，在巉岩林木间跳跃攀缘，出没无常，很难活捉到。人们经过细致的观察，发现并掌握了猿猴的一个致命弱点，那就是嗜酒。于是，人们在猿猴出没的地方，摆几缸香甜浓郁的美酒。猿猴闻香而至，经受不住香甜美酒的诱惑，开怀畅饮起来，直到酩酊大醉，乖乖地被人捉住。这种捕捉猿猴的方法并非我国独有，东南亚一带的民族和非洲的土著民族捕捉猿猴或大猩猩，也都采用类似的方法。

猿猴不仅嗜酒，而且还会“造酒”，相关记载散见于我国的一些典籍。明代文人李日华在他的著述中，也有过类似的记载：“黄山多猿猱，春夏采杂花果于石洼中，酝酿成酒，香气溢发，闻数百步。野樵深入者或得偷饮之，不可多，多即减酒痕，觉之，众猱伺得人，必嬲死之。”可见，这种猿酒是偷饮不得的。清代文人李调元在他的著作中记叙道：“琼州（今海南岛——编者注）多猿……尝于石岩深处得猿酒，盖猿以稻米杂百花所造……味最辣，然极难得。”清代陆祚蕃《粤西偶记》中记载：“粤西平乐（今广西壮族自治区东部，西江支流桂江中游——编者注）等府，山中多猿，善采百花酿酒。樵子入山，得其巢穴者，其酒多至数石。饮之，香美异常，名曰猿酒。”看来人们在海南和广西都曾发现过“猿猴造的酒”。

这些不同时代、不同人的记载，起码可以证明这样的事实，即在猿猴的聚居处，多有类似酒的东西被发现。要解释这种现象，还得从酒的生成原理说起。

酒是一种发酵食品，它是由一种叫酵母菌的微生物分解糖类产生的。酵母菌是一种分布极其广泛的菌类，在广袤的大自然中，尤其在一些含糖分较高的水果中，这种酵母菌更容易繁衍滋长。含糖的水果，是猿猴的主要食品。成熟的野果坠落下来后，由于受到果皮上或空气中酵母菌的作用而生成酒，是一种自然现象。我们日常生活中，在腐烂的水果摊床附近，都能常常嗅到由于水果腐烂而散发出来的阵阵酒味儿。猿猴在水果成熟的季节，收贮大量水果于石洼中，堆积的水果受自然界中酵母菌的作用而发酵，在石洼中将酒的液体析出，这样的结果，并未影响水果的食用，而且析出的液体——酒，还有一种特别的香味供享用。久而久之，猿猴居然能在不自觉中“造”出酒来，这是既合乎逻辑又合乎情理的事情。当然，猿猴从最初尝到发酵的野果到“酝酿成酒”，是一个漫长的过程，究竟漫长到多少个年代，谁也无法说清楚。

3. 仪狄造酒说

相传夏禹时期的仪狄发明了酿酒。比起杜康来，古籍中的记载相对一致，例如《世本》《吕氏春秋》《战国策》中都认为仪狄是夏禹时代的人。公元前 3 世纪的史书《吕氏春秋》云：“仪狄作酒”。汉代的《战国策》(作者并非一人，成书并非一时，书中作者文章大多不知是谁。西汉末年刘向编定为三十三篇，书名为刘向所拟定）则进一步说明：“昔者，帝女令仪狄作酒而美，进之禹。禹饮而甘之，遂疏仪狄，绝旨酒，曰：‘后世必有以酒亡其国者’。”这一段记载，较之其它古籍中关于杜康造酒的记载，就算详细的了。

史籍中有多处提到“仪狄作酒而美”“始作酒醪”的记载，似乎仪狄乃制酒之始祖。这是否是事实，有待于进一步考证。一种说法叫“仪狄作酒醪，杜康作秫酒”，这里并无时代先后之分，似乎是讲他们制作的是不同的酒。此处的“醪”，是糯米经过发酵加工而成的醪糟，性温软，其味甜，多产于江浙一带。现在的不少家庭中，仍自制醪糟。醪糟洁白细腻，稠状的糟糊可当主食，上面的清亮汁液颇近于酒。“秫”，高粱的别称。“杜康作秫酒”，指的是杜康造酒所使用的原料是高粱。如果硬要将仪狄或杜康确定为酒的创始人的话，只能说仪狄是黄酒的创始人，而杜康则是高粱酒的创始人。一种说法叫“酒之所兴，肇自上皇，成于仪狄”。意思是说，自上古三皇五帝的时候，就有各种各样的造酒的方法流行于民间，是仪狄将这些造酒的方法归纳总结出来，使之流传于后世的。能进行这种总结推广工作的，当然不是一般平民，所以有的书中认定仪狄是司掌造酒的官员，这也不是没有道理的。上面提到的仪狄制作酒之后，禹曾经“疏仪狄而绝旨酒”，也证明仪狄是很接近禹的官员。

仪狄到底是不是酒的“始作”者，有的古籍中还有与《世本》相矛盾的说法。例如孔子八世孙孔鲋，说帝尧、帝舜都是饮酒量很大的君王。黄帝、尧、舜，都早于夏禹，早于夏禹的尧、舜都善饮酒，可见说夏禹的臣属“仪狄始作酒醪”是不大确切的。事实上用粮食酿酒是件程序、工艺都很复杂的事，单凭个人力量是难以完成的。仪狄再有能耐，首先发明造酒，似乎不大可能。如果说他是位善酿美酒的匠人、大师，或是监督酿酒的官员，他总结了前人的经验，完善了酿造方法，终于酿出了质地优良的酒醪，这还有可能。所以，郭沫若说，相传禹臣仪狄开始造酒，这是指比原始社会时代的酒更甘美浓烈的“绝旨酒”。这种说法似乎更可信。

4. 杜康造酒说

有一种说法是杜康：“有饭不尽，委余空桑。郁结成味，久蓄气芳。本出于此，不由奇方。”是说杜康将未吃完的剩饭，放置在桑园的树洞里，剩饭在洞中发酵后，有芳香的气味传出。这就是酒的酿法，并不是什么奇异的办法。由一点生活中的偶然的机会作契机，启发创造发明之灵感，这合乎一些发明创造的规律。

魏武帝曹操《短歌行》中说：“何以解忧？惟有杜康。”自此之后，认为酒就是杜康所创的说法似乎更多了。

历史上杜康确有其人。古籍如《世本》《吕氏春秋》《战国策》《说文解字》等书，对杜康都有过记载，自不必说。清乾隆十九年重修的《白水县志》中，对杜康也有过较详细的记载：“杜康，字仲宁，相传为白水县康家卫村人，善造酒。”康家卫是一个至今还存在的小村庄，西距县城七八公里。村里有一泉眼，名“杜康泉”。《白水县志》上说“俗传杜康取此水造酒，乡民谓此水至今有酒味”。有酒味固然不确，但此泉水质清冽、甘爽却是事实。尽管杜康的出生地等均系相传，但考古工作者根据在这一带发现的残砖断瓦考定，商周之时，此地确有建筑物。这里产酒的历史也颇为悠久。唐代大诗人杜甫于安史之乱时，曾携家到此依投其舅父崔少府，写下了《白水明府舅宅喜雨》《九日杨奉先会白水崔明府》等诗多首，诗句中有“今日醉弦歌”“坐开桑落酒”等饮酒的记载。酿酒专家们对杜康泉水也做过化验，认为水质适于造酒。1976 年，白水县人在杜康泉附近建立了一家现代化酒厂，定名为“杜康酒厂”，用该泉之水酿酒，产品名“杜康酒”，曾获得国家轻工业部全国酒类大赛的铜杯奖。

无独有偶，清道光十八年重修的《伊阳县志》和道光二十年修的《汝州全志》中，也都有过关于杜康遗址的记载。《伊阳县志》中《水》条里，有“杜水河”一语，释曰“俗传杜康造酒于此”。《汝州全志》中说：“杜康，在城北五十里。”今天，这里倒是有一个叫“杜康仙庄”的小村，在距杜康仙庄北约十多公里的伊川县境内，有一眼名叫“上皇古泉”的泉眼，相传也是杜康取过水的泉水。如今在伊川县和汝阳县，已分别建立了颇具规模的杜康酒厂，产品都叫杜康酒。伊川的产品、汝阳的产品连同白水的产品合在一起，年产量之高恐怕是杜康当年所无法想象的。

史籍中还有少康造酒的记载。少康即杜康，不过是不同年代的称谓罢了。那么，酒之源究竟在哪里呢？宋代《酒谱》的作者窦苹认为，“予谓智者作之，天下后世循之而莫能废”。这是很有道理的。劳动人民在经年累月的劳动实践中，积累下了制造酒的方法，经过“有知识、有远见的智者”归纳总结，后代人按照先祖传下来的办法一代一代地相袭相循，流传至今。这个说法比较接近实际，也是合乎唯物主义认识论的。

二、考古资料对酿酒起源的佐证

谷物酿酒的两个先决条件是酿酒原料和酿酒容器。以下几个典型的新石器时代的文化对酿酒的起源有一定的参考作用。

① 裴李岗文化时期（公元前 6000～公元前 4900 年）

② 河姆渡文化时期（公元前 5000～公元前 3300 年）

上述两个文化时期，均有陶器和农作物遗存，均具备酿酒的物质条件。

③ 磁山文化时期　磁山文化时期距今 7355～7235 年，有发达的农业经济。据有关专家统计：“在遗址中发现的粮食堆积为 100m^3，折合质量 5 万千克。”还发现了一些形制类似于后世酒器的陶器。有人认为磁山文化时期，谷物酿酒的可能性是很大的。

④ 三星堆遗址　该遗址地处四川省广汉市西北的鸭子河南岸，埋藏物为公元前 4800 年至公元前 2870 年之间的遗物。该遗址中出土了大量的陶器和青铜酒器，器形有杯、觚、壶

等，形状之大也为史前文物所少见。

⑤ 山东莒县陵阴河大汶口文化墓葬（公元前4300～公元前2500年） 1979年，考古工作者在山东莒县陵阴河大汶口文化墓葬中发掘到大量的酒器。尤其引人注意的是其中有一组合酒器，包括酿造发酵所用的大陶尊，滤酒所用的漏缸，贮酒所用的陶瓮，用于煮熟物料所用的炊具陶鼎。还有各种类型的饮酒器具100多件。据考古人员分析，墓主生前可能是一位职业酿酒者。在发掘到的陶缸壁上还发现刻有一幅图，据分析是滤酒图。

⑥ 龙山文化时期（公元前2500～公元前2000年），酒器就更多了。国内学者普遍认为龙山文化时期酿酒已是较为发达的行业。

以上考古得到的资料都证实了古代传说中的黄帝时期、夏禹时代确实存在着酿酒这一行业。

三、现代学者对酿酒起源的看法

1. 酒是天然产物

最近科学家发现，漫漫宇宙中的一些天体，就是由酒精组成的。现在已发现的宇宙中所蕴藏的酒精，如制成啤酒，可供人类饮几亿年。这说明酒是自然界的一种天然产物。人类不是发明了酒，仅仅是发现了酒。酒里最主要的成分是酒精，而只要具备一定的条件，许多物质可以通过多种方式转化成酒精，如葡萄糖可在微生物所分泌的酶的作用下，转化成酒精，大自然完全具备产生这些条件的基础。

我国晋代的江统在《酒诰》中写道："酒之所兴，肇自上皇。或云仪狄，一曰杜康。有饭不尽，委余空桑。郁积成味，久蓄气芳。本出于此，不由奇方。"在这里，古人提出剩饭自然发酵成酒的观点，是符合科学道理及实际情况的。江统是我国历史上第一个提出谷物自然发酵酿酒学说的人。总之，人类开始酿造谷物酒，并非发明创造，而是发现。我国已故院士、微生物学家方心芳先生则对此做了具体的描述：在农业出现前后，贮藏谷物的方法粗放。天然谷物受潮后会发霉和发芽，吃剩的熟谷物也会发霉。这些发霉发芽的谷粒，就是上古时期的天然曲蘖，将之浸入水中，便发酵成酒，即天然酒。人们不断接触天然曲蘖和天然酒，并逐渐接受了天然酒这种饮料，久而久之，就发明了"人工曲蘖和人工酒"。现代科学对这一问题的解释是：剩饭中的淀粉在自然界存在的微生物所分泌的酶的作用下，逐步分解成糖分、酒精，自然转变成了酒香浓郁的酒。

2. 果酒和乳酒——第一代饮料酒

人类有意识地酿酒，是从模仿大自然的杰作开始的。不少关于水果自然发酵成酒的记载时见于我国古代书籍中。如宋代周密在《癸辛杂识》中曾记载山梨被人们贮藏在陶缸中后竟变成了清香扑鼻的梨酒。元代的元好问在《蒲桃酒赋》的序言中也记载有某山民因避难山中，堆积在缸中的蒲桃（即葡萄）变成了芳香醇美的蒲桃酒。古代史籍中还有上文提到的"猿酒"的记载，当然这种猿酒并不是猿猴有意识酿造的酒，而是猿猴采集的水果自然发酵所生成的果酒。

远在旧石器时代，人们以采集和狩猎为生，水果自然是主食之一。水果中含有较多的糖分（如葡萄糖、果糖）及其它成分，在自然界中微生物的作用下，很容易自然发酵生成香气扑鼻、美味可口的果酒。另外，动物的乳汁中含有蛋白质、乳糖，极易发酵成酒。以狩猎为生的先民们也有可能意外地从留存的乳汁中得到乳酒。在《黄帝内经》中，记载有一种"醴略”，即是我国乳酒的最早记载。有关专家根据古代的传说及酿酒原理的推测，人类有意识酿造的最原始的酒类品种应是果酒和乳酒。因为水果和动物的乳汁极易发酵成酒，所需的酿造技术较为简单。

3. 谷物酿酒的起始

谷物酿酒始于何时，有两种截然相反的观点。传统的酿酒起源观认为：酿酒是在农耕之后才发展起来的，这种观点早在汉代就有人提出了。汉代刘安在《淮南子》中说：“清醠之美，始于耒耜。”现代许多学者也持有相同的看法，一般都倾向于认为是当农业发展到一定程度，有了剩余粮食，才开始酿酒的。

在1937年，我国考古学家吴其昌先生曾提出一个很有趣的观点：“我们祖先最早种稻种黍的目的，是为酿酒而非做饭……吃饭实在是从饮酒中带出来的。”这在当时可以说是惊世骇俗的，其实在国外也早有此种观点，但一直没有证据。20世纪80年代，美国宾夕法尼亚大学人类学家所罗门·卡茨博士发表论文，也提出了类似的观点，认为人类最初种粮食的目的是为了酿制啤酒，人类先是发现采集而来的谷物可以酿造成酒，而后才开始有意识地种植谷物，以便保证酿酒原料的供应。这种观点的依据是：远古时期，人类的主食是肉类而不是谷物。既然人类赖以生存的主食不是谷物，那么对人类种植谷物的解释可能也可另辟蹊径。国外发现在一万多年前，远古时期的人类已经开始酿造谷物酒，而那时，人类仍然过着游牧生活。

综上所述，关于谷物酿酒的起源有两种主要观点，即先于农耕时代和后于农耕时代。新的观点的提出，对传统观点进行再探讨，对酒的起源和发展，对人类社会的发展都是极有意义的。相信随着人类科学的进步，对酒的起源会有更准确的认识。

第二节　酒的种类

酒作为人类的一种特殊饮品，不仅拥有漫长悠久的历史，而且种类繁多，甚至对酒的分类标准也名目众多。一般无论中国酒还是外国酒，都可以按照以下不同的标准进行分类。

一、按生产方式分类

1. 蒸馏酒

蒸馏酒是乙醇浓度高于原发酵产物的各种酒精饮料。将原料经过发酵使糖变成酒精后，用蒸馏方法得到酒液，再经陈酿、勾兑而成。这类酒的度数通常是在40°～68°[1]之间，除酒精具有热量外，几乎不含任何营养素。

蒸馏酒主要有白酒、白兰地、威士忌、兰姆酒、伏特加等。

---

[1] 酒的度数表示酒中含乙醇的体积百分比，通常是以20℃时的体积比表示的。如50°的酒，表示在100毫升的酒中，含有乙醇50毫升（20℃）。酒精度一般是以容量来计算，故在酒精浓度后，一般会加“Vol”以示与重量计算之区分。

白酒俗称烧酒，是一种高浓度的酒精饮料，酒精度数一般为50°～65°。白酒是中国所特有的，一般是粮食酿成后经蒸馏而成。根据所用糖化、发酵菌种和酿造工艺的不同，可分为大曲酒、小曲酒、麸曲酒三大类，其中麸曲酒又可分为固态发酵酒与液态发酵酒两种。

凡是用葡萄以及各种水果为原料，经过发酵、蒸馏等过程酿造而成的酒，都统称为白兰地。它的制法就是把上述过程产生的材料放入木桶中，长年贮藏使它成熟。所以白兰地的前身其实就是白葡萄酒。业内认为白葡萄酒以法国产的最好，自然法国的白兰地也是最好的。

威士忌是大麦等谷物发酵酿制后经蒸馏而成的。威士忌分为苏格兰威士忌、爱尔兰威士忌、加拿大威士忌和美国威士忌等几种，都是以国家或产地命名。

兰姆酒又称朗姆酒，是用蔗糖酿造的蒸馏酒。这种酒利用廉价的原料，酿出即卖，没有贮存期，因此辛辣刺喉，颇受生活在艰苦环境中的水手和海盗的青睐，有的船长甚至用兰姆酒为水手发工资，兰姆酒由此迅速在大西洋水手和加勒比海海盗中风行开来。目前兰姆酒的生产为了符合现代人的口味，也已经增加了贮存醇化期，因此比较绵软适口，有焦糖香味，是配制鸡尾酒必不可少的原料。

伏特加源于俄文的“生命之水”一词，约14世纪开始成为俄罗斯传统饮用的蒸馏酒。伏特加酒以谷物或马铃薯为原料，经过蒸馏制成高达95°的酒精，再用蒸馏水淡化至40°～60°，并经过活性炭过滤，使酒质更加晶莹澄澈，无色且清淡爽口，使人感到不甜、不苦、不涩，只有烈焰般的刺激，形成伏特加酒独具一格的特色。因此，在各种调制鸡尾酒的基酒中，伏特加酒是最具有灵活性、适应性和变通性的一种酒。

2. 发酵酒

发酵酒是用原料经酒精发酵后获得的酒，这类酒度数偏低，通常在24°以下，除含有酒精外，还含有酿酒原料中所含的营养成分或分解产物，营养价值高于蒸馏酒。主要有啤酒、黄酒、葡萄酒和其它水果酒等。

啤酒采用麦芽和酒花为原料，采用煮出或浸出糖化法，低温贮藏几个月令其发酵。啤酒一般味甘。

黄酒是一类以稻米、黍米、玉米、小米、小麦等为主要原料，采用蒸煮、加酒曲、糖化、发酵、压榨、过滤、煎酒、贮存、勾兑而成的酿造酒，含有多酚、类黑精、谷胱甘肽等生理活性成分，所含氨基酸就达21种之多，含丰富的功能性低聚糖，因此，黄酒具有较高的营养价值。

葡萄酒已有6000多年的历史，其发源地可能是波斯（今伊朗）、埃及和希腊。葡萄酒是以新鲜葡萄或葡萄液经发酵酿制的低度饮料酒，是佐餐酒的一种。上等的葡萄酒应由100%新鲜葡萄原液经发酵酿制而成，而葡萄的品种、种植的地理气候条件和酿制的技艺标准决定了葡萄酒的品质。因此说葡萄酒的质量一半取决于原料，另一半取决于酿制技术。

3. 配制酒

配制酒是以食用酒精或者蒸馏酒、发酵原酒作酒基，配以其它原料（如中药、花、果等）制成。这类酒种类最多，酒度通常在22°左右，加工周期长短、食用价值依选用的酒基和添加的辅料不同而异。通常包括露酒、药酒、鸡尾酒等。

露酒是以蒸馏酒、发酵酒或食用酒精为酒基，以药食两用动植物精华、食品添加剂作为呈香、呈味、呈色物质，按一定生产工艺加工而成，改变了原酒基风格的饮料酒。露酒包括花果型露酒、动植物芳香型露酒、滋补营养型露酒等酒种。

药酒，素有“百药之长”之称。将白酒或黄酒作溶剂溶于一体的药酒，不仅配制方便、药性稳定、安全有效，而且因为酒精是一种良好的半极性有机溶剂，中药的各种有效成分都易溶于其中，药借酒力、酒助药势而充分发挥其效力，提高疗效。

鸡尾酒是由两种或两种以上的酒或由酒掺入果汁配合而成的一种饮品。具体地说鸡尾酒是用基本成分（烈酒）、添加成分（利口酒和其它辅料）、香料、添色剂及特别调味用品按一定比例配制而成的一种混合饮品。鸡尾酒非常讲究色、香、味、形的兼备，故又称艺术酒。

二、按照约定俗成的传统习惯分类

现实生活中常按各种酒的普及程度，将人们常喝的酒分为白酒、啤酒、葡萄酒和黄酒四大类，其中各自的分类如下。

1. 白酒的种类

（1）按所用酒曲和主要工艺分类

1）固态法白酒

① 大曲酒　以大曲为糖化发酵剂。大曲的原料主要是小麦、大麦，加上一定数量的豌豆。大曲又分为中温曲、高温曲和超高温曲。一般是固态发酵，大曲酒所酿的酒质量较好，多数名优酒均以大曲酿成。

② 小曲酒　是以稻米为原料制成的，多采用半固态发酵，南方的白酒多是小曲酒。

③ 麸曲酒　分别以纯培养的曲霉菌和纯培养的酒母作为糖化、发酵剂，发酵时间较短，由于生产成本较低，为多数酒厂所采用，此种类型的酒产量最大，以大众为消费对象。

④ 混曲法白酒　主要是大曲和小曲混用所酿成的酒。

⑤ 其它糖化剂法白酒　这是以糖化酶为糖化剂，加酿酒活性干酵母（或生香酵母）发酵酿制而成的白酒。

2）固液结合法白酒

① 半固、半液发酵法白酒　这种酒是以大米为原料，小曲为糖化发酵剂，先在固态条件下糖化，再于半固态、半液态下发酵，而后蒸馏制成的白酒，其典型代表是桂林三花酒。

② 串香白酒　这种白酒采用串香工艺制成，其代表有四川沱牌酒等。还有一种香精串蒸法白酒，是在香醅中加入香精后串蒸而得。

③ 勾兑白酒　这种酒是将固态法白酒（不少于10%）与液态法白酒或食用酒精按适当比例进行勾兑而成的白酒。

3）液态发酵法白酒

液态发酵法白酒又称“一步法”白酒，生产工艺类似于酒精生产，但在工艺上吸取了白酒的一些传统工艺，酒质一般较为淡薄；有的工艺采用生香酵母加以弥补。此外还有调香白酒，这是以食用酒精为酒基，用食用香精及特制的调香白酒经调配而成。

（2）按酒的香型分

这种方法按酒的主体香气成分的特征分类，在国家级评酒中，往往按这种方法对酒进行归类。

① 酱香型白酒　以茅台酒为代表。酱香柔润为其主要特点，发酵工艺最为复杂。所用的大曲多为超高温酒曲。

② 浓香型白酒　以泸州老窖特曲、五粮液、洋河大曲等酒为代表，以浓香甘爽为特点，发酵原料是多种原料，以高粱为主，发酵采用混蒸续渣工艺。发酵采用陈年老窖，也有人工

培养的老窖。在名优酒中，浓香型白酒的产量最大。四川、江苏等地的酒厂所产的酒均是这种类型。

③ 清香型白酒　亦称汾香型白酒，以汾酒为代表，其特点是清香纯正，以高粱等谷物为原料，以大麦和豌豆制成的中温大曲为糖化发酵剂，采用清蒸清糟酿造工艺，发酵采用地缸，清蒸馏酒，强调“清蒸排杂、清洁卫生”，即都在一个“清”字上下功夫，“一清到底”，不应有浓香或酱香及其异香和邪杂气味。

④ 米香型白酒　以桂林三花酒为代表，特点是米香纯正，以大米为原料，小曲为糖化剂。

⑤ 其它香型白酒　这类酒的主要代表有西凤酒、董酒、白沙液酒等，香型各有特征，这些酒的酿造工艺采用浓香型、酱香型或汾香型白酒的一些工艺，有的酒的蒸馏工艺也采用串香法。

(3) 按酒质分类

① 国家名酒　国家评定的质量最高的酒，白酒的国家级评比，共进行过5次。茅台酒、汾酒、泸州老窖、五粮液等酒在历次国家评酒会上都被评为名酒。

② 国家级优质酒　国家级优质酒的评比与名酒的评比同时进行。

③ 各省、部评比的名优酒。

④ 一般白酒　一般白酒占酒产量的大多数，价格低廉，为百姓所接受。有的质量也不错。这种白酒大多是用液态法生产的。

(4) 按酒度的高低分

① 高度白酒　这是用我国传统生产方法所形成的白酒，酒度在41°以上，多在55°以上，一般不超过65°。

② 低度白酒　采用了降度工艺，酒度一般在38°，也有的20多度。

2. 啤酒的种类

我国最新的国家标准规定：啤酒是以大麦芽（包括特种麦芽）为主要原料，加酒花，经酵母发酵酿制而成的、含二氧化碳的、起泡的、低酒精度（2.5%～7.5%，体积分数）的各类熟鲜啤酒。

啤酒是当今世界各国销量最大的低酒精度的饮料，品种很多，一般可根据生产方式、啤酒的色泽、啤酒的包装容器、啤酒的消费对象、啤酒发酵所用的酵母菌的种类来分。

(1) 按啤酒色泽分

① 淡色啤酒　淡色啤酒的色度在5～14EBC单位[1]，如高浓度淡色啤酒，是原麦汁浓度13%（质量分数）以上的啤酒；中等浓度淡色啤酒，原麦汁浓度10%～13%（质量分数）的啤酒；低浓度淡色啤酒，是原麦汁浓度10%（质量分数）以下的啤酒；干啤酒（高发酵度啤酒），实际发酵度在72%以上的淡色啤酒；低醇啤酒，酒精含量2%（质量分数）[或2.5%（体积分数）]以下的啤酒。

② 浓色啤酒　浓色啤酒的色度在15～40EBC单位，如高浓度浓色啤酒，原麦汁浓度13%（质量分数）以上的浓色啤酒；低浓度浓色啤酒，是原麦汁浓度13%（质量分数）以下的浓色啤酒；浓色干啤酒（高发酵度啤酒），实际发酵度在72%以上的浓色啤酒。

③ 黑啤酒　黑啤酒色度大于40EBC单位。

---

[1] 水的浊度单位是FTU，ISO标准所用的测量单位为FTU，即浊度单位。制酒行业用EBC单位，1FTU=4EBC。

④ 其它啤酒　在原辅材料或生产工艺方面有某些改变，成为独特风味的啤酒。如 a. 纯生啤酒：这是在生产工艺中不经热处理灭菌，就能达到一定的生物稳定性的啤酒。b. 全麦芽啤酒：全部以麦芽为原料或部分用大麦代替，采用浸出或煮出法糖化酿制的啤酒。c. 小麦啤酒：以小麦芽为主要原料（占总原料 40%以上），采用上面发酵法或下面发酵法酿制的啤酒。d. 浑浊啤酒：这种啤酒在成品中存在一定量的活酵母菌，浊度为 2.0～5.0EBC 浊度单位。

（2）按生产方式分

按生产方式，可将啤酒分为鲜啤酒和熟啤酒。

鲜啤酒是指啤酒经过包装后，不经过低温灭菌（也称巴氏灭菌）而销售的啤酒。这类啤酒一般就地销售，保存时间不宜太长，在低温下保存时间一般为一周。

熟啤酒是指啤酒经过包装后，经过巴氏灭菌的啤酒，保存时间较长，可达三个月左右。

（3）按啤酒的包装容器

可分为瓶装啤酒、桶装啤酒和罐装啤酒。瓶装啤酒有 350mL 和 640mL 两种；罐装啤酒有 330mL 规格的。

（4）按消费对象分

可将啤酒分为普通型啤酒、无酒精（或低酒精度）啤酒、无糖或低糖啤酒、酸啤酒等。无酒精或低酒精度啤酒适合司机或不会饮酒的人饮用。无糖或低糖啤酒适合糖尿病患者饮用。

（5）啤酒的保质期

瓶装、听装熟啤酒保质期不少于 120 天（优、一级）、60 天（二级）。瓶装鲜啤酒保质期不少于 7 天。罐装、桶装鲜啤酒保质期不少于 3 天。

3. 葡萄酒的种类

根据我国最新的国家标准，葡萄酒是以新鲜葡萄或葡萄汁为原料，经酵母发酵酿制而成的、酒精度不低于 7%（体积分数）的各类葡萄酒。

（1）葡萄酒按酒的色泽分类

按葡萄酒的色泽可分为红葡萄酒、白葡萄酒、桃红葡萄酒三大类。

（2）根据葡萄酒的含糖量分类

红葡萄酒可分为干红葡萄酒、半干红葡萄酒、半甜红葡萄酒和甜红葡萄酒。

白葡萄酒也可按同样的方法细分为干白葡萄酒、半干白葡萄酒、半甜白葡萄酒和甜白葡萄酒。

按照国家标准，各种葡萄酒的含糖量如下所述：

干葡萄酒，含糖（以葡萄糖计）小于或等于 4.0g/L；半干葡萄酒，含糖在 4.1～12.0g/L；半甜葡萄酒，含糖在 12.1～50.1g/L；甜葡萄酒，含糖等于或大于 50.1g/L。

（3）按葡萄酒中二氧化碳的压力分类

① 无气葡萄酒（包括加香葡萄酒）　这种葡萄酒不含有自身发酵产生的二氧化碳或人工添加的二氧化碳。

② 起泡葡萄酒　这种葡萄酒中所含的二氧化碳是以葡萄酒加糖再发酵而产生的或用人工方法压入的，酒中的二氧化碳含量在 20℃时保持压力 0.35MPa 以上，酒精度不低于 8%（体积分数）。

香槟酒属于起泡葡萄酒，在法国规定只有在香槟省出产的起泡葡萄酒才能称为香槟酒。

③ 葡萄汽酒　葡萄酒中的二氧化碳是发酵产生的或是人工方法加入的，酒中的二氧化

碳含量在20℃时保持压力0.051～0.25MPa，酒精度不低于4%（体积分数）。

此外，葡萄酒经过再加工，还可生产加香葡萄酒和白兰地。根据品种的不同，生产技术也有所不同。加香葡萄酒也称开胃酒，是在葡萄酒中添加少量可食用并起增香作用的物质，混合而成的葡萄酒。按葡萄酒中所添加的主要呈香物质的不同可分为苦味型、花香型、果香型和芳香型。我国的味美思酒就属于加香葡萄酒。

白兰地是葡萄酒经过蒸馏而制得的蒸馏酒。有些白兰地也可用其它水果酿成的酒制成，但需冠以原料水果的名称，如樱桃白兰地、苹果白兰地和李子白兰地。

4. 黄酒的种类

(1) 传统的黄酒类型

经过数千年的发展，我国的黄酒品种和名称精彩纷呈。最常见的是按酒的产地来命名或分类。如绍兴酒、金华酒、丹阳酒、九江封缸酒、山东兰陵酒等。这种分法在古代较为普遍。

还有一种是按某种类型酒的代表作为分类的依据，如"加饭酒"，往往是半干型黄酒；"花雕酒"，表示半干酒；"封缸酒"（绍兴地区又称为"香雪酒"），表示甜型或浓甜型黄酒；"善酿酒"，表示半甜酒。

还有的按酒的外观（如颜色、浊度等），如清酒、浊酒、白酒、黄酒、红酒（红曲酿造的酒）。

再就是按酒的原料，如糯米酒、黑米酒、玉米黄酒、粟米酒、青稞酒等。

古代还有煮酒和非煮酒的区别，甚至还有根据销售对象来分的，如"路庄"（具体的如"京装"，清代销往北京的酒）。

还有一些酒名，则是根据酒的习惯称呼，如江西的"水酒"、陕西的"稠酒"、江南一带的"老白酒"等。

除了液态的酒外，还有半固态的"酒娘"。

这些称呼都带有一定的地方色彩，要想准确知道黄酒的具体类型，还得依据现代黄酒的分类方法。

(2) 最新国家标准中黄酒的分类

在最新的国家标准中，黄酒的定义是：以稻米、黍米、黑米、玉米、小麦等为原料，经过蒸馏，拌以麦曲、米曲或酒药，进行糖化和发酵酿制而成的各类黄酒。

按黄酒的含糖量可将黄酒分为以下6类。

① 干黄酒　"干"表示酒中的含糖量少，糖分都发酵变成了酒精，故酒中的糖分含量最低，最新的国家标准中，其含糖量小于1.00g/100mL（以葡萄糖计）。这种酒属稀醪发酵，总加水量为原料米的3倍左右。发酵温度控制得较低，开耙搅拌的时间间隔较短。酵母生长较为旺盛，故发酵彻底，残糖很低。在绍兴地区，干黄酒的代表是"元红酒"。

② 半干黄酒　"半干"表示酒中的糖分还未全部发酵成酒精，还保留了一些糖分。在生产上，这种酒的加水量较低，相当于在配料时增加了饭量，故又称为"加饭酒"。酒的含糖量在1.00%～3.00%（以葡萄糖计）之间。在发酵过程中，要求较高。酒质厚浓，风味优良，可以长久贮藏，是黄酒中的上品。我国大多数出口酒，均属此种类型。

③ 半甜黄酒　糖分含量3.00%～10.00%（以葡萄糖计）。这种酒采用的工艺独特，是用成品黄酒代水，加入发酵醪中，使糖化发酵的开始之际，发酵醪中的酒精浓度就达到较高的水平，在一定程度上抑制了酵母菌的生长速度。由于酵母菌数量较少，使发酵醪中产生的

糖分不能转化成酒精，故成品酒中的糖分较高。这种酒，酒香浓郁，酒度适中，味甘甜醇厚，是黄酒中的珍品。但这种酒不宜久存。贮藏时间越长，色泽越深。

④ 甜黄酒　这种酒，一般是采用淋饭操作法，拌入酒药，搭窝先酿成甜酒酿，当糖化至一定程度时，加入40%～50%浓度的米白酒或糟烧酒，以抑制微生物的糖化发酵作用，酒中的糖分含量达到10.00～20.00g/100mL（以葡萄糖计）之间。由于加入了米白酒，酒度也较高。甜黄酒可常年生产。

⑤ 浓甜黄酒　糖分大于或等于20g/100mL（以葡萄糖计）。

⑥ 加香黄酒　这是以黄酒为酒基，经浸泡（或复蒸）芳香动、植物或加入芳香动、植物的浸出液而制成的黄酒。

(3) 按照酿造方法对黄酒分类

按照酿造方法可将黄酒分成3类。

① 淋饭酒　淋饭酒是指蒸熟的米饭用冷水淋凉，然后，拌入酒药粉末，搭窝，糖化，最后加水发酵成酒。口味较淡薄。这样酿成的淋饭酒，有的工厂是用来作酒母的，即所谓的“淋饭酒母”。

② 摊饭酒　是指将蒸熟的米饭摊在竹篦上，使米饭在空气中冷却，然后再加入麦曲、酒母（淋饭酒母）、浸米浆水等，混合后直接进行发酵。

③ 喂饭酒　按这种方法酿酒时，米饭不是一次性加入，而是分批加入。

(4) 按酿酒用曲的种类

按酿酒用曲的种类可将黄酒分为小曲黄酒、生麦曲黄酒、熟麦曲黄酒、纯种曲黄酒、红曲黄酒、黄衣红曲黄酒、乌衣红曲黄酒。

第三节　中华名酒

新中国成立以来，已进行了五次国家级的名酒评选活动，以达到加快技术进步、提高酒品质量的目的。除了这些代表国家最高水平的名酒外，还有国家评定的优质酒。

第一次全国评酒会于1952年在北京举办，由中国专卖实业公司主持，那时酿酒工业尚处于整顿恢复阶段，大多数酒类生产是私人经营的。当时对酒类的生产是由国家专卖局进行管理，在这种情况下举行的第一届评酒会不可能进行系统的选拔推荐酒的样品。这一次评酒实际上是根据市场销售信誉结合化验分析结果，评议推荐的。共评出8种国家级名酒，其中白酒4种，黄酒1种，葡萄酒类3种。第一届全国评酒会的准备工作和条件较差，但评选出的八大名酒对推动生产、提高产品质量起到了重要作用，并为以后的评酒会奠定了良好基础，树立了基本框架，为我国酒类评比写下了极为珍贵的一页。

第二次全国评酒会于1963年在北京举办，由轻工业部主持，并首次制定了评酒规则，共评出国家级名酒18种。其中白酒8种，黄酒2种，啤酒1种，葡萄酒类6种，露酒1种。

第三次全国评酒会于1979年在辽宁大连举办，由轻工业部主持，共评出18种国家名酒。

第四次全国评酒会于1984年在山西太原举办，由中国食品协会主持，共评出国家名酒28种。

第五次全国评酒会于1989年在安徽合肥市举办，从白酒中评出17种国家名酒。其它酒类未评。

现将根据历届国家级的名酒评选活动选出的名酒集萃简要介绍如下。

一、茅台酒

飞天牌、贵州牌茅台酒是贵州省仁怀县茅台酒厂的产品。在全国第一、二、三、四、五届评酒会上蝉联国家名酒称号及金质奖，1986年被评为贵州省名酒，获金樽奖，同年在法国巴黎第12届国际食品博览会上获金奖，1992年获美国国际名酒博览会金奖及日本第四届白酒与饮料国际博览会金奖。

贵州仁怀县早在2000年前已酿酒，以“蒟酱酒”称著于世。西晋的陈端发动农民起义，开始用“酒一斗、鱼一头”吸收义民，说明当时酿酒是很普遍的。唐代酿有“咂酒”。1939年编《贵州经济》载有“茅台酒之沿革及制造”：在清朝咸丰以前，有山西盐商，来茅台地方，仿照汾酒制法，用小麦为曲药，以高粱为原料，酿造一种烧酒。后经陕西盐商宋某、毛某先后改良制法，以茅台为名，特称茅台酒。民国十八年（1929年）周炳衡兄弟建立衡昌酒厂从事茅台酒制造，规模较大，设备整齐，酒之品质亦颇优良。1940年衡昌酒厂归赖永初，更名为恒兴茅台酒厂，俗称“赖茅”。1951年在成义酒房基础上改建为贵州茅台酒厂，1952年陆续将恒兴、荣和并入，沿袭传统工艺，继续生产茅台酒。

茅台酒以优质高粱为原料，用小麦制成高温曲，而用曲量多于原料。用曲多，发酵期长，多次发酵、多次取酒等独特工艺，是茅台酒风格独特、品质优异的重要原因。酿制茅台酒要经过两次加生沙（生粮）、八次发酵、九次蒸馏，生产周期长达八九个月，再陈贮三年以上，勾兑调配，然后再贮存一年，使酒质更加和谐醇香，绵软柔和，方准装瓶出厂，全部生产过程近五年之久。

茅台酒是风格相对最完美的酱香型大曲酒之典型，故而“酱香型”又称“茅香型”。其酒液纯净透明、醇馥幽郁的特点，是由酱香、窖底香、醇甜三大特殊风味融合而成，现已知香气组成成分多达300余种。

二、汾酒

古井亭牌、长城牌、汾牌、老白汾牌汾酒均是山西省汾阳市杏花村汾酒厂的产品。1952年第一届全国评酒会上荣获八大名酒之一，蝉联全国第二、三、四、五届评酒会国家名酒称号，并荣获金质奖章，1992年获法国巴黎国际名优酒展评会特别金奖。

汾阳古称汾州，南北朝时产有“汾清”酒。唐宋以来的文献和诗词中也多有“汾州之甘露堂”酒、“干榨酒”“干和酒”等记载。清代以汾酒闻名于世，李汝珍在《镜花缘》中列举五十余种国内名酒，将山西“汾酒”排在首位。《汾阳县志》载：“汾酿以出自尽善杏花村者最佳。”故后人借唐代杜牧《清明》中“清明时节雨纷纷，路上行人欲断魂。借问酒家何处有？牧童遥指杏花村。”的诗句赞颂汾酒，以杏花村汾酒品牌著称于世。

汾酒以晋中平原所产的“一把抓”高粱为原料，用大麦、豌豆制成的“青茬曲”为糖化发酵剂，取古井和深井的优质水为酿造用水。这口有优美传说的古井之水，与汾酒的品质有很大关系。

汾酒，酒液无色透明，清香雅郁，入口醇厚绵柔而甘冽，余味清爽，回味悠长，酒度高（65°、53°）而无强烈刺激之感。其汾特佳酒（低度汾酒）酒度为38°。汾酒纯净、雅郁之清香为我国清香型白酒之典型代表，故人们又将这一香型俗称“汾香型”。专家称誉其“色、香、味”为“酒中三绝”，历来为消费者所称道。除销往全国各地及香港、澳门地区外，远销新加坡、日本、澳大利亚、英国、法国、波兰、美国等四十余个国家。

三、五粮液酒

五粮液牌五粮液酒是四川省宜宾五粮液酒厂的产品。在全国第二、三、四、五届评酒会上荣获国家名酒称号及金质奖，1992 年获美国国际名酒博览会金奖，1993 年获俄罗斯圣彼得堡国际博览会特别金奖。

宜宾古为戎州、叙州，酿酒历史悠久。据宜宾地区出土汉墓遗物中，有许多陶制和青铜制的酒器，说明早在汉代就已盛行酿酒和饮酒的风俗。唐代酿有“重碧”酒，永泰元年(765) 诗人杜甫在戎州赋诗曰：“胜绝惊身老，情忘发兴奇……重碧拈春酒，轻红擘[bāi]荔枝。”宋代有“酿有荔枝绿”“绿荔枝”名酒。元代的《酒小史》还载有“王公权荔枝绿，廖致平绿荔枝”酒名。明代酿有“咂嘛酒”。清代酿有“杂粮酒”，闻名于世，系由“荔枝绿”“咂嘛酒”脱颖发展成的“烧酒”，用高粱、粳稻、糯稻、玉米、荞麦五种谷物酿成。1929 年宜宾县前清举人杨惠泉爱其酒质优点，而鄙其名称，更名为“五粮液”。

五粮液的酿造原料为红高粱、糯米、大米、小麦和玉米五种粮食。糖化发酵剂则以纯小麦制曲，有一套特殊制曲法，制成“包包曲”，酿造时，须用陈曲。用水取自岷江江心，水质清冽优良。发酵窖是陈年老窖，发酵期在 70 天以上，并用老熟的陈泥封窖。在分层蒸馏、量窖摘酒、高温量水、低温入窖、滴窖降酸、回酒发酵、双轮底发酵、勾兑调味等一系列工序上，五粮液酒厂都有一套丰富而独到的经验，充分保证了五粮液品质优异，长期稳定，在中外消费者中博得了美名。

五粮液酒无色，清澈透明，香气悠久，味醇厚，入口甘绵，入喉净爽，各味谐调，恰至好处。酒度分 39°、52°、60°三种。饮后无刺激感，不上头。开瓶时，喷香扑鼻；入口后，满口溢香；饮用时，四座飘香；饮用后，余香不尽。属浓香型大曲酒中出类拔萃之佳品。

四、西凤酒

西凤牌西凤酒是陕西省凤翔县西凤酒厂的产品。1984 年获轻工业部酒类质量大赛金杯奖，1979 年在全国第三届评酒会上荣获国家优质酒称号及银质酒，1952 年、1963 年、1984 年、1989 年在全国第一、二、四、五届评酒会上荣获国家名酒称号及金质奖，1992 年获法国巴黎国际名优酒展主会特别金奖，1993 年获法国巴黎第 15 届国际食品博览会金奖。

凤翔古称雍州，酿酒历史悠久。西周时期已有酿酒，境内出土的大量西周青铜器中有各种酒器，充分说明当时盛行酿酒、贮酒、饮酒等活动。唐代肃宗至德二年（757 年），将雍州改称“凤翔”，取意周文王时“凤凰集于岐山，飞鸣过雍”的典故。宋代“凤翔橐泉”酒已称著。宋嘉祐七年（1040 年），苏轼任凤翔府判官时作有赞柳林酒的诗文：“花开美酒盍不归，来看南山冷翠微。”明代也有文人赞誉柳林酒的诗文，苏浚《东湖》诗中有“黄花香泛珍珠酒，华发荣分汗漫游。”清代以“凤酒”著称，而且在“八百里秦川”的宝鸡、岐山、郿县及凤翔县等酿制之烧酒均称“凤酒”。

西凤酒以当地特产高粱为原料，用大麦、豌豆制曲。工艺采用续渣发酵法，发酵窖分为明窖与暗窖两种。蒸馏得酒后，再经 3 年以上的贮存，然后进行精心勾兑方出厂。

西凤酒无色清亮透明，醇香芬芳，清而不淡，浓而不艳，集清香、浓香之优点于一体，幽雅、诸味谐调，回味舒畅，风格独特，被誉为“酸、甜、苦、辣、香五味俱全而各不出头”。即酸而不涩，苦而不黏，香不刺鼻，辣不呛喉，饮后有回甘、味久而弥芳之妙。属凤香型大曲酒，被人们赞为“凤型”白酒的典型代表。酒度分 39°、55°、65°三种。

五、泸州老窖

泸州牌、麦穗牌泸州老窖特曲又称泸州老窖大曲酒，是四川省泸州老窖酒厂的产品。在全国第一、二、三、四、五届评酒会上蝉联五届国家名酒称号及金质奖；1990 年获法国巴黎第 41 届国际食品博览会金奖；1992 年获匈牙利布达佩斯和俄罗斯莫斯科国际名酒展览会特别金奖及金奖。

泸州古称江阳，酿酒历史久远，自古便有“江阳古道多佳酿”的美称。泸州地区出土的陶制饮酒角杯，系秦汉时期器物，可见秦汉已有酿酒。蜀汉建兴三年（225 年）诸葛亮出兵江阳忠山时，使人采百草制曲，以城南营沟头龙泉水酿酒，其制曲酿酒之技流传至今。

1952 年，按泸州老窖大曲产品内在风格上的细微差异进行分级，分为特曲、头曲、二曲、三曲，其品级最高的为特曲酒，也是出口的泸州老窖大曲酒。

泸州曲酒的主要原料是当地的优质糯高粱，用小麦制曲，大曲有特殊的质量标准，酿造用水为龙泉井水和沱江水，酿造工艺是传统的混蒸连续发酵法。

此酒无色透明，窖香浓郁，清洌甘爽，饮后尤香，回味悠长。具有浓香、醇和、味甜、回味长的四大特色，酒度有 38°、52°、60°三种。

六、古井贡酒

古井牌古井贡酒是安徽省亳州市古井酒厂的产品。在全国第二、三、四、五届评酒会上荣获国家名酒称号及金质奖，1992 年获美国首届酒类饮料国际博览会金奖及香港国际食品博览会金奖。

亳州曾称亳县，古称谯陵、谯城，是曹操、华佗的故乡，汉代以酿有好酒而闻名。据《魏武集》载，曹操向汉献帝上表献过九酝酒法，说：“臣县故令南阳郭芝，有九酝春酒……今谨上献。”“贡酒”因而得名。宋代时亳州酿酒业很发达。明代初期，怀姓商人在减店集建“公兴糟坊”，以酿“减酒”闻名于世。

古井贡酒以本地优质高粱作原料，以大麦、小麦、豌豆制曲，沿用陈年老发酵池，继承了混蒸、连续发酵工艺，并运用现代酿酒方法，加以改进，博采众长，形成自己的独特工艺，酿出了风格独特的古井贡酒。

古井贡酒酒液清澈如水晶，香醇如幽兰，酒味醇和，浓郁甘润，黏稠挂杯，余香悠长，经久不绝。酒度分为 38°、55°、60°三种。

七、全兴大曲酒

全兴牌全兴大曲酒是四川省成都全兴酒厂的产品。在全国第二、四、五届评酒会上荣获国家名酒称号及金质奖，1988 年获香港第六届国际食品展金钟奖。

成都古为蜀国、蜀州，酿酒历史悠久。据史载，西周末年至春秋之间，成都平原的先民就有酿酒敬老的美德。先秦时酿有“清酒”。汉代酒业较兴盛，三国时，章武年间刘备在成都禁酒，“酿者有刑”。唐代酿有“生春酒”，被列为贡品。当时成都酒品颇受文人名士所青睐，杜甫曰：“蜀酒浓无敌”，李商隐曰：“美酒成都堪送老，当垆乃是卓文君。”“歌从雍门学，酒是蜀城烧。”宋代酿有酒品较多，张能臣在《酒名记》中有“三川成都府忠臣堂，又玉髓，又锦江春，又浣花堂”等名酒。宋代成为全国第二大产酒地区。元代酿有“刺麻酒”。明代酿有“白酒”“万里春”酒。明末清初，陕西王姓客商开店自酿自卖酒品。清乾隆五十一年（1786年）王姓三代孙在东门外水井街建“福升全酒坊”，引“薛涛井”水酿制“薛涛酒”，著称于世。李汝珍《镜花缘》中将成都“薛涛酒”列入全国50余种名酒之中。当时酿酒作坊曾达30余家。道光四年（1824年）在城内水花街开辟分号，名为“全兴成”，所酿之酒名为“全兴大曲”。1951年改建为成都酒厂，承袭传统工艺，继续生产全兴大曲，1989年易为现厂名。

该酒选用优质高粱为原料，以小麦制成中温大曲，采用传统老窖分层堆糟法工艺，经陈年老窖发酵，窖熟糟香，酯化充分，续糟润粮，翻沙发酵，混蒸混入，掐头去尾，中温流酒，量质摘酒，分坛贮存，精心勾兑等工序酿成。

全兴大曲酒质呈无色透明状，清澈晶莹，窖香浓郁，醇和谐调，绵甜甘冽，落口净爽。系浓香型大曲酒。酒度分38°、52°、60°三种。

八、董酒

董牌董酒是贵州省遵义董酒厂的产品。在全国第二、三、四、五届评酒会上荣获国家名酒称号及金质奖；1991年在日本东京第三届国际酒、饮料酒博览会上获金牌奖；1992年在美国洛杉矶国际酒类展评交流会上获华盛顿金杯奖。

遵义酿酒历史悠久，可追溯到魏晋时期，以酿有“咂酒”闻名。到元末明初时出现“烧酒”。1942年改称为“董酒”。董酒工艺秘不外传，仅有两个可容三至四万斤酒醅的窖池和一个烤酒灶，是小规模生产。其酒销往川、黔、滇、桂等省，颇有名气。

该酒选用优质高粱为原料，引水口寺甘洌泉水，以大米加入95味中草药制成的小曲和小麦加入40味中草药制成的大曲为糖化发酵剂，经分级陈贮一年以上，精心勾兑等工序酿成。

董酒无色，清澈透明，香气幽雅舒适，既有大曲酒的浓郁芳香，又有小曲酒的柔绵、醇和、回甜，还有淡雅舒适的药香和爽口的微酸，入口醇和浓郁，饮后甘爽味长。由于酒质芳香奇特，被人们誉为其它香型白酒中独树一帜的“药香型”或“董香型”典型代表。酒度58°，低度酒38°名为飞天牌董醇。

九、剑南春酒

剑南春牌剑南春酒是四川省绵竹县剑南春酒厂的产品。全国第三、四、五届评酒会上荣获国家名酒称号及金质奖，1988年获香港第六届国际食品展览会金花奖，1992年获德国莱比锡秋季博览会金奖。

绵竹县古属绵州，归剑南道辖，酿酒历史悠久。诗人李白曾于剑南留下了“解貂赎酒”的佳话。其酒又称“烧香春”。宋代酿有“蜜酒”，清代康熙年间，陕西三元县人朱煜见绵竹水好，开办朱天益作坊，酿制大曲酒，后相继有杨、白、赵三家大曲作坊开业。从此大曲酒成为绵竹名产。清代末年，绵竹县大曲酒坊有18家。1919年间有大曲房25家，岁可出酒十数万斤，获钱五六万缗［mín］，销路极广。后发展为30余家，有酒窖116个，最高年产达350多吨。1922年绵竹大曲获四川省劝业会一等奖，1928年获四川省国货展览会奖章及奖状，声名鼎盛，行销各地，时人赞有“十里闻香绵竹酒，天下何人不识君”的雅誉。1951

年在朱天益等烧房基础上建成绵竹酒厂，继续生产大曲酒。

1958年投产高档白酒，由蜀中诗人庞石帚起名“剑南春”。1985年更为现厂名。此酒以高粱、大米、糯米、玉米、小麦为原料，小麦制大曲为糖化发酵剂。

剑南春酒质无色，清澈透明，芳香浓郁，酒味醇厚，醇和回甜，酒体丰满，香味谐调，恰到好处，清洌净爽，余香悠长。酒度分28°、38°、52°、60°四种，属浓香型大曲酒。

十、洋河大曲

洋河牌洋河大曲是江苏省泗阳县江苏洋河酒厂的产品。在全国第三、四、五届评酒会上荣获国家名酒称号及金质奖，1990年获香港中华文化名酒博览会特奖和金奖，1992年获美国纽约首届国际博览会金奖。

洋河镇地处白洋河和黄河之间，水陆交通畅达，自古以来就是商业繁荣的集镇，酒坊甚多，故明人有“白洋河中多沽客”的诗句。清代初期，原有山西白姓商人在洋河镇建糟坊，从山西请来酒师酿酒，其酒香甜醇厚，声名更盛，获得“福泉酒海清香美，味占江淮第一家”的赞誉。流传数百年的“酒味冲天，飞鸟闻香化凤；糟粕落地，游鱼得味成龙”这副对联，是对洋河大曲最精彩的赞誉。1949年在旧糟坊基础上建成现酒厂，继承传统工艺，继续生产此酒。

洋河大曲以黏高粱为原料，用当地有名的“美人泉”水酿造，用高温大曲为糖化发酵剂，老窖长期发酵酿成。此酒清澈透明，芳香浓郁，入口柔绵，鲜爽甘甜，酒质醇厚，余香悠长。其突出特点是：甜、绵软、净、香。其酒有38°、48°、55°三种。

十一、双沟大曲

双沟大曲系列名酒，素以色清透明、酒香浓郁、绵甜爽净、香味谐调、尾净余长等特点而著称。

双沟大曲采用优质红高粱为原料，并以优质小麦、元麦、元豆特制成的高温大曲作为糖化发酵剂，采用传统工艺，经老窖适温缓慢发酵，分甑蒸馏；分段摘酒，分等入库，分级贮存，并精心勾兑而成。具有风味纯正、甘洌爽口、回味悠长等特点。主产品双沟大曲在1984、1989年第四、五届全国评酒会上，均初评为国家名酒，荣获金质奖。

十二、黄鹤楼酒

黄鹤楼牌特制黄鹤楼酒古称汉汾酒，是湖北省武汉黄鹤楼酒厂的产品。荣获全国第四、五届评酒会上国家名酒称号及金质奖。

武汉酿酒历史悠久。汉代酿酒及饮酒风习较为兴盛，三国鼎立时，吴国孙权在武昌钓台“酒醉水淋群臣”的典故就发生在这里。南北朝时，以黄鹤楼酒品闻名，并产生了“仙人乘鹤”传说。唐朝，武汉三镇酒品吸引很多文人骚客，留下很多赞酒诗句，如罗隐《忆夏口》：“汉阳渡口兰为舟，汉阳城下多酒楼。当年不得尽一醉，别梦有时还重游。”使武汉酒品驰名九州。1929年德泰源酒坊的“汉汾酒”在工商部中华国货展览会上获一等奖。1933年，康成造酒厂和协康汾酒厂被列入《近代中国实业通志》中，为全国名酒厂。1992年易为现厂名。

该酒选用优质高粱为原料，以大麦、豌豆踩制的清茬曲、红心曲、后火曲为糖化发酵剂，分级贮存、精心勾兑而成。特制黄鹤楼酒清澈透明，清香典型纯正，入口醇厚绵甜，香味谐调，后味爽净，饮之怡人提神。酒度分39°、54°、62°三种，属清香型大曲白酒。

十三、郎酒

郎泉牌郎酒又称回沙郎酒，是四川省古蔺县郎酒厂的产品。在第三届全国评酒会上荣获国家优质酒称号，在全国第四、五届评酒会上荣获国家名酒称号及金质奖。

古蔺县古属夜郎国，是古僚人的聚居地。先秦时代，以农耕为主的僚民族已有酿酒和饮酒嗜好，从夜郎旁小邑出土的陶制酒器就证明了这一点。清代，随着川盐入黔，赤水河畔二郎滩逐渐繁荣起来。乾隆十年（1745 年）已有大小糟房 20 余家。1933 年邑人雷绍清集资创办集义糟坊，并请来茅台镇成义酒坊技师郑银安及惠川糟坊酒师莫绍成，酿出质量更佳的回沙郎酒。雷绍清将酒命名为郎酒，声誉四传，颇有名声。1939 年郑银安酒师回茅台镇成义酒坊，拉走集义糟坊部分母糟为茅台配料使用，故而茅台酒和郎酒便成为姊妹酒。1957 年，周恩来总理到四川视察时，指示恢复郎酒生产。同年在二郎滩建成国营郎酒厂，集聚两家糟坊技师，按传统工艺恢复生产郎酒。

郎酒以高粱和小麦为原料，用纯小麦制成高温曲为糖化发酵剂，引郎泉之水，其酿造工艺与茅台酒大同小异。

郎酒呈微黄色，清澈透明，酱香突出，酒体丰满，空杯留香长，以酱香浓郁、醇厚净爽、幽雅细腻、回甜味长的独特风格著称。系酱香型大曲酒。酒度分 39°、53°两种。

十四、武陵酒

武陵牌武陵酒是湖南省常德市武陵酒厂的产品。在全国第三、四届评酒会上荣获国家优质酒称号及银质奖，1988 年在全国第五届评酒会上荣获国家名酒称号及金质奖，1992 年获美国纽约首届国际白酒、葡萄酒、饮料博览会金奖。

常德古称武陵、鼎州，酿酒历史源远流长。早在先秦时代，人们有“摆春台席，置酒与之合饮”的风俗。五代时，以崔氏酒著名，崔氏姥被后世列入酿酒名家，其汲水之处称为崔婆井，也成为酿酒遗迹。宋代酿酒业兴旺，以鼎州“白玉泉”酒品列为全国名酒之列，“熙宁年间酒课（即酒税）达五万贯以上”，是湖南产酒两大地区之一。

武陵酒以优质高粱为原料，用小麦制成高温曲，以整粒高粱浸渍，清蒸清烧，八蒸七吊得酒，经三年以上贮存，再勾兑出厂。其酒色微黄，清澈透明，酱香馥郁，幽雅细腻，入口绵长柔和，纯正爽适，风格独特。武陵酒属酱香型大曲白酒，酒度有 48°、53°。

十五、沱牌曲酒

沱牌曲酒是四川省射洪县沱牌曲酒厂的产品。1988 年在全国第五届评酒会上荣获国家名酒称号及金质奖，同年获香港第六届国际食品展览会金瓶奖。

射洪县酿酒历史悠久，早在唐代就酿有名酒。诗人杜甫宦游此地时，在《野望》诗中曰：“射洪春酒寒仍绿。”1911 年，柳树沱镇酿酒世家李吉安建“金泰祥糟坊”，引龙澄山沱泉水为酿造用水，继而发展成为大曲酒，名为沱牌曲酒，闻名于川内外，故客商争购，名噪八方，人们传颂沱牌曲酒，泉香酒洌。

沱牌曲酒以优质高粱、糯米为原料，以优质小麦、大麦制成大曲为糖化发酵剂，老窖作发酵池，采用高、中、温曲，续糟混蒸混烧，贮存勾兑等工艺酿制而成。

沱牌曲酒具有窖香浓郁、清洌甘爽、绵软醇厚、尾净余长，尤以甜净著称的独特风格，属浓香型大曲酒。酒度有 38°、54°。

第四节　文人与酒

中国酒文化源远流长，内容丰富，对中国的政治、经济、哲学、文学、艺术和中国人的个性、思想、情感、行为等方面都有广泛的影响。在中国的传统文化中，文人与酒有着不解之缘。中国古典诗中关于友情、送别与感怀这一类的作品最多，对于文人来说，失意的时候饮酒，是为了麻醉自己；高兴的时候饮酒，是为了庆祝助兴；邀朋会友的时候饮酒，是为了畅叙友情；酝酿创作的时候饮酒，是为了激发灵感。酒与文人的喜怒哀乐、酸甜苦辣紧紧联系在一起，他们的饮酒佳话也成为中国文学史上别具特色的一页。可以说，中国源远流长、经久不衰的酒文化深深得益于文人的参与。文以酒增色，酒以文生辉，酒与文艺珠联璧合，相得益彰，共同为人们创造了精美的精神食粮，为传统文化增添了光辉的一页。

人们在探讨文人与酒的关系时，往往会举出曹操的“何以解忧，唯有杜康”等一大批例子。总认为文人之所以嗜酒，要么是这些文人们不得志，要么就是心中有什么难以排解的忧愁。的确，历史上不乏借酒浇愁的文人，但酒与文人的关系远不仅仅是解忧那么简单的。一部文学史，上下五千年，不会喝酒的文人实在少见。因为，酒的特殊功能的确有助于文人们发挥他们的创造性想象，激发他们的激情和灵感。中古时期，诗人豪客善饮的记载很多，是酒与中国文化各种关系中，足堪留意的一面。比如王翰《凉州词》“葡萄美酒夜光杯，欲饮琵琶马上催”，王维《送元二使安西》“劝君更尽一杯酒，西出阳关无故人”，杜牧《清明》“借问酒家何处有？牧童遥指杏花村”，柳永《雨霖铃》“今宵酒醒何处？杨柳岸，晓风残月”，这些名句都是家喻户晓，千古绝唱。历代文人中有很多酒客，可以说东晋陶渊明最有酒兴，他可以自酿、独酌、细品，享受悠然的乐趣。他的酒兴与魏晋名士“无事常痛饮”，并不相同。他把酒与文学创作融合为一，有人说他“诗中有酒，酒中有诗”。唐代饮中八仙，在杜甫细腻的刻画下个个醉态可掬，酒兴十足，令后人对酒、诗、文人三者之间的关系产生浪漫的遐想。推测起来，与当时的学术思想、社会风气有密切关系。

文人与酒的渊源极深，并非从魏晋名士开始。但是像竹林七贤那样酒占据生活中的显著地位，甚至几近生活的全部，却是前所未有的事。

酒与历代平民百姓的日常生活，也密不可分。古代君王、诸侯的朝会宴飨，少不了酒，各种酒器因此成了重要的一种礼器。酒与历代民生、赋税有着直接关系。中国古代多用谷类酿酒，因此民间是否五谷丰登，成为历代政府是否开放酒禁或者征取酒税轻重的一项根据。再加上中国地大物博，各地农作物品种、各地水质及酿酒技术的一些差异，就有了具有地域色彩的各式佳酿。

那么，何以文人多饮酒呢？众所周知的解释是酒能让人精神亢奋，思维活跃，幻想丰富，易于进入艺术的境界。这种见解不无道理，但也不无偏颇。它只说了其然而没有说出其所以然。其实，两者之间最本质的联系在于思维方式与审美情感的相似或相通。用弗洛伊德的心理学来分析，诗人、作家和艺术家的创作动力和源泉深植于“非理性的本我”，而不是理性的“超我”。在这一点上，酒后文人所暴露的“本我”与文学艺术是“心有灵犀一点通”。

首先，酒精的刺激作用能活跃人的思维，引发人的想象。在现实生活中严谨苛板的人，在酒精的作用下也可能冲破“超我”的限制而逼近“本我”，冲破理性的樊篱而进入感性的王国，让想象的翅膀腾飞。

其次，酒能让人袒露出真实的情怀，表现出赤子般的纯真。所谓“杯酒见人心”“酒后吐真言”说的都是这层道理，正如苏轼诗云：“我观人间世，无如醉中真。”（“饮酒”之一）。而真诚，正是文学家、艺术家尤其是优秀文学家、艺术家必须具备的品行特性。

再次，饮酒能使人进入精神亢奋、忘却劳累和烦恼的状态，打开人们的潜意识对于生活审美意识的启动阀，对人们的精神世界和心理情绪具有调适作用，使文人们在舒适兴奋之余，文思泉涌，创作灵感突现，进入妙语连珠、落笔生花的佳境。艺术史上，经常有“妙手偶得之”的佳话。日本东和大学教授田中浩，从大脑生理学的角度，对酒能激起文人创作灵感的现象作了更加精辟的科学阐述。他认为人的大脑有新皮质与旧皮质的区别。新皮质掌握知识、思考等理性部分，旧皮质掌握本能和习惯，是旺盛的生命力中枢。为调动大脑新、旧皮质的功能，最简单快捷的办法是饮点酒。因为酒精的刺激作用使新皮质体系不侵害旧皮质，二者互相调和并用，则思路畅通、充沛、生机勃勃。此论已得到日本医学科学界的证实。

最后，在封建专制统治下，醉酒是有正义感的文学家、艺术家特殊的政治反抗手段和消愁解闷途径。由于中国古代居统治地位的儒家思想的禁锢，人的某些本质要求，如心境的舒展、苦闷的发泄、自我的观照，甚至幻想的本能，都缺少实现的途径和有效的形式，而饮酒恰是他们鸣其不平的便捷手段。古代文艺家几乎无人甘心只做一介碌碌书生，他们都曾孜孜以求建功立业，但现实的黑暗坎坷却使他们不得其门而入。西方社会学家认为，“超然和介入的冲突”是历代知识分子难以解决的矛盾和痛苦的根源，中国诗人却找到了缓解、调和这种冲突的理想境界——醉乡。因而，醉酒成为诗人们消愁解闷的一种手段、忧患人生的忠实伴侣。这也是中国封建士大夫知识分子（古代诗人无疑是这一阶层的代表人物）独特方式的心理建构。

中国文人沉醉酒乡的风俗起于魏晋，盛于唐宋，从明清至今就趋于生活化了。

一、魏晋文人借酒消愁

中国文人与酒的关系可以追溯到三国时期的曹操。从“青梅煮酒”到“酾酒临江，横槊曹公”，曹操留下许多酒中佳话。他一生南征北战，戎马生涯，但自己也常常是“对酒当歌”。《短歌行》中“何以解忧，唯有杜康”的名句似乎给酒的作用定了性，然而后世诗仙李白的“抽刀断水水更流，举杯消愁愁更愁”（《宣州谢朓楼饯别校书叔云》）则给了“酒能解忧”的一个否定。

东晋的陶渊明虽然官运不亨通，只作过80多天彭泽令，但当官时，衙门有公田，他曾下令悉种粳以为酒料，连吃饭的大事都忘记了，还是他夫人力争，才分出一半公田种稻。后来他“不为五斗米折腰”而弃官归田，飘然而去，并赋《归去来兮辞》。当他回到四壁萧然的老家，最初使他感到欣喜的是“携幼入室，有酒盈樽”。他在《五柳先生传》中写到“性嗜酒，家贫，不能常得。亲旧知其如此，或置酒而招之。造饮辄尽，期在必醉，既醉而退，曾不吝情去留”，看来他的嗜酒是亲旧皆知。

在浇愁、消愁之外，酒在魏晋时代还有一个特殊的作用，那就是纵酒佯狂，既可以表达对现实的不满，又可以保护自己。魏晋是中国历史上的一个特殊时期，从礼教压抑下解脱出来的文人，感情浪漫，追求独立自由的个性，形成了中国历史上独特的魏晋风度，酒就是促成这种张扬个性风气的最佳媒介。孔融就说："坐上客恒满，樽中酒不空。"（《后汉书·孔融传》）。魏晋多名士，但能否成为名士，是否饮酒是一个重要标志。"名士不必须奇才，但使常得无事，痛饮酒，熟读《离骚》，便可称名士"（《世说新语·任诞》），名士们全然不理会"酒以成礼，过则败德"（《三国志·吴志·陆凯传》）的训诫，竞相饮酒，以酒邀名，使前代"高阳酒徒"相形见绌。名士王忱就很动情地说："三日不饮酒，觉形神不复相亲。"（《世说新语·任诞》），几天不喝酒，就会觉得灵肉分离，可见酒在生活中的重要作用。当时，为了避开司马氏与曹魏集团之间的政治斗争，"竹林七贤"中的阮籍、嵇康、刘伶就以放荡不羁、纵酒佯狂表示对现实的不满。阮籍生活在魏晋政权交替之际，一方面对曹魏集团骄奢腐败深为失望，另一方面又不肯依附伪善阴险的司马集团，内心充满矛盾。他时常驾车出游，随意而行，走到路的尽头，就痛哭而返；在家则借酒避祸，远离是非。其实他在半醉半醒之间，痛苦不堪。人称阮籍"胸中有块垒，故须酒浇之"，酒成了他宣泄缓解内心矛盾痛苦的重要手段。甚至在一些特殊的时候，他还借酒进行有效的自我保护：司马昭为晋武帝求婚于阮籍，因他连醉六十日只好作罢。司马昭的心腹钟会几次想从阮籍口中套出对时事的评论并借机加害于他，但阮籍都以酣醉获免。西晋时的刘伶，自称"一饮一斛，五斗解醒"，可见酒量大得吓人。他在任建威参军时，常常坐着马车，拎着一大壶酒，让人拿着铁锹跟在后面，说："我如果喝死了，在哪喝死的就埋在哪。"不过刘伶并没有喝死，而且既没有喝成肝硬化，又没有酒精中毒，倒是喝出不少让人发笑的故事。他"肆意放荡，悠焉独畅。自得一时，常以宇宙为狭"（梁祚《魏国统》），他的纵酒名闻四方，所作《酒德颂》盛赞酒给人带来无量的功德，而且纵酒后裸形屋中。刘伶身为"竹林七贤"之一，可他不但不贤德，反而很疯癫，活像一个老顽童。我国传统京剧曲目《刘伶醉酒》就是取自他的传说。追求精神上的解放与超越是魏晋文人纵酒的重要原因。魏晋之后，这种情形就相对少见了，这主要是文人更懂得斗争的方式与策略，也更懂得珍惜生命的价值。

二、唐代文人借酒抒怀

酒触引悲愁，也激发豪情，可借酒消愁，也可对酒当歌，而后者往往更能体现人的风度与精神。由于古代文人面临着社会、政治、经济等各种关系带来的诸多烦恼与困扰，使得本来以自由、独立为最高追求目标的人，时常不能依照自己的意志行动，时常处在一种被动的状态中，而酒恰好在许多时候可以给人带来一些豪情、豪性。"一生大笑能几回，斗酒相逢须醉倒"（《凉州馆中与诸判官夜集》），是岑参与老友聚饮时所表现出的奋发豪迈，这种豪迈奋发来源于对前途、对生活的信心；王翰的"醉卧沙场君莫笑，古来征战几人回"（《凉州词》），豪迈奋发中虽含有悲壮之情，但更真实地反映了厮杀沙场的将士的感情。

唐朝嗜酒的大文人首推"诗酒两仙"的李白。李白一生热爱自然，向往自由，放浪形骸，桀骜不驯，成为盛唐气象的主要代表。郭沫若生前曾做过统计，李白流传下来的1500首诗作中，有170首写到饮酒。在李白的生活中，酒已不仅仅是酒，可以刺激神经，产生灵感，唤起联想，而且是生命的组成部分。"人生飘忽百年内，且须酣畅万古情"（《答王十二寒夜独酌有怀》），人生短暂迅速，怎么能不在开怀畅饮中倾吐心事、畅叙衷肠呢？"黄金白璧买歌笑，一醉累月轻王侯"（《忆旧游寄谯郡元参军》），点明了饮酒的精神解放作用，在累月酣醉的豪士面前，王公贵族何足道哉！后来南宋词人朱敦儒也说："诗万首，酒千觞，几曾着眼看侯王"（《鹧鸪天·西都作》），与此一脉相承。"长风万里送秋雁，对此可以酣高楼"

(《宣州谢朓楼饯别校书叔云》)，是说饮酒应得其天势，面对辽阔明净、万里无云的秋空，遥望着万里长风吹送鸿雁南飞的壮美景象，哪能不起酣饮高楼的豪情逸兴！“巴陵无限酒，醉杀洞庭秋”(《陪侍郎叔游洞庭醉后》)，则既是自然景色的绝妙的写照，又是诗人思想感情的曲折的流露，流露出诗人希望像洞庭湖水的秋天一样，用洞庭湖水似的无穷尽的酒来尽情一醉，借以冲去积压在心头的愁闷。

关于李白的酒量，他自己有诗为证：“百年三万六千日，一日须倾三百杯。”而他的好友杜甫在《饮中八仙歌》中也写道：“李白斗酒诗百篇，长安市上酒家眠。天子呼来不上船，自称臣是酒中仙。”据说李白当年奉诏为玄宗写清平调时，就是在烂醉之下用水泼醒后完成的。李白有追求功业的理想，但他不肯摧眉折腰，这使他无法立足政坛，因此便浪迹四方，痛饮狂歌，在诗酒豪兴中抒发自己的理想、爱憎、愤懑和忧思。在金陵时写下“风吹柳花满店香，吴姬压酒劝客尝”(《金陵酒肆留别》)，而被流放到夜郎时写下“昔在长安醉花柳，五侯七贵同杯酒”(《流夜郎赠辛判官》)。可见对李白来说，最能激发生命豪情的就是酒，酒已成为他的生命的一部分。他最有名的两首古体诗《将进酒》和《月下独酌》几乎句句都是流传千古的酒文化珍品，如“人生得意须尽欢，莫使金樽空对月”“烹羊宰牛且为乐，会须一饮三百杯”“钟鼓馔玉不足贵，但愿长醉不复醒”“古来圣贤皆寂寞，唯有饮者留其名”“五花马，千金裘，呼儿将出换美酒，与尔同销万古愁”“花间一壶酒，独酌无相亲。举杯邀明月，对影成三人”。

“诗仙”李白是豪放之人，“诗圣”杜甫对酒的亲近也毫不逊色。杜甫遭遇坎坷，一生与酒相伴，他说自己“酒债寻常行处有”(《曲江二首》)，但安史之乱中，当他听到朝廷官军收复河南河北时，欣喜若狂地写下“白日放歌须纵酒，青春做伴好还乡”(《闻官军收河南河北》)；住在成都草堂时，生活清贫而安定，有朋自远方来，光临寒舍，他坦诚相告，写下“盘飧市远无兼味，樽酒家贫只旧醅”(《客至》)；而离开草堂，沿长江顺流而下，客居夔州，登高望远，杜甫忍不住老泪纵横，写下“艰难苦恨繁霜鬓，潦倒新停浊酒杯”(《登高》)。三次写酒，大喜大悲。郭沫若做过统计，杜甫传世的1400首诗中，有300首写到饮酒，竟然比李白还多一百多首。有一点可以肯定，由于杜甫一生颠沛流离，穷困潦倒，他喝下去的应该一半是酒，一半是泪，人生感触尽在不言中。

白居易也是一位嗜酒的大文人。他的一生不仅以狂饮著称，而且也以善酿出名。他为官时，分出相当一部分精力去研究酒的酿造。酒的好坏，重要的因素之一是看水质如何，但配方不同，亦可使浊水产生优质酒。他上任一年自惭毫无政绩，却为能酿出美酒而沾沾自喜。他有两首写饮酒的诗作广为人知，《琵琶行》中“主人下马客在船，举酒欲饮无管弦。醉不成欢惨将别，别时茫茫江浸月”，生动描写了朋友离别时酒宴的凄惨。而同样是友情，《问刘十九》这样写：“绿蚁新醅酒，红泥小火炉。晚来天欲雪，能饮一杯无？”就使人倍感温馨。

位列“初唐四杰”之冠又有神童之称的王勃，据说在写《滕王阁》七言古诗和《滕王阁序》时，先磨墨数升，继而酣饮，然后拉起被子覆面而睡，醒来后抓起笔一挥而就，一字不易。

翻开中国艺术史，可以看到，许多艺术家也把酒作为情感宣泄的媒介和艺术灵感的催化剂。唐代书法家张旭每“嗜酒大醉，呼叫奔走”，甚至“以头濡墨而书，既醒目视，以为神，不可复得也”，因此被称为“张颠”。他喝醉后留下的书法墨迹如《古诗四帖》，确实如疾风迅雷，满纸云烟，成为草书的艺术精品。

三、宋代文人把酒享乐且抒发豪情壮志

宋代相对于唐代来说是一个比较理性的时代，自宋太祖赵匡胤“杯酒释兵权”后，宋朝廷都是任用文人为官，酒的滋味也被文人们“品”到了极致。

文章中写到酒，往往更加深沉。范仲淹在驻守边关的时候，曾有过“浊酒一杯家万里，燕然未勒归无计”（《渔家傲·秋思》）的惆怅，也曾有过“酒入愁肠，化作相思泪”（《苏幕遮·别恨》）的悲楚。而他虽屡遭贬谪，却能“居庙堂之高则忧其民，处江湖之远则忧其君”，在岳阳楼上把酒临风，唱出了“先天下之忧而忧，后天下之乐而乐”的名句，并因此而流芳千古。

欧阳修是妇孺皆知的醉翁。他那篇著名的《醉翁亭记》，几乎是贯穿一股酒气。无酒不成文，无酒不成乐。他自称“醉能同其乐，醒能述以文”，一句“醉翁之意不在酒，在乎山水之间也”，使天下真嗜酒者为之倾倒。

苏东坡是著名的文学家，也是著名的酒徒。“明月几时有，把酒问青天”（《水调歌头·明月几时有》），“人生如梦，一樽还酹江月”（《念奴娇·赤壁怀古》），“料峭春风吹酒醒，微冷”（《定风波·莫听穿林打叶声》），“夜饮东坡醒复醉，归来仿佛三更”（《临江仙·夜饮东坡醒复醉》）等丰富了中国酒文化的园地，而更令人神往的则是在《赤壁赋》中的“清风徐来，水波不兴。举酒属客，诵明月之诗，歌窈窕之章”，苏东坡和友人夜游赤壁，雅兴甚浓，对明月诵诗，邀清风下酒，体现了他的嗜酒如命和风度潇洒。有人查了一下《东坡乐府》，其中竟有一半作品与饮酒有关。

对于南宋爱国文人来说，酒不仅没有使他们沉于醉乡，忘记国耻，反倒更强烈地激发了他们决心抗敌报国的豪情壮志。陆游的“壮心未许全消尽，醉听檀槽出塞声”（《醉中感怀》），在醉中听到表现边塞将士生活的《出塞》曲，诗人恨不得立刻去前线杀敌报国。辛弃疾的“醉里挑灯看剑，梦回吹角连营”（《破阵子·为陈同甫赋壮词以寄之》），醉中抽出宝剑在灯下看了又看，那种战斗前夜的激动难宁，那种要把敌人斩尽杀绝的必胜意志由此而现。由于报国无门，壮志难酬，酒也时时触引他们的悲慨：张孝祥的“万里中原烽火北，一尊浊酒戍楼东。酒阑挥泪向悲风”（《浣溪沙·霜日明霄水蘸空》），就充满了沉痛之感。

在那些善饮、豪饮的文人眼里，酒似乎有神奇的力量。陆游说：“醉觉乾坤大”（《初归偶到近村戏书》）、“百壶春酒饮中仙”（《席上作》）。酒使人暂脱俗务，暂离俗尘，仿佛刹那间大觉大悟，穿透茫茫尘世、扰扰人生。辛弃疾说：“身世酒杯中，万事皆空”（《浪淘沙·山寺夜半闻钟》）、“万事一杯酒，长叹复长歌”（《水调歌头·万事一杯酒》），握住了酒杯，那种对酒的执著和歌颂似已到了无以复加的地步。

甚至连女词人李清照也无视宋朝森严的理学统治写下了大量的饮酒名句。少女时就“常记溪亭日暮，沉醉不知归路”（《如梦令·常记溪亭日暮》）、“昨夜雨疏风骤，浓睡不消残酒”“东篱把酒黄昏后，有暗香盈袖。莫道不消魂，帘卷西风，人比黄花瘦”（《醉花阴·薄雾浓云愁永昼》）；南渡以后，身世坎坷、更兼国仇家恨的李清照更是“三杯两盏淡酒”（《声声慢·寻寻觅觅》），在凄风苦雨中追忆温馨的往事。

四、元代文人酒中悟解

在酒中悟解，在酒中抒发豪情，是封建时代文人的共同表现，但反映在元代文人身上，更显得非同凡响。魏晋之后，饮酒最畅快淋漓的不是唐人也不是宋人，而是元人。在唐宋，

文人可以通过科举获得官职、参与政治，而元代废止科考七十余年，文人仕进无路，沦落下层，这使他们能真正投身到现实之中，彻底摆脱酸腐之气、功名之累。在他们看来，被前代文人看重的功名富贵比起自由的精神与自由的生活来，一钱不值。为了主体目的的实现，他们蔑视礼法，蔑视一切既成的理性结构。他们甚至嘲笑"以酒为名"的刘伶，"笑杀刘伶，荷插埋尸，犹未忘形"（薛昂夫《蟾宫曲·叹世·鸡羊鹅》）；他们大唱隐逸之歌，在隐逸中发现自然美，品赏自然美；他们"适意行，安心坐。渴时饮饥时餐醉时歌"（关汉卿〔南吕〕《四块玉·闲适》），在中国历史上只有他们将自己的生命与才能完完全全地奉献给了艺术。因此，元人对酒的厚爱，对酒的钟情，远非他们之前之后的文人所能比拟。无名氏〔双调〕《蟾宫曲·酒》这样写道："酒能消闷海愁山，酒到心头，春满人间。这酒痛饮忘形，微饮忘忧，好饮忘餐。一个烦恼人乞惆似阿难，才吃了两三杯可戏如潘安。止渴消烦，透节通关，注血和颜，解暑温寒。这酒则是汉钟离的葫芦，葫芦儿里救命的灵丹！"张可久〔中吕〕《山坡羊·酒友》这样写道："刘伶不戒，灵均休怪，沿村沽酒寻常债。看梅开，过桥来，青旗正在疏篱外。醉和古人安在哉。窄，不够酾［shāi］。哎，我再买！"

可以说没有人比元代文人更了解酒更热爱酒了。在元代文人看来，没有酒的生活，简直就不是生活，虽然酒也曾激发了他们如前代文人一样的消极态度："今朝有酒今朝醉，且尽樽前有限杯。回头沧海又尘飞。日月疾，白发故人稀"（白朴［中吕］《阳春曲·知几·知荣知》）。但更多的时候，他们在酒中得到的是人生的启悟、人生的豪迈风发："清江畔，闲愁不管，天地一壶宽"（乔吉［中吕］《满庭芳·渔父词》），"知音三五人，痛饮何妨碍？醉袍袖舞嫌天地窄"（贯云石《双调·清江引·弃微名去来心快哉》），"醉了，睡好，醉乡大人间小"（刘时中（［中吕］《朝天子·邸万户席上》），因此说元代文人的醉是醉中有心、醉中有醒。这之前，宋人就有"醉眼冷看城市闹"（张元干《渔家傲·题玄真子图》）的超然与狂放，但元人于此更有自己的领悟：刘时中〔中吕〕《山坡羊·与邸明谷孤山游饮》是典型代表："诗狂悲壮，杯深豪放，恍然醉眼千峰上。意悠扬，气轩昂，天风鹤背三千丈，浮生大都空自忙。功，也是谎；名，也是谎。"虽然醉眼蒙眬，但对现实、人生、社会的评判却是极其清醒的、理智的。既然功名是虚浮的、不真实的，那当然就弃之如履、疾之若仇了。由此元代文人寻到合于情又适于心的生活，那就是隐逸，是投身大自然："白云来往青山在，对酒开怀"（张可久《殿前欢·次酸斋韵》），"山中何事？松花酿酒，春水煎茶"（张可久《人月圆·山中书事》），"和露摘黄花，带霜烹紫蟹，煮酒烧红叶"（马致远《双调·夜行船·秋思》），"太湖水光摇酒瓯，洞庭山影落渔舟"（乔吉［中吕］《满庭芳·铁马儿虚檐》）……置身于大自然的怀抱中，传杯问盏，急斟慢饮，痛快淋漓，其乐何极！对功名富贵的否定，对自然美景的品赏，对艺术化生活的体味，最终达到的是对自己人格、对自己精神追求的完全肯定。这里需要说明的是，元人饮的酒已不全是用发酵法酿造的、酒性和缓的米酒了，因为用蒸馏法制成的烈性酒，即所谓的"烧酒"或称"白酒"已在元代出现了，李时珍《本草纲目》说："烧酒非古法也，自元始创其法……其清如水，味极浓烈"。大量普遍的饮酒必然会促进制酒业的繁荣发展与制酒工艺的改进提高，也使得元代文人借酒留下了许多精彩篇章。

到了明清时期，饮酒已成为文人日常生活的一部分，至今酒在文人生活中仍占据着重要的地位，文人雅士在酒后或者记下各种酿酒技术，或者写出各种酒诗、酒谈。于是，酒更丰富了中国人多彩多姿的生活。

总的说来，中国古代文人与酒之关系，有鲜明的时代特点，时代带给他们的无论是充满活力还是压抑痛苦，酒都是不可缺少的催化剂或缓解剂。这种奇妙作用，调节了他们与时代、与社会的弹性距离，也调节了他们自我心理的空间，使他们能够比较从容地走完自己的人生之旅。

第五节　酒的历史典故

在中华五千年文明的历程中，没有哪一种饮品能够像酒一样，如此广泛地渗透到社会生活的各个领域，作为一种特殊的媒介，在许多特定的历史环境里，发挥出至关重要的影响作用。借助于酒，人们往往能够营造某些在正常条件下极难企达的政治效果，而这些都为中国传统深厚的酒文化谱写下了严肃而凝重的篇章。

一、禹王绝酒

在古代君王手里，酒最初的作用就是显示自己的德政。相传人工酒是由仪狄奉命造出来的，命令他造酒的人是夏禹的妻子。酒造出来以后，禹品尝了一番，感觉成了天上的神仙一般，下咽后回味不绝，唇齿留香。禹品尝完了，惊叹完了，却吐出这样的话来："后世君王，一定有因为喝酒丢掉天下的!"然后就开始远离了酒和仪狄。

夏禹果然是大智大德者，能够站在政治家的高度看待美酒的作用，能在尝到酒以后，主动远离酒的诱惑，而后来的统治者不幸屡被言中，也是禹王的先见之明。

二、帝王酗酒

家天下以后，酒的政治道具作用开始全面展示出来。君王们不再远离酒，而是正大光明地喝了起来。在此之前，先把酒神化了一番，"酒者，天之赐""酒，鬼神之敬也"。于是君王喝酒就成了敬天地、尊祖宗的正经差事儿。一年四祭之外，还有各种节日、会盟、庆典，反正只要君王们想喝酒，就一定能够想出冠冕堂皇的名堂来。当这种不受约束的权力与酒结合之后，欲望的膨胀与酒力的蓬勃所激发出的能量造就了历史上夏桀、商纣、周幽王以及前秦苻生、隋炀帝杨广等不乏其人的酗酒亡命的"酒天子"。酗酒不但毁掉了他们的个人生活，更成为国家政治发生空前灾难的一个重要诱因。

三、酒政外交

酒作为政治的道具，不只体现在君王神化自己上，更体现在国家的军政外交上。最典型的例子莫过于公元前656年，五霸之一的齐桓公伐楚之役。那场战争的导火索就是：楚国没有按时向周王进贡一种茅草。这种茅草是用来过滤米酒的，实际作用是过滤后酒会更加清澈和纯正，但名义上却是过滤的过程是神喝酒的过程。当然这全是古代政治家们的外交辞令罢了。齐桓公以堂皇的借口征讨楚国，结果却是成了个不胜不败的结局，最后不了了之。但由此事可看出酒在古代君王政治生活中的重要性。

古代政治家们为了证明自己的真诚，便把酒推了出来，使之成为证明真诚的信物。所以在国家结盟时，必定要喝酒。为了再加一层神圣色彩，往往要在喝酒时在嘴唇上擦上祭神的牲畜的血，因此古代外交中最常用的一个词是"歃血为盟"。可惜的是神圣的酒，和神明享用过的牲畜的血，都不能阻止某些政治家们出尔反尔，因此古代外交中最常用的另一个词便是“口血未干”。

当然，正直的人还是有很多的。哪个朝代末世都有很多忠臣，他们也经常聚在一起，商量着怎么除奸匡国。这些忠臣们密谋时往往也都是喝酒的，也往酒里加血，即歃血为盟。

四、酒与谋略

大家最熟悉的古代政治里的酒的故事，应该是宋太祖赵匡胤的“杯酒释兵权”了。在这个故事里，古代个别政治家的机智、虚伪、狡诈表现得最为充分。赵匡胤陈桥兵变后，黄袍加身。登上皇帝宝座的赵匡胤感觉手下大将个个都有可能再来一次陈桥兵变，再来一个黄袍加身。于是就在酒桌上试探手下那些大将们，问他们会不会来个什么别的桥兵变，那些大将们自然说是不敢。宋太祖便借着酒劲儿，要大将们交出手里的兵权。是的，借着酒劲儿，这才是整个计谋的关键。如果大将们强烈反对，控制不住局势了，就把责任往酒上面推，酒是圣物，可酒能乱心嘛！如果大将们不敢反对，那功劳也是酒的，酒后吐真言嘛！

其实酒不但可以释兵权，还可以体面地让大臣去死。虽然皇帝要杀大臣都有自己的理由，可是杀这些大臣毕竟不是一件小事，尤其是杀死有功之臣、心腹大臣，为了避免政局动荡或落人口实，皇帝就想出了用药酒杀人的办法。被皇帝用神圣的毒酒杀死，那可是一件了不起的荣耀。所以皇帝下令某人用毒酒自杀时，圣旨往往都有着“加恩”之类的字眼。

楚庄王是春秋时楚国国君，春秋五霸之一。有一次他宴请文武大臣，一直喝到天黑。大家酒兴正浓，灯火突然熄灭。此时有一位喝醉了酒的大臣忘乎所以，竟动手动脚，去拉楚庄王的宠姬的衣服。楚庄王的宠姬乘机把这位大臣帽子的红缨拔下来，并报告楚庄王说：“刚才灯火一灭，竟然有人来拉我的衣服，我把他的帽缨拔下来拿在这里，请您叫人拿灯烛来看一看没有帽缨的人是谁。”楚庄王想了想，说：“我本是好意赐酒给他喝，结果使他醉后失礼，怎么好借他酒后失礼这个区区小节使这位勇士当堂出丑呢？”于是就对左右在座的人说：“今日大家陪我喝酒，请大家自动摘下帽缨，不摘下帽缨的就是表示对我不高兴了。”与会同饮的大臣有一百多人，听了楚王的吩咐，大家都把帽缨摘了下来，然后重新点亮灯烛，最后尽欢而散。

事隔两年，晋国与楚国发生战争。在交战中有一位大臣经常在楚庄王面前护卫楚王。五次交锋，这位大臣就五次首先打退敌人，最后取得这次战争的胜利。楚庄王觉得奇怪，就问这位大臣：“孤王德行浅薄，对你又没有过特殊的照顾，你为什么冒着生命危险，这样坚决地护卫我呢？”那位大臣说：“我有死罪，两年前大王赐宴，我醉后失礼，是大王替我隐去罪过不忍杀我。我常常想以粉身碎骨来报答大王的恩德，我就是那天晚上被拔掉帽缨的人。”

楚庄王宽容臣下酒后失礼，并巧妙地为失礼者遮丑，暗地施恩于臣，因而取得了失礼者的忠心，换来了以死相报的忠臣。可见酒本身无所谓对错，主要在于人们如何对待它。

五、酒谏辅政

中国古代君王“一言堂”的政治运作方式，使得作为专制统治制度补充手段的进谏与纳谏应运而生。有些时候，纳谏与拒谏这两种截然不同的反映君臣关系的辅政手段，也是通过酒的介入来得以实现的。

春秋五霸之首的齐桓公喝酒很出名。有一次，齐桓公替大臣们准备了酒，约好中午喝酒，并规定谁迟到就罚酒。管仲最后才到，齐桓公拿起酒杯一饮而尽，管仲只喝了一半就不再喝了。齐桓公说："你迟到了，酒又只喝一半，在礼节上说得过去吗？"管仲答道："我听说，酒喝多了话也就跟着多了，话多就会言语犯错。言语有过错，自己将遭到舍弃；我想与其自己遭到舍弃，就不如舍弃酒。"齐桓公笑着说："仲父说的有理，请就座。"这是一个以酒进谏和纳谏的好例子。

齐国另一位有名的国君景公贪图享乐，一天，在宫中饮酒取乐，一直喝到晚上意犹未尽，便带着随从来到晏子家，要与晏子夜饮一番。晏子忙迎接出门，问景公："国君为何深更半夜来到臣家？"景公说："酒醴之味，金石之声，美妙得很，我想和相国一起享受一番。"按说国君亲自跑来找臣子喝酒，这是臣子莫大的荣耀，是求之不得的事。不料，晏子却不高兴，反而板起面孔，对景公说："陪国君饮酒享乐，国君身边有这样的人，此等事非臣之职分，臣不敢从命。"

在晏子这儿吃了闭门羹，景公又想起了田穰苴，于是又到了田穰苴的家中。田穰苴听说景公深夜到访，忙穿上戎装，持戟迎接出门，急问："有诸侯国发兵了吗？有大臣叛乱了吗？"当得知景公只是来喝酒时他也严词拒绝了。

景公在臣子家门前吃了两次闭门羹后，到梁丘据家，梁丘据曲意逢迎，景公感到很快乐，于是喝了个通宵达旦。后来，景公想封赏梁丘据，晏子说："臣子独占国君，就叫做不忠；儿子独占父亲，就叫做不孝。作为大臣，引导国君礼遇臣下，施惠百姓，取信于诸侯，让天下人都忠于国君、都爱护国君才叫作忠诚。现在，全国的大臣和百姓，就他自己忠于您爱护您了，为什么呢？应该以对国家有利或有害作为赏罚标准才对啊！"景公明白了，于是没有封赏梁丘据。

三国时的孙权非常喜欢喝酒，酒喝多了，往往会耽误大事。不过，他有个特点，能虚心听取别人劝说，改正错误。孙权当了吴王之后，就大摆酒宴，招待群臣。喝醉后要杀大臣虞翻，大司农刘基劝说："大王在饮酒之后，杀掉有才能的人，是非常不妥当的。即使虞翻有罪，天下人又有谁知道呢？正是因为大王能广招人才，容纳贤士，所以天下有才之人望风而至，现在一下子废弃了自己的好名声，这样做值得吗？"孙权说："曹操尚且杀掉孔融，我为何不能杀虞翻呢？"刘基说："曹操轻易害死贤人，天下人都反对他。而大王施行仁义，可以与尧舜这样的贤君相比，怎么可以与曹操相提并论呢？"孙权听了刘基的一番话后，怒气慢慢地消退。虞翻因此而免于死罪。酒席后，孙权对手下人说："从今以后，我酒后说要杀人，你们都不要去杀。"

又有一次，孙权在武昌临钓台饮酒，喝得酩酊大醉，醉后他叫人用水洒席上的大臣，并对大家说："今天饮酒，一定要醉倒在这里不可。"当时，任绥远将军的张昭，板起脸孔，一言不发地离开酒席，走到外面，坐在自己的车内。孙权派人叫他回去，问："今天只不过是共同饮酒取乐罢了，你为什么要发怒？"张昭回答说："过去纣王造了糟丘酒池，作长夜之饮，也是为了快乐，不认为是坏事。"孙权听了，一句话也不说，脸上露出惭愧的神色，于是立即撤了宴席。

但肯于纳谏的君王毕竟有限。南北朝时，北齐文宣帝高洋是个嗜酒的暴君，终日沉湎酒色，嗜杀无度。典御丞李集面谏，将高洋比作桀纣，高洋当即下令将李集缚起来扔在水里，很久后才拉上来，又问李集："我究竟与桀纣是否一样？"李集正色说："恐怕尚不及桀纣！"高洋又将他扔进水里。连扔了三次，问了三次，李集对答如初。高洋大笑说："天下有如此痴人，方知龙逢、比干之流不是什么讨人喜欢的人！"就挥手让李集走了。不久李集又打算进言，高洋看出他的意思，就令左右将李集驱出腰斩了事。

普通人耽于饮酒，生活紊乱，大多一个“风流”而已，但身为一国之君就是不可饶恕的罪行。因为其作为不仅祸国，而且殃民。英国政治家威廉·皮特说：“不受限制的权力，容易腐蚀掌权者的心灵。”在这一点上，酒的作用也不容忽视。

一个时代有一个时代的饮酒传统与习惯，既不能模仿也难以追随。我们应该清楚地知道，醉眼中的世界总是迷蒙的、虚幻的，醉中做出的判断也往往是不准确、不真实的。酒有一个重要的也是微妙的作用，就是强化人的内心情绪与主观意志，模糊并淡化现实生活与外部世界，放松甚至解除人应有的逻辑与理性约束，这样就往往容易把个人推入任感性冲动驱使的深渊，推入丧失理性后的迷狂与愚妄之中。生活中许多本不该发生的悲剧，也就在酒后发生了，这是尤其应该引起人们警觉的。好饮者、善饮者对酒应保持高度的清醒和理性。

第四章 中国茶文化

本章课程导引：

了解中国茶艺的源远流长，熟知以茶喻人的含义，了解历史著名茶人高洁的品质，提高学生个人素养。

第一节　茶史渊源

一、茶的起源

自古以来，中国就被公认为是茶叶的原产地，近年来越来越多的年代久远的野生茶树资源在中国被发现并得以鉴定，也证实了中国是茶树的原产地。在唐代陆羽《茶经》、宋代《太平寰宇记》中均有关于发现野生古茶树的记载，以西南地区的地方志所载最多。

茶树在植物学分类上，属山茶科、茶属。全世界目前山茶科植物共有20多属、近400种；而在中国就占了15属、260多种，大部分分布在云南、贵州、四川。

至于茶叶是如何被中国人发现和饮用的，从字源上，可追溯到远古文化。最原始的茶、槚、茗、荈等字，见于《诗经》《尔雅》《方言》《晏子春秋》《凡将篇》等。而茶的药用功能，则从《神农本草》等古书中便有记载。至唐朝“茶”字的出现，改变了名称不一的局面，“茶”字最早见于苏恭的《唐本草》。中唐以后，除了“茗”字偶尔引用，所有的别名都渐渐被舍弃，而基本统一为茶字。

二、饮茶的发源时间

中国饮茶的起源有不同的说法：有的认为起于上古，有的认为起于周，起于秦汉、三国、南北朝、唐代的说法也都有，造成众说纷纭的主要原因是唐代以前无“茶”字，而只有“茶”字的记载，直到《茶经》的作者陆羽，将“茶”字减一画而写成“茶”，才有茶起源于唐代的说法。其它则尚有起源于神农、起源于秦汉等说法。

1. 神农说

唐朝陆羽《茶经》中记载：“茶之为饮，发乎神农氏。”在中国的文化发展史上，往往是把一切与农业、与植物相关的事物起源最终都归结于神农氏。而中国饮茶起源于神农的说法也因民间传说而衍生出不同的观点。有人认为茶是神农在野外以釜锅煮水时，刚好有几片叶子飘进锅中，煮好的水，其色微黄，喝入口中生津止渴、提神醒脑，以神农过去尝百草的经验，判断它是一种药而发现的，这是有关中国饮茶起源最普遍的说法。另有说法则是从语音上加以附会，说是神农有个水晶肚子，由外观可得见食物在胃肠中蠕动的情形，当他尝茶时，发现茶在肚内到处流动，查来查去，把肠胃洗涤得干干净净，因此神农称这种植物为"查"，再转成"茶"字，而成为茶的起源。

2. 西周说

晋代常璩《华阳国志·巴志》中记载："周武王伐纣，实得巴蜀之师，……茶蜜……皆纳贡之。"这一记载表明在周朝的武王伐纣时，巴国就已经以茶与其它珍贵产品纳贡给周武王了。《华阳国志》中还记载，那时就有了人工栽培的茶园了。

3. 秦汉说

西汉时王褒的《僮约》是现存最早较可靠的茶学资料。此文撰于汉宣帝三年（公元前71年）正月十五日，是在《茶经》之前茶学史上最重要的文献，其中"烹荼尽具""武阳买荼"，经考证该"荼"即今茶。由文中可知，茶已成为当时社会饮食的一环，且为待客以礼的珍稀之物，由此可知茶在当时社会地位中的重要性。

4. 六朝说

中国饮茶起于六朝的说法，有人认为起于"孙皓以茶代酒"，有人认为系"王肃茗饮"而始，日本、印度则流传饮茶系起于"达摩禅定"的说法。

（1）达摩禅定

在佛教传说中，菩提达摩自印度东使中国，誓言以九年时间停止睡眠进行禅定，前三年达摩如愿成功，但后来渐不支终于熟睡，达摩醒来后羞愤交加，遂割下眼皮，掷于地上。不久后掷眼皮处生出小树，枝叶扶疏，生机盎然。此后五年，达摩相当清醒，然还差一年又遭睡魔侵入，达摩采食了身旁的树叶，食后立刻脑清目明，心志清楚，方得以完成九年禅定的誓言，达摩采食的树叶即为后代的茶。此乃饮茶起于六朝达摩的说法。故事中掌握了茶的特性，并说明了茶能提神的效果。

（2）孙皓以茶代酒

根据《三国志·韦曜传》中说，吴国皇帝孙皓率群臣饮酒，规定赴宴的人至少得喝七升，而韦曜酒力不胜，只能喝二升，孙皓因宠信他便常密赐茶荈以代酒。由此可知三国时代，当时上层社会饮茶风气甚盛，同时已有"以茶代酒"的先例了。

（3）王肃茗饮

唐代以前人们饮茶叫做"茗饮"，是用来解渴或用来佐餐的。这记载于北魏人杨衒之所著《洛阳伽蓝记》。书中记载说当时喜欢"茗饮"的，主要是南朝人，北方人日常则多饮用酪浆。当时，南齐朝的一位官员王肃向北魏称降，刚来时，不习惯北方吃羊肉、酪浆的饮食，便常以鲫鱼羹为饭，渴则饮茗汁，一饮便是一斗，北魏首都洛阳的人都称他为"漏卮"，就是永远装不满的容器。但几年后，北魏高祖皇帝设宴，宴席上王肃食羊肉、酪浆甚多，高祖便问王肃："你觉得羊肉比起鲫鱼羹来如何？"王肃回答道："羊肉是陆地上出产的最好食物，鱼在水族食物中占第一，因为各地爱好不同，所以都很珍爱。但从味道来说，羊好比齐鲁大国，鱼好比邾莒这样的附庸小国，而茗饮（茶水）不行，只能给酪浆作奴仆。"这个典故一传开，因此茗汁方有"酪奴"的别名。这段记载说明，茗饮当时是南人时尚，而北人则歧视茗饮。再者当时的饮茶属牛饮，甚至有人饮至一斛二升，这与后来细酌慢品的饮茶大异其趣。

然而秦汉说具有史料证据确凿可考，因而削弱了六朝说的正确性。

三、饮茶的起因

上述可以说明茶在中国很早就被认识和利用，中国也很早就有茶树的种植和茶叶的采制。但是人类最早为什么要饮茶呢？是怎样形成饮茶习惯的呢？主要有以下几种说法。

① 祭品说　这一说法认为茶与一些其它的植物最早是作为祭品用的，后来有人尝食之后发现食而无害，便“由祭品，而菜食，而药用”，最终成为饮料。

② 药物说　这一说法认为茶“最初是作为药用进入人类生活的”。《神农百草经》中写道：“神农尝百草，日遇七十二毒，得茶而解之。”

③ 食物说　“古者民茹草饮水”“民以食为天”，食在先符合人类社会的进化规律。

④ 同步说　最初利用茶的方式，可能是作为口嚼的食料，也可能作为烤煮的食物，作为一味药材同时也逐渐变成为饮料。这几种方式的比较和积累最终就发展成为饮茶的习惯。

但是也可以考证，茶在社会各阶层中广泛普及，大致还是在唐代陆羽的《茶经》传世以后。所以宋代有诗云“自从陆羽生人世，人间相学事春茶”。

四、茶树的发源地

关于茶树的发源地，有以下几种说法。

① 西南说　我国西南部是茶树的原产地和茶叶发源地。这一说法所指的范围很大，所以正确性就较高了。

② 四川说　顾炎武《日知录》：“自秦人取蜀以后，始有茗饮之事。”言下之意，秦人入蜀前，今四川一带已知饮茶。其实四川就在西南，四川说成立，那么西南说就成立了。

③ 云南说　认为云南的西双版纳一带是茶树的发源地，这一带是植物的王国，有原生的茶树种类存在是完全可能的。

④ 川东鄂西说　陆羽《茶经》：“其巴山峡川，有两人合抱者。”巴山峡川即今川东鄂西。该地有如此出众的茶树，但是否就有人将其利用成了茶叶，目前还没有准确的证据。

⑤ 江浙说　最近有人提出茶树的发源地始于以河姆渡文化为代表的古越族文化，而江浙一带目前是我国茶叶行业最为发达的地区，这种说法确实也有一定的历史依据。

其实在远古时期肯定不止一个地方有自然起源的茶树存在。有茶树的地方也不一定就能够发展出饮茶的习俗来。这也是未来茶的自然科学领域中的一个研究课题。

第二节　茶文化的发展

中国是茶的故乡，是茶的原产地。中国人对茶的熟悉，上至帝王将相、文人墨客，下至贩夫走卒、平民百姓，无不以茶为好。人们常说：“开门七件事，柴米油盐酱醋茶。”由此可见茶已深入各阶层。

茶文化从广义上讲，分茶的自然科学和茶的人文科学两方面，是指人类社会历史实践过程中所创造的与茶有关的物质财富和精神财富的总和。从狭义上讲，着重于茶的人文科学，主要指茶的精神和社会的功能。由于茶的自然科学已形成独立的体系，因而，现在常讲的茶文化偏重于人文科学。

一、周朝至西汉——茶事初发

据成书于晋代的《华阳国志·巴志》：约公元前一千年周武王伐纣时，巴蜀一带已用所产的茶叶作为“纳贡”珍品，这是茶作为贡品的最早记述。但当时的茶主要是祭祀用和药用。茶以文化面貌出现，是在两晋南北朝。茶有正式文献记载时可以追溯到汉代。可以肯定的是，大约西汉时期，长江上游的巴蜀地区就有确切的饮茶记载。至三国时，也有更多的饮茶记事。汉人王褒所写《僮约》中关于“烹荼尽具”“武阳买荼”的记载，表明当时汉朝四川一带已有茶叶作为商品出现，是茶叶作为商品进行贸易的最早记载。

很多书籍把茶的发现时间定为公元前2737～前2697年，其历史可上溯到三皇五帝。东汉华佗《食论》中的“苦茶久食，益意思”记录了茶的医学价值。西汉将茶的产地县命名为“茶陵”，即湖南的茶陵。到三国魏《广雅》中已最早记载了饼茶的制法和饮用：“荆巴间采叶作饼，叶老者，饼成以米膏出之。”

二、晋代、南北朝——茶文化的萌芽

随着文人饮茶风气之兴起，有关茶的诗词歌赋日渐问世，对茶作为一般形态的饮食进入文化圈，起着一定的精神、社会引导作用。司马相如曾作《凡将篇》、扬雄作《方言》，一个从药用、一个从文学角度都谈到茶。晋代张载曾写《登成都白菟楼》：“借问杨子宅，想见长卿庐……芳茶冠六清，溢味播九区。”

这时期儒家积极入世的思想开始渗入到茶文化中。两晋南北朝时，一些有眼光的政治家便提出“以茶养廉”，以对抗当时的奢侈之风。魏晋以来，天下骚乱，文人无以匡世，渐兴清谈之风。这些人终日高谈阔论，必有助兴之物，于是多兴饮茶，所以最初的清谈家多酒徒，如竹林七贤。后来清谈之风发展到一般文人，但能豪饮酒终日不醉的文人毕竟是少数。而茶则可长饮且能使人始终保持清醒，于是清谈家们就转向好茶，所以后期出现了许多茶人。

到南北朝时，茶几乎与每一个文化、思想领域都套上了关系。在政治家那里，茶是提倡廉洁、对抗奢侈之风的工具；在辞赋家那里，茶是引发思维以助清醒的手段；在佛家看来，茶是禅定入静的必备之物。这样，茶的文化、社会功用已超出了它的自然使用功能。由西汉到唐代中叶之间，茶饮经由尝试而进入肯定的推广时期。此一时期，茶仍是王公贵族的一种消遣，民间还很少饮用。到东晋以后，茶叶在南方渐渐变成普遍的饮品。文献中对茶的记载在此时期也明显增多。但此时的茶有很明显的地域局限性，北人饮酒，南人喝茶。当时的北方人基本上是不喝茶的。故在当时有上文提到的鄙笑南方人饮茶的代称出现，如“漏卮”“酪奴”“水卮”等。

三、唐朝——茶文化的兴起

随着隋唐的南北统一，南北文化再次出现大融合，生活习性互相影响，北方人和当时谓为“胡人”的西部诸族，也开始兴起饮茶之风。

渐渐地，茶成为一种大众化的饮料并衍生出相关的文化，对社会、经济、文化的影响越来越深。

从中唐以后，由于茶的特有的提神醒脑的效用，其保健功效得到越来越多人的认同，而其品啜之间的意境，更是被喜吟风诵月的文人雅士大力捧扬。此时茶风之盛，甚至于“不可一日无也，一日无则病矣”。茶叶的大量消费，由此大大促进了人工大面积种植和制茶技艺的发展，而茶叶税收遂也成为政府依赖的大宗收入之一，并随着佛教的向东传播，开始传入日本、朝鲜。

唐朝茶文化的形成与当时的经济、文化、发展相关，主要与当时佛教的发展、科举制度、诗风大盛、贡茶的兴起、禁酒有关。中唐以后，饮茶之风如日中天。茶圣陆羽可谓“中国茶艺”的始祖，他将一生对茶的钟爱和所研究的有关知识，撰写为三卷《茶经》，第一次为茶注入了文化精神，提升了饮茶的精神内涵和层次，并使茶文化成为中国传统精神文化的重要一环。《茶经》也是唐代茶文化形成的标志。陆羽概括了茶的自然和人文科学双重内容，探讨了饮茶艺术，把儒、道、佛三教融入饮茶中，首创中国茶道精神。《茶经》非仅述茶，而是把诸家精华及诗人的气质和艺术思想渗透其中，奠定了中国茶文化的理论基础。《茶经》立言不朽，所以宋代有诗云“自从陆羽生人世，人间相学事新茶”。上至王公贵族，中有文人僧道，下至平民百姓，无不竞学茶事，为茶叶开创了千古文明，同时也为茶叶经济开创了万世繁荣。以后又出现了大量茶书、茶诗，如《茶述》《煎茶水记》《采茶记》《十六汤品》等。李白、卢仝、白居易、释皎然等均有大量吟茶名篇存世，其中尤以卢仝的《走笔谢孟谏议寄新茶》为千古名篇。

唐代茶文化的形成与禅教的兴起有关，因茶有提神益思、生津止渴功能，故寺庙崇尚饮茶，在寺院周围常种植茶树，制定茶礼、设茶堂、选茶头，专呈茶事活动。在唐代形成的中国茶道分宫廷茶道、寺院茶礼、文人茶道。

四、宋代——茶文化的兴盛

及至宋代，文风愈盛，有关茶的知识和文化随之得到了深入的发展和拓宽。此时的饮茶文化大盛于世，饮茶风习深入到社会的各个阶层，渗透到人们日常生活的各个角落，已成为普通人家不可一日或缺的开门七件事之一。以竞赛来提升茶叶技艺的斗茶开始出现，茶器制作精良，种茶知识和制茶技艺长足进步，茶书茶诗创作丰富。宋代时中国儒家文化得到大力发扬，文人们文化素养极高且各种生活科学知识也相对丰富。像苏轼、苏辙、欧阳修、王安石、朱熹、蔡襄、黄庭坚、梅尧臣等文学大家都与茶有深厚的文化因缘并留下了大量茶诗茶词。其中以范仲淹的《和章岷从事斗茶歌》最为脍炙人口，被人们认为可与唐代卢仝的《走笔谢孟谏议寄新茶》诗媲美。

宋代茶业的发展，推动了茶叶文化的发展，甚至在文人中出现了专业品茶社团，如官员组成的“汤社”、佛教徒的“千人社”等。宋太祖赵匡胤是位嗜茶之士，在宫廷中设立茶事机关，宫廷用茶已分等级。茶仪已成礼制，赐茶已成皇帝笼络大臣、眷怀亲族的重要手段，还赐给国外使节。至于下层社会，茶文化更是生机勃发，有人迁徙，邻里要“献茶”；有客来，要敬“元宝茶”；订婚时要“下茶”；结婚时要“定茶”；同房时要“合茶”。民间斗茶风起，带来了采制烹点的一系列变化。唐朝是以僧人、道士、文人为主的茶文化，而宋朝则进一步向上向下拓展。一方面是宫廷茶文化的出现，另一方面是市民茶文化和民间斗茶之风的兴起。宋代改唐人直接煮茶法为点茶法并讲究色香味的统一。到南宋初年，又出现了泡茶法，为饮茶的普及、简易化开辟了道路。宋代饮茶技艺是相当精致的，但很难融进思想感情。由于宋代著名茶人大多数是著名文人，加快了茶与相关文化艺术融为一体的过程。著名诗人有茶诗，书法家有茶帖，画家有茶画。这使茶文化的内涵得以拓展，成为与文学、艺术等纯精神文化直接关联的部分。宋代市民茶文化主要是把饮茶作为增进友谊及社会交际的手段，这时，茶已成为民间礼节之一。

宋朝人拓宽了茶文化的社会层面和文化形式，茶事十分兴旺，但茶艺走向过度的繁复、琐碎、奢侈，失去了唐朝茶文化的思想精神。

五、元、明、清——茶的经济之盛和向世界传播

宋以后至元、明两代，茶文化和茶经济得到继续发展，贡茶更是发展到极盛之势。

元朝君主虽为“胡人”，但早在成吉思汗时，由于其与道家全真派丘处机的私密关系，饮茶已在皇族内盛行。王公贵族中如耶律楚材更是茶之知音人，也有茶诗存世。而随着蒙古族势力的向西亚挺进，茶叶也随之开始向西藏地区及土耳其、伊朗等国有了少量的传播。但此时由于蒙汉文化的差异，贡茶制度十分严格，民间茶文化受到严重打压，与宋代茶事兴盛的状况相反，元代茶事迅速滑到了谷底。

元朝时，北方民族虽嗜茶，但对宋人烦琐的茶艺不耐烦。文人也无心以茶事表现自己的风流倜傥，而更多地希望在茶中表现自己的清节，磨炼自己的意志。在茶文化中这两种思潮却暗暗契合，即茶艺简约，返璞归真。由元到明朝中期的茶文化形式相近，一是茶艺简约化，二是茶文化精神与自然契合。至明朝，与宋代茶艺崇尚奢华、烦琐的形式相反，明人继承了元朝贵族简约的茶风，去掉了很多的奢华形式，而刻意追求茶原有的特质香气和滋味。此时已出现蒸青、炒青、烘青等各种茶类，茶的饮用已改成“撮泡法”。明代不少文人雅士留有传世之作，如唐伯虎的《烹茶画卷》《品茶图》，文徵明的《惠山茶会图》《陆羽烹茶图》《品茶图》等。茶类的增多，泡茶的技艺有别，茶具的款式、质地、花纹也呈现出千姿百态。

随着永乐盛世的出现，茶叶贸易进入全盛时期。明太祖洪武六年（1373 年），设茶司马，专门司茶贸易事。明太祖朱元璋于洪武二十四年（1391 年）9 月发布诏令，废团茶，兴叶茶。从此贡茶由团饼茶改为芽茶（散叶茶），对炒青叶茶的发展起了积极作用。明成祖时郑和的七下西洋，除了瓷器、丝绸之外，茶叶对世界的大量贸易开始发端。

明清时期，茶已成为中国人“一日不可无”的普及饮品和文化。清朝之后直至现代，饮茶之风逐渐影响欧洲一些国家，并渐渐成为民间的日常饮料。此后，英国人成了世界上最大的茶客。而我国在茶叶产业技术进步和经济贸易上也有了长足的发展。到清朝茶叶出口已成一种正式行业，茶书、茶事、茶诗也不计其数。

明清期间，西欧各国的商人先后东来，从南洋等地转运中国茶叶，并在其本国上层社会推广饮茶。史籍有载，明神宗万历三十五年（1607 年），荷兰海船自爪哇来我国澳门贩茶转运欧洲，这是我国茶叶直接销往欧洲的最早纪录。之后，茶叶成为荷兰人最时髦的饮料。由于荷兰人的宣传与影响，饮茶之风迅速波及英、法等国。1916 年，中国茶叶运销丹麦。1618 年，清皇朝派钦差大臣入俄，并向俄皇馈赠茶叶。

清朝茶叶贸易由盛到衰。清朝早期的贸易，在继承明朝的基础上得到大力发展，远至西欧各国。清朝后期，吏治腐败，国力日渐衰弱，惟利是图的欧洲茶叶商人为解决巨大的资金周转压力，开始向我国输入大量鸦片换取暴利，清末茶叶贸易虽仍活跃，但经济上与民族文化均大受损害，开始衰落。

六、现代茶文化的发展

新中国成立后，我国茶叶从 1949 年的年产 7500 吨发展到 1998 年的 60 余万吨。茶物质

财富的大量增加为我国茶文化的发展提供了坚实的基础，1982 年，在杭州成立了第一个以弘扬茶文化为宗旨的社会团体——“茶人之家”，1983 年湖北成立“陆羽茶文化研究会”，1990 年“中国茶人联谊会”在北京成立，1993 年“中国国际茶文化研究会”在湖洲成立，1991 年中国茶叶博物馆在杭州西湖乡正式开放，1998 年中国国际和平茶文化交流馆建成。随着茶文化的兴起，各地茶艺馆越办越多。日、韩、美、斯及港台地区纷纷参加国际茶文化研讨会。各省各市及主产茶县纷纷主办“茶叶节”，如福建武夷市的岩茶节、云南的普洱茶节，浙江新昌、泰顺，湖北英山，河南信阳的茶叶节等不胜枚举，都是以茶为载体，促进了全面的经济贸易发展。

在工业文明和经济高度发达的现代社会，随着人们对高品质生活的追求，茶的保健效用得到重视和大力推广，茶仍将继续风靡全世界。

第三节　中国茶叶的种类

一、茶叶的种类及命名

中国茶叶的种类繁多，命名方法也不少，主要有以下几种。

以茶叶产地的山川名胜为主题而命名，如“西湖龙井”“黄山毛峰”“庐山云雾”“井冈翠绿”“苍山雪绿”等。

以茶叶的形状而命名，如“碧螺春”“瓜片”“雀舌”“银针”“松针”等。

1. 按茶叶的加工方式分

以茶叶的加工方式而分为基本茶类和再加工茶类。

（1）基本茶类

基本茶类包括绿茶、红茶、乌龙茶、白茶、黄茶、黑茶等。关于基本茶类有这样一首歌谣：中国茶，六大类。绿白黄，青红黑。论加工，绿茶类，不发酵。其它类，各不一。黄白茶，发酵轻。青茶类，半发酵。红茶类，全发酵。黑茶类，后发酵。我中华，名茶多。六茶类，均占齐！

绿茶是我国产量最多的一类茶叶。绿茶是鲜茶叶经高温杀青，然后经揉捻、干燥后制成，特点是汤清叶绿。根据杀青、干燥方法不同，又有炒青绿茶、烘青绿茶、蒸青绿茶和晒青绿茶之分。中国绿茶名茶有西湖龙井、太湖碧螺春、黄山毛峰、六安瓜片、君山银针、信阳毛尖、太平猴魁、庐山云雾、四川蒙顶、顾渚紫笋茶。著名绿茶还有安化松针、洞庭碧螺、都匀毛尖、峨眉竹叶青、仙人掌茶、休宁松萝、涌溪火青、云峰与蟠毫等。

红茶是鲜茶叶经萎凋、揉捻，然后进行发酵，叶子变红后干燥而成，因其叶片及汤呈红色，故名。中国著名的红茶有川红工夫、滇红工夫、宁红工夫、祁门工夫、小种红茶等。

乌龙茶属半发酵茶，是介于不发酵的绿茶和全发酵的红茶之间的一类茶叶，外形色泽青褐，故也称为“青茶”。特征是叶片中心为绿色，边缘为红色，俗称绿叶红镶边。乌龙茶制造工艺的前半部分类似红茶，鲜叶经过晒青萎凋，并经反复数次摇青，叶子进行部分发酵红变，然后采用类似绿茶制法，经高温锅炒、揉捻、干燥制成。乌龙茶冲泡后，叶片上有红有绿，汤色黄红，有天然花香，滋味浓醇。主要产于福建、广东、台湾等地。一般以产地的茶树命名，如铁观音、大红袍、乌龙、水仙等。它有红茶的醇厚，有绿茶的清爽，而无一般绿茶的涩味，其香气浓烈持久，饮后留香，并具提神、消食、止痢、解暑、醒酒等功效。清初就远销欧美及南洋诸国，当下最受日本游客的欢迎。著名乌龙茶有安溪色种、闽北水仙、白毛猴、武夷岩茶、武夷四大名丛等。

白茶是一种不经发酵亦不经揉捻的茶。具有天然香味，属轻微发酵茶，基本工艺过程是萎凋、晒干或烘干，特点是汤色清淡，味鲜醇。茶分大白、水仙白、山白等类，故名白茶。其中以银针白毫，最为名贵，特点是遍披白色茸毛，并带银色光泽，汤色略黄而滋味甜醇。主要产地在福建福鼎市和政和县。

黄茶是鲜茶叶杀青后，揉捻前或揉捻后、干燥前或干燥后堆积闷黄而成，特点是汤黄叶黄。著名黄茶有北港毛尖、广东大叶青、鹿苑毛尖、蒙顶黄芽、温州黄汤等。

黑茶原料一般较粗老，制作过程中往往堆积发酵时间较长，因此叶色油黑或黑褐。著名黑茶有湖南黑茶、老青茶、六堡散茶、普洱茶等。

(2) 再加工茶类

再加工茶类包括花茶、紧压茶、萃取茶、果味茶、药用保健茶和含茶饮料等。

花茶是成品绿茶之一，将香花放在茶坯中窨制而成。常用的香花有茉莉花、珠兰花、玫瑰花、金银花等，以福建、江苏、浙江、安徽、四川为主要产地。苏州茉莉花茶，是花茶中的名品。福建茉莉花茶，属浓香型茶，茶汤醇厚，鲜味持久。

紧压茶是以各种散茶为原料，经过再加工成一定形状的茶叶。紧压茶有饼茶、方包茶、砖茶、固形茶、黑砖茶、花砖茶、竹筒香茶等。砖茶是用绿茶、花茶、老青茶等原料茶经蒸制后放入砖形模具压制而成，主要产于云南、四川、湖南、湖北等地。砖茶又称边销茶，主要销售边疆、牧区等地。

萃取茶以各种成品茶为原料，用热水萃取茶叶中的水可溶物，过滤弃去茶渣获得的茶汤，经浓缩、干燥制成固态“速溶茶”，或不经干燥制成“浓缩茶”，或直接将茶汤装入瓶、罐制成液态的“罐装饮料茶”。

果味茶是茶叶半成品或成品加入果汁后，经干燥制成。药用保健茶是茶叶与某些中草药或食品拼合调配制成。

目前市场上还有一些以茶命名的非茶类茶，如银杏茶、柿叶茶、苦丁茶 。

2. 按照生长季节分类

春茶：当年 3 月下旬到 5 月中旬之前，茶芽肥硕，色泽翠绿，叶质柔软，且含有丰富的维生素和氨基酸。

夏茶：5 月初至 7 月初，茶汤滋味、香气多不如春茶强烈，是由于带苦涩味的花青素、咖啡因、茶多酚含量多。

秋茶：8 月中旬以后。叶底发脆，叶色发黄，滋味和香气显得比较平和。

冬茶：10 月下旬开始采制。因新梢芽生长缓慢，内含物质逐渐增加，所以滋味醇厚，香气浓烈。

3. 按其生长环境分类

平地茶：茶芽叶较小，叶底坚薄，叶张平展，叶色黄绿欠光润。加工后的茶叶条索较细瘦，骨身轻，香气低，滋味淡。

高山茶：芽叶肥硕，颜色绿，茸毛多。加工后的茶叶，条索紧结，肥硕。白毫显露，香气浓郁且耐冲泡。

据不完全统计，全国名优茶多达千种，其中获得省级以上名茶称号的有四百多种。名优绿茶品种最多，产量占名优茶总产量的80%以上，其次是青茶和白茶，再次为黄茶，黑茶最少。

名茶主要形状有扁形、针形、片形、卷曲形、牙形、尖形、圆形、兰花形、条形等九大类，共同特点是茶树品种优良，原料细嫩，采摘精细，加工精湛，形质优异，风格独特。

一般而言，不同季节讲究饮用不同的茶。

春饮花茶：花茶甘凉而兼芳香辛散之气，有利于散发积聚在人体内的冬季寒邪、促进体内阳气生发，令人神清气爽，可消弱“春困”。

高档花茶的泡饮，应选用透明玻璃杯（盖），取花茶约3克，放入杯里，用初沸开水稍凉至90℃左右冲泡，随即盖上杯盖，以防香气散失。两三分钟后，即可品饮，顿觉芬芳扑鼻，令人心旷神怡。

夏饮绿茶：因绿茶属未发酵茶，性寒，“寒可清热”，最能去火，生津止渴，消食化痰，对口腔溃疡和轻度胃溃疡有加速愈合的作用，而且它营养成分较高，还具有降血脂、防血管硬化等药用价值。这种茶冲泡后水色清冽，香气清幽，滋味鲜爽，夏日常饮，清热解暑，强身益体。

冲泡绿茶，直取90℃左右开水冲泡。高级绿茶和细嫩的名茶，其芽叶细嫩，香气也多为低沸点的清香型，用80℃左右开水冲泡即可，冲泡时不必盖上杯盖，以免产生热闷气，影响茶汤的鲜爽度。

秋饮青茶：秋天，天高云淡，金风萧瑟，花木凋落，气候干燥，令人口干舌燥，嘴唇干裂，中医称之“秋燥”，这时宜饮用青茶。青茶，又称乌龙茶，属半发酵茶，介于绿、红茶之间。

乌龙茶习惯浓饮，注重品味闻香，冲泡乌龙茶需100℃沸水，泡后片刻将茶壶里的茶水倒入茶杯里，品时香气浓郁，齿颊留香。

冬饮红茶：冬天，天寒地冻，万物蛰伏，寒邪袭人，中医认为，时届寒冬，万物生机闭藏，人的机体生理活动处于抑制状态。养生之道，贵乎御寒保暖，因而冬天喝茶以红茶为上品。红茶甘温，可养人体阳气；红茶含有丰富的蛋白质，生热暖腹，增强人体的抗寒能力，还可助消化、去油腻。

冲泡红茶，宜用刚煮沸的水冲泡，并盖上杯盖，以免释放香味。

二、中国名茶

中国茶叶历史悠久，各种各样的茶类品种，万紫千红，竞相争艳，中国名茶就是浩如烟海的诸多花色品种茶叶中的珍品。同时，中国名茶在国际上享有很高的声誉。

名茶，有传统名茶和历史名茶之分。尽管现在人们对名茶的概念众说纷纭，但综合各方面情况，名茶必须具有以下几个方面的基本特点。

其一，名茶之所以有名，关键在于有独特的风格，主要表现在茶叶的色、香、味、形四个方面。杭州的西湖龙井茶以“色绿、香郁、味醇、形美”四绝著称于世。也有一些名茶往往以其一两个特色而闻名。如岳阳的君山银针，芽头肥实，茸毫披露，色泽鲜亮，冲泡时芽尖直挺竖立，雀舌含珠，数起数落，堪为奇观。

其二，名茶要有商品的属性。名茶作为一种商品必须在流通领域中显示出来。因而名茶要有一定产量，质量要求高，在流通领域享有很高的声誉。

其三，名茶需被社会承认。名茶不是哪个人封的，而是通过人们多年的品评，得到社会认可的。历史名茶，或载入史册，或得到发掘，就是现代恢复生产的历史名茶或现代创制的名茶，也需得到社会的认可。

其四，名茶都具有浓厚的文化背景，一般都与名人相联系，并附会于美好的传说，体现了中国传统的浓郁的文化特色。

由于我国名茶种类繁多，在此仅对不同茶种的有代表性的少量名茶作一概述。

1. 西湖龙井

西湖龙井居中国名茶之冠，产于浙江省杭州市西湖周围的群山之中。西湖群山产茶已有上千年的历史，在唐代时就享有盛名，但形成扁形的龙井茶，还是近百年的事。相传，乾隆皇帝巡视杭州时，曾在龙井茶区做诗一首，诗名为《观采茶作歌》。

乾隆皇帝将杭州龙井狮峰山下胡公庙前那十八棵茶树封为御茶，每年采摘新茶，专门进贡太后。至今，杭州龙井村胡公庙前还保存着这十八棵御茶树，到杭州的旅游者中有不少还专程去察访一番，拍照留念。

西湖龙井茶以“狮（峰）、龙（井）、云（栖）、虎（跑）、梅（家坞）”排列品第，后来根据生产的发展和品质风格的实际差异性，调整分为“狮峰龙井”“梅坞龙井”“西湖龙井”三个品类，其中以“狮峰龙井”品质最佳。龙井茶外形挺直削尖、扁平俊秀、光滑匀齐、色泽绿中显黄。冲泡后，香气清高持久，香馥若兰；汤色杏绿，清澈明亮，叶底嫩绿，匀齐成朵，芽芽直立，栩栩如生。

龙井茶区分布在西湖湖畔的秀山峻岭之上。这里傍湖依山，气候温和，常年云雾缭绕，雨量充沛，加上土壤结构疏松、土质肥沃，茶树根深叶茂，常年莹绿。从垂柳吐芽，至层林尽染，茶芽不断萌发，清明前所采茶芽，称为明前茶。炒一斤明前茶需七八万个芽头，属龙井茶之极品。龙井茶的外形和内质是和其加工手法密切相关的。

龙井茶、虎跑泉素称“杭州双绝”。用虎跑泉泡龙井茶，色香味绝佳，到现今的杭州虎跑茶室，就可品尝到这“双绝”佳饮。

2. 洞庭碧螺春

洞庭碧螺春茶产于江苏省太湖洞庭山。相传，洞庭东山的碧螺春峰，石壁上长出几株野茶。当地的老百姓每年茶季持筐采摘，以作自饮。有一年，茶树长得特别茂盛，人们争相采摘，竹筐装不下，只好放在怀中，茶受到人们怀中热气熏蒸，奇异香气忽发，采茶人惊呼：“吓煞人香!”此茶由此得名。有一次，清朝康熙皇帝游览太湖，巡抚宋荦［luò］进“吓煞人香”茶，康熙品尝后觉香味俱佳，但觉名称不雅，遂题名“碧螺春”。

太湖辽阔，烟波浩渺。洞庭山位于太湖之滨，气候温和，冬暖夏凉，空气清新，云雾弥漫，是茶树生长得天独厚的环境，加之采摘精细，做工考究，形成了别具特色的品质特点。碧螺春茶条索纤细，卷曲成螺，满披茸毛，色泽碧绿。冲泡后，味鲜生津，清香芬芳，汤绿水澈，叶细匀嫩。尤其是高级碧螺春，可以先冲水后放茶，茶叶依然徐徐下沉，展叶放香，这是茶叶芽头壮实的表现，也是其它茶所不能比拟的。因此，民间有这样的说法：碧螺春是“铜丝条，螺旋形，浑身毛，一嫩（指芽叶）三鲜（指色、香、味）自古少”。

3. 黄山毛峰

黄山毛峰茶产于安徽省太平县以南、歙县以北的黄山。黄山是我国景色奇绝的自然风景区。那里常年云雾弥漫，云多时能笼罩全山区，山峰露出云上，像是若干岛屿，故称云海。黄山毛峰茶园就分布在云谷寺、松谷庵、吊桥庵、慈光阁以及海拔1200米的半山寺周围，这里气候温和，雨量充沛，土壤肥沃，土层深厚，空气湿度大，日照时间短。在这特殊条件下，茶树天天沉浸在云蒸霞蔚之中，因此茶芽格外肥壮，柔软细嫩，叶片肥厚，经久耐泡，香气馥郁，滋味醇甜，成为茶中的上品。

黄山茶叶在300年前就相当著名了。黄山茶的采制相当精细，从清明到立夏为采摘期，采回来的芽头和鲜叶还要进行选剔，剔去其中较老的叶、茎，使芽匀齐一致。在制作方面，要根据芽叶质量，控制杀青温度，不致产生红梗、红叶和杀青不匀不透的现象；火温要先高后低，逐渐下降，叶片着温均匀，理化变化一致。每当制茶季节，临近茶厂就可闻到阵阵清香。黄山毛峰的品质特征是外形细扁稍卷曲，状如雀舌披银毫，汤色清澈带杏黄，香气持久似白兰。

4. 安溪铁观音

安溪是福建省东南部靠近厦门的一个县，是闽南乌龙茶的主产区，种茶历史悠久，唐代已有茶叶出产。安溪境内雨量充沛，气候温和，适宜于茶树的生长，茶树品种繁多，俯拾皆是，冠绝全国。而且经历代茶人的辛勤劳动，选育繁殖了一系列茶树良种，目前境内保存的良种有60多个，铁观音、黄旦、本山、毛蟹、大叶乌龙、梅占等都属于全国知名良种，因此安溪有“茶树良种宝库”之称。在众多的茶树良种中，品质最优秀、知名度最高的要数“铁观音”了。

安溪铁观音原产于安溪县西坪镇，历史悠久，素有茶王之称。据载，安溪铁观音茶起源于清雍正年间。铁观音是乌龙茶的极品，其品质特征是：砂绿带白霜，整体形状似蜻蜓头、螺旋体、青蛙腿。冲泡后汤色多黄、浓艳似琥珀，有天然馥郁的兰花香，滋味醇厚甘鲜，回甘悠久，俗称有“音韵”。茶香浓而持久，可谓“七泡有余香”。

安溪铁观音茶，一年可采四期茶，分春茶、夏茶、暑茶、秋茶。制茶品质以春茶为最佳。

品质优异的安溪铁观音茶条索肥壮紧结，质重如铁，汤色金黄，叶底肥厚柔软，艳亮均匀，叶缘红点，青心红镶边。历次参加国内外博览会都独占魁首，多次获奖，享有盛誉。

5. 君山银针

君山茶，始于唐代，清代纳入贡茶，是我国著名黄茶之一。君山，为湖南岳阳县洞庭湖中岛屿。岛上土壤肥沃，多为沙质土壤，年平均气温16～17℃，年降雨量为1340毫米左右，相对湿度较大。岛上树木丛生，自然环境适宜茶树生长，山地遍布茶园。

清代，君山茶分为“尖茶”和“茸茶”两种。“尖茶”如茶剑，白毛茸然，纳为贡茶，素称“贡尖”。君山银针茶香气清高，味醇甘爽，汤黄，芽壮多毫，条索匀齐，着淡黄色茸毫。冲泡后，芽竖悬汤中冲升水面，徐徐下沉，再升再沉，三起三落，蔚成趣观。

6. 大红袍

大红袍是福建省武夷岩茶（乌龙茶）中的名丛珍品，产于福建崇安东南部的武夷山。武夷山栽种的茶树，品种繁多，有大红袍、铁罗汉、白鸡冠、水金龟“四大名丛”。此外还有以茶生长环境命名的不见天、金锁匙；以茶树形状命名的醉海棠、醉洞宾、钓金龟、凤尾草等；以茶树叶形命名的瓜子金、金钱、竹丝、金柳条、倒叶柳等。

据武夷山老茶人们说，九龙窠崖壁上的那几棵茶树，以前叫“奇丹”，是一种灌木型中叶种茶树，紫红芽叶，属武夷山本地野生种。现在市面上出售的大红袍均为这几棵茶树无性繁殖的后代。武夷山市政府决定，自2006年起，停采留养九龙窠大红袍母树。

大红袍外形条索紧结，色泽绿褐鲜润，冲泡后汤色橙黄明亮，叶片红绿相间，典型的叶片有绿叶红镶边之美感。品质最突出之处是香气馥郁有兰花香，香高而持久，“岩韵”明显。大红袍很耐冲泡，冲泡七、八次仍有香味。品饮“大红袍”茶，必须按“功夫茶”小壶小杯细品慢饮的程式，才能真正品尝到岩茶之巅的韵味。

7. 白毫银针

福建省东北部的政和县盛产一种名茶，外形单芽肥硕，满披白毫，茸毛莹亮，疏松或伏贴，色泽银白或银灰。冲泡时，“满盏浮茶乳”，银针挺立，上下交错，非常美观；汤色黄亮清澈，滋味清香甜爽。白毫银针的形、色、质、趣是名茶中绝无仅有的，实为茶中珍品，品尝泡饮，别有风味。白毫银针味温性凉，有健胃提神之效、祛湿退热之功，常作为药用。

8. 白牡丹

白牡丹为福建特产，1922年政和县开始制造白牡丹远销越南，现主销港澳及东南亚地区，有退热祛暑之功，为夏日佳饮。

白牡丹属白茶类，它以绿叶夹银色白毫，芽形似花朵，冲泡之后绿叶托着嫩芽，宛若蓓蕾初开，故名白牡丹。

制造白牡丹的原料主要为政和县大白茶和福鼎市大白茶良种茶树芽叶。制成的毛茶分别称为政和大白（茶）、福鼎大白（茶）和水仙白（茶）。用于制造白牡丹的原料要求白毫显露，芽叶肥嫩。传统采摘标准是春茶第一轮嫩梢采下一芽二叶，芽与二叶的长度基本相等，并要求“三白”，即芽及二叶满披白色茸毛。夏秋茶茶芽较瘦，不采制白牡丹。白牡丹的制造不经炒揉，只有萎凋及焙干两道工序，但工艺不易掌握。白牡丹两叶抱一芽，叶态自然，色泽深灰绿或暗青苔色，叶面肥嫩，呈波纹隆起，叶背遍布洁白茸毛，叶缘向叶背微卷，芽叶连枝。汤色杏黄或橙黄，叶底浅灰，叶脉微红，汤味鲜醇。

9. 苏州茉莉花茶

苏州茉莉花茶是我国茉莉花茶中的佳品，约于清代雍正年间开始发展，距今已有250年的产销历史。据史料记载，苏州在宋代时已栽种茉莉花，并以它作为制茶的原料。1860年时，苏州茉莉花茶已盛销于东北、华北一带。

苏州茉莉花茶以所用茶胚、配花量、窨次、产花季节的不同而有浓淡，其香气依花期有别，头花所窨者香气较淡，“优花”窨者香气最浓。苏州茉莉花茶主要茶胚为烘青，也有杀茶、尖茶、大方，特高者还有以龙井、碧螺春、毛峰窨制的高级花茶。与同类花茶相比属清香类型，香气清芬鲜灵，茶味醇和含香，汤色黄绿澄明。

从解放初期始，苏州茉莉花茶开始出口，外销东南亚、欧洲、非洲、中国香港等二十多个国家和地区。

根据茶叶独特的吸附、解吸性能和茉莉花的吐香特性，经过一系列工艺流程加工窨制而成的茉莉花茶，既保持了绿茶浓郁爽口的天然茶味，又饱含茉莉花的鲜灵芳香，具备二者功效，形成茶香和花香有机融合在一起的独特品质。中医学认为，茉莉花性味辛甘温，具有理气、开郁、辟秽、和中之功效。可辅助治疗下痢腹痛、疮毒等症。

茉莉花茶在加工过程中其内质发生一定的变化，能减弱喝茶时的涩感，其滋味鲜浓醇厚、更易上口，这也是北方人喜爱喝茉莉花茶的原因之一。

10. 冻顶乌龙茶

冻顶乌龙茶，产于台湾地区南投县凤凰山支脉冻顶山一带。主要种植区鹿谷乡，平均海拔500～900米，年均气温22℃，年降水量2200毫米左右，空气湿度较大，终年云雾笼罩。茶园为棕色高黏性土壤，杂有风化细软石，排、储水条件良好。

从茶园所处的自然环境来看，即使冬季也并无严寒相侵、雪冻冰封，那么为何名冻顶呢？据说是因冻顶山迷雾多雨，山路崎岖难行，上山的人都要绷紧脚趾，台湾俗称“冻脚尖”，才能上得去，这即是冻顶山名之由来，茶亦因山而名。

冻顶乌龙茶茶叶呈半球状，色泽墨绿，边缘隐隐金黄色，有天然的清香气。冲泡时茶叶自然冲顶壶盖，汤色呈橙黄，味醇厚甘润。冲泡后，茶汤金黄，偏琥珀色，带熟果香或浓花香，喉韵回甘十足，带明显焙火韵味。冲泡后茶叶展开，外观有青蛙皮般灰白点，叶间卷曲呈虾球状，叶片中间淡绿色，叶底边缘镶红边，称为“绿叶红镶边”或“青蒂、绿腹、红镶边”。饮后杯底不留残渣。其茶品质，以春茶最好，香高味浓且色艳；秋茶次之；夏茶品质较差。

三、中国茶具

古代茶具亦称茶器或茗器，泛指制茶、贮茶、饮茶等活动中使用的相关工具。饮茶必言器，茶具也是茶文化的重要组成部分。中国既是茶的发源地，也是茶具的发源地。

古代茶具最早出现在西汉王褒所撰《僮约》中“烹荼（茶）尽具”。中国茶具萌芽于两晋南北朝时期，兴起于唐宋，在明清时期发展迅速，直到当代茶具的繁荣，其各时期的发展过程都与茶文化发展有着紧密的联系。尤其在唐代，由于饮茶的兴盛，茶具的制作技术也较为成熟，多以陶瓷茶器为主，还出现了金银茶器。瓷器茶具主要有碗、盏和瓶。茶圣陆羽的《茶经》中就记载了二十多种饮茶器具。宋代饮茶多用茶盏，以瓷器为主。因“斗茶”之风在宋代极为流行，而瓷器茶具中尤以黑釉盏最具代表性且为“斗茶”所需，其黑色更易显出茶汤色泽纯白，便于鉴别茶叶优劣。明清时期开始出现紫砂茶器，茶壶开始流行，尤其是用紫砂壶泡茶。紫砂壶独特的造型及壶身多样的纹饰，使得饮茶与艺术文化相结合。清代更是将一些常见诗词、书法、绘画、篆刻等装饰壶身，赋予茶具更为深刻的艺术韵味。

现代茶具一般是指茶壶和茶杯等饮茶器具。我国茶具种类繁多，一般按材质及工艺可分为陶土茶具、瓷器茶具、漆器茶具、玻璃茶具、金属茶具和竹木茶具等。

陶土茶具首推紫砂茶具，以宜兴紫砂茶器最为著名。紫砂茶具主要采用当地独特的陶泥焙烧而成，其胎质细腻，能汲附茶汁，蕴蓄茶味。

瓷器茶具可分为白瓷茶具、青瓷茶具和黑瓷茶具等，特别是景德镇瓷器驰名中外，是我国瓷器茶具的主要生产地，其瓷质优良，装饰多样，用其泡茶能获得较好的色香味。

漆器茶具是以天然漆树液汁掺入所需色料而炼制成的饮茶器具，较有名的有北京雕漆茶具、福州脱胎茶具等。这种茶具制作精细，色泽光亮，能耐酸碱等特点，使得其既能泡茶也兼具艺术品收藏价值。

玻璃茶具以其质地透明，外形可塑性大，形态各异而深受大众欢迎。使用玻璃杯泡茶后，便于观察茶汤色泽及茶叶的冲泡过程。但玻璃茶具一般存在易碎且烫手的缺点。

金属茶具古代多以金、银、铜、锡等金属材料制作。用锡做成的罐形贮茶器具有密封性好、防潮和防异味等优势。

竹木茶具多使用竹木制成碗或罐，用来泡茶或装茶，既经济实用，又具有艺术性。

此外，随着现代生活方式的变革，出现了一些兼具实用和便捷化的智能型茶具，比如电动煮茶器等新产品，适应现代饮茶的时代需求。

第四节　茶与文人

古往今来，不少文人与茶结下了不解之缘，或借茶抒怀，或以茶会友，茶与文人的结合在中国源远流长的茶文化图卷上涂抹了鲜亮的一笔。“从来名士爱评水，自古山僧喜斗茶”，这是扬州八怪之一的郑板桥，为扬州青莲斋写的一副对联，十分精确地道出了文人与僧人评水斗茶的殊好。

中国文人历来奉行“达则兼济天下，穷则独善其身”，由于现实与理想的矛盾，个人抱负与社会认可的不一致，故而从“学而优则仕”的参政之路，转向“退而求其次”的归隐生活。“茶禅一味”，茶的清心、淡泊恰恰符合文人的这种心态，文人对茶的追求，远远超越了茶的本身，成为追求一种纯净深远、空灵的意境，于是“茶禅一味”也就成了古代多数文人墨客在归隐时无可奈何的选择，同时也几乎成为古时文人们做人的最高境界。

文人常将自己置于自然界的山水之中，品茶做诗，十分讲究泡饮技艺。明人《徐文长秘籍》中描绘了一幅幅美妙的品茗图景：“茶宜精舍、云林、竹灶，幽人雅士，寒宵兀坐，松月下、花鸟间、青石旁，绿藓苍苔，素手汲泉，红妆扫雪，船头吹火，竹里飘烟。”这种品茗环境给人带来的悠闲安逸，不是用普通语言可以形容的，正是千百年来文人墨客孜孜以求的陶渊明式“悠然见南山”的佳境。

一、茶与文人轶事

中国历朝历代的文人雅士向来对茶有着丝丝不断的浓情，为后人留下了许多逸闻雅事。

唐朝诗人白居易在被贬为江州司马时，在庐山香炉峰下的茅屋里住过，每日里种茶、采茶，闲时吟诗作赋，悠然自乐。在《香炉峰下新置草堂，即事咏怀，题于石上》中写道：“平生无所好，见此心依然。如获终老地，忽乎不知还。架岩结茅宇，斫壑开茶园。”

宋朝文豪陆游是位著名的茶客，他出生于茶乡，喜尝品茶，写下茶诗300多首，堪称历代诗人咏茶之冠。他嗜茶成癖，以致带病冒寒，深夜亲自汲泉煮茗：“四邻悄无语，灯火正凄冷。山童亦熟睡，汲水自煎茗。”

明人冯可宾，山东益都人，曾为湖州司理。清入关后，隐居不仕。因嗜茶，著有《岕茶笺》。

清代曹雪芹是位谙熟名茶的作家，名著《红楼梦》蕴含着丰富的品茗文化。

近代孙中山先生对茶评价很高。他在《建国方略》中指出：“中国常人所饮者为清茶，所食者为淡饭，而加以菜蔬豆腐，此等之食料，为今日卫生家们所考得为最有益于养生者也。”

这样的文人雅士每个朝代还有很多，在此就不一一列举。

二、茶引文人思

“酒壮英雄胆，茶引文人思。”此句客观展现了文人与茶结下的不解之缘。这是因为文人要思考问题，要写文章，品茶有助于思维，茶能使文人产生一种神清气爽、心平气和的心境。如元代著名的贤相耶律楚材是一位饱学之士。他在《西域从王君玉乞茶因其韵七首（其一）》中写道："积年不啜建溪茶，心窍黄尘塞五车。碧玉瓯中思雪浪，黄金碾畔忆雷芽。"长期不饮茶，就感到心窍阻塞，文思久困，格外渴求佳茗。而饮茶后可以"两腋清风生坐榻，幽欢远胜泛流霞"。再如，唐代曹邺《故人寄茶》："碧澄霞脚碎，香泛乳花轻。六腑睡神去，数朝诗思清。"宋代余靖《和伯恭自造新茶》："一枪试焙春尤早，三盏搜肠句更加。多谢彩笺贻雅贶，想资诗笔思无涯。"都生动描述了茶助文人的诗兴笔思，为文人创作提供了良好的环境条件，同时也有助于诗人墨客渐入佳境。总之，茶可使文人脱俗，升华到一个文学的境界、美的境界。

三、茶与文人修身

茶多生于名山大川，承雨露之芳泽，蕴天地之精气，与文人脱逸超然的情趣相符合，与他们淡泊、清灵的心态相一致，故文人雅士多钟情于茶。尤其当他们在社会中受到挫折与磨难、产生隐退情绪后，茶更是他们获得精神解脱的好伴侣。古代文人雅士虽然选择"隐"的方式不同，有的离别尘世，投身山林，选择"小隐"；有的选择白居易、苏轼倡导的既世俗化又超脱化的"中隐"。但是，他们事茶的精神取向却惊人地相似。如历代文人雅士都格外热衷于竹中煎茶品茶，实质上他们是将茶与竹作为人格的象征。如唐代姚合的《品茗诗》有"竹里延清友（茶之别称），迎风坐夕阳"之句，宋代王令《谢张和仲惠宝云茶》有"果肯同尝竹林下"之句，元代张宪有"茶烟隔竹消"之句，明代陆容有"石上清香竹里茶"之句，清代郑板桥有"竹间烟起唤茶来"之句。可见，茶与竹在文人雅士的面前，仿佛幻化成了他们的人格精神，并使文人雅士对此有强烈的依恋性。在这个世界中，文人们完全可以以一种洒脱豁达、无拘无束的自由心态投身其中，它是文人们排遣心中世俗的郁闷、人伦阻碍的有效良方，更成了他们人格精神的所在与象征。

四、茶与文人养生

自古至今，茶就被当作养生佳品。早在汉代，中国文人就将茶当作修身养性的仙药。华陀《食论》："苦茶久食，益意思。"又有"苦茶，久食羽化"之说。南北朝陶弘景《杂录》中说："苦茶换身轻骨，昔丹血子，黄山君服之。"随着饮茶的普及，以茶养生越来越受到人们的重视。唐代以后，文人士大夫们以茶养生主要是通过两个方式来实现的：以茶为食的饮食调养和以茶为媒介的精神修养，可谓养身与养心并重。文人之所以大力提倡茶饮茶膳，是因为他们在长期的实践生活中发现茶有不少的药理作用，如安神、坚齿、醒酒、清热、减肥、祛风、明目、治头痛、疗疮等。如苏轼在《仇池笔记》中有《论茶》一则，介绍茶可除烦去腻，用茶漱口，能使牙齿坚密。唐宋以来，随着北宛、武夷等名茶声誉鹊起，文人士大夫及闲野骚人墨客往往借茶事而择野泉松竹之风景清雅之地，从茗饮生活中体味"天人合一"的境界，修养心性以达养生。

五、茶与文人会友

文人相聚，饮茶清谈，这是最司空见惯、人尽皆知的风习。唐代，茶已成为最受欢迎的待客、敬客、留客的高雅之物。唐代颜真卿《月夜啜茶联句》云："泛花邀坐客，代饮引情言。"描写了文人相聚时以茶助清谈的生活。南宋杜耒《寒夜》诗云："寒夜客来茶当酒，竹炉汤沸火初红。"展现了文人待客时点起茶炉，在红色的火焰旁大家围坐在一起，在寒夜中饱啜醇香热茶的情景，这种儒雅的风习至今仍令人神往。还有在北宋苏轼《记梦二首》中描写了中国古代文人聚会喝茶，不像皇帝大臣那样专门等人伺候，他们许多人自己动手，用自己天性中特有的对美的精微追求和把生活艺术化的情趣，使整个煮茶过程充满生机和美感。此外，茶宴是中唐以后出现的一种文人社交聚合的活动，又称茶会、茗社、汤社。据说茶宴本出自佛院，后流传到民间，文人雅士们纷纷仿效。据后人称赞，古代文人的茶宴在精神品位上是十分高雅的，因为他们对茶的认识十分精神化，陆羽把茶称为“南方嘉木”。明代画家文徵明给后人留下了一幅《惠山茶会图》，可以让人具体地体味古代文人以茶会友的浪漫境况，它代表了文人茶宴在意境上的追求。

六、茶与禅

在漫长的发展史中，茶经历了由野生采集到人工栽培的漫长岁月。佛教与茶早在晋代就已结缘，寺院植茶使得僧人成为最早人工栽培茶树的人群之一。相传晋代名僧慧能曾在江西庐山东林寺以自植的佳茗，款待挚友陶渊明，“话茶吟诗，叙事谈经，通宵达旦”。佛教与茶结缘，对推动饮茶风尚的普及，并使得茶的活动成为一种文化，达到超凡脱俗的高雅境界，作出了不可磨灭的贡献。

佛教禅寺多在高山丛林，云里雾里，得天独厚，极宜茶树生长。农禅并重为佛教优良传统。禅僧务农，大都植树造林，种地栽茶。制茶饮茶，相沿成习。许多名茶，最初皆出于禅僧之手。如佛茶、铁观音，即禅僧所命名。其于茶之种植、采摘、焙制、煎泡、品酌之法，多有创造。中国佛教不仅开创了自身特有的禅文化，而且成熟了中国本有的茶文化，且使茶禅融为一体，而成为中国的茶禅文化。茶不仅为助修之资、养生之术，而且成为悟禅之机，显道表法之具。盖水为天下至清之物，茶为水中至清之味，其“本色滋味”，与禅家之淡泊自然、远离执著之“平常心境”相契相符。一啜一饮，甘露润心，心心相印。茶禅文化之潜移默化，其增益于世道人心者多矣。

寺院崇尚饮茶、种茶的同时，将佛家清规、饮茶读经与佛学哲理、人生观念融为一体，“茶佛不分家”“茶禅一体”“茶禅一味”由此产生。茶与佛有相通之处，均在主体感受，饮茶需心平气静，讲究井然有序地啜饮，以求环境与心境的宁静、清净、安逸。依山建寺，依寺种茶，早成古风。僧人戒五欲，既无“洞房花烛夜”之欣喜，也无“金榜题名时”之春风得意，讲禅读经、饮茶品茗，便成了淡泊名利的僧人的基本功课和主要嗜好。

僧侣敬神、坐禅、念经、会友终日离不开茶。禅茶道体现了井然、朴素、养性、修身、敛性的气氛，也糅合了儒家和道家的思想感情。禅宗茶道在宋代发展到鼎盛时期，并移植到日本、朝鲜等国，现在已向西方世界传播，对促进各国文化交流作出了努力。中唐以后，文人的禅悦崇尚与僧人的诗悦崇尚，在共同生活习尚——品茗中寻到了交接点，诗客、僧家以茶为轴心，构成了三位一体，元稹所作的《茶》（一字至七字诗）中即有“慕诗客，爱僧家”的精当概括。文人饮茶风尚的养成是从寺院开始的，饮茶活动与文学创作形成直接关系也是从寺院开始的，寺院这种特定的环境背景，使文人的诗歌创作染上了茶气和僧气。“茶禅一味”，佛家与茶结缘，不仅对丰富茶文化内涵、提高茶叶生产技术起到了巨大的影响作用，而且从佛教仪式和日常生活中形成了饮茶程序，是中国茶文化史的源头活水。

已故佛教协会会长赵朴初诗句：“七碗受至味，一壶得真趣。空持千百谒，不如吃茶去。”赵朴初先生又说：“我自称茶人，实际上要达到‘吃茶去’的意境还需修炼多年，或许这就是我终身追求的目标，惭愧。”

第五章 文学作品中的饮食文化

本章课程导引：

总结著名历史人物在饮食文化传承过程中体现出的高尚品格，通过一日三餐思考如何做一个合格的中国人。

中国自古倡导“民以食为天”，饮食作为我们生活中不可或缺的重要部分已渗透到物质、精神的各种领域，与文学、艺术等相互影响，进一步丰富了我国灿烂辉煌的饮食文化。我国文学作品中涉及的饮食文化的方方面面可以说不胜枚举，在此，我们以《红楼梦》与当代武侠文学大师金庸的小说为代表略作分析介绍。

第一节 《红楼梦》中的饮食文化

《红楼梦》的作者曹雪芹不仅是一位杰出的文学家，而且精通养生和中医药学，是名副其实的养生家、美食家，因此《红楼梦》不仅塑造了众多栩栩如生的艺术形象，描绘了品种繁多的佳肴美食，而且还暗藏了不少养生保健方法。根据专家的统计，《红楼梦》一百二十回里提及的食品多达一百八十几种，名目繁多。在汤、菜、粥、面之余，尚有丰富的茶文化、酒文化记载，真实地反映了18世纪中叶中国官宦人家的饮食风俗。

一、饮食养生

《红楼梦》中的贾府，饮食档次、营养档次自然不是一般百姓家所能比拟的。在第一回作者的自述中，提及当年的生活水平，就曾使用了“锦衣纨绔”“饫［yù］甘餍肥”这类的词，后来也曾多次使用“膏粱锦绣”“锦衣玉食”的形容词，足见贾府在“吃”上面是很讲究的。在《红楼梦》里，各种各样的聚会与家宴，名目繁多。在宴席上，有着很多讲究的菜肴与食品。诸如牛乳蒸羊羔、鸡髓笋、酸笋鸡皮汤、野鸡崽子汤、松瓤鹅油卷等，其中有些食品，闻所未闻，或已失传。因此，曹雪芹在文字中给我们提供了那个时期珍贵的饮食资料。

《红楼梦》中，还有一份乌庄头向贾珍递交的账单，其中有“鲟鳇鱼二百个”，这是当时非常珍贵的大鱼，属于“贡品”之列，其价甚昂，厨子视为珍品，也是一般老百姓吃不到的。谈到燕窝，过去都是从吕宋岛、爪哇岛一带进口的，自然价值连城。而《红楼梦》中写贾府吃燕窝也是连篇累牍。第10回写秦可卿损亏吃燕窝。第45回林黛玉由于体弱多咳，薛宝钗劝她多滋补调理，说："每日早起，拿上等燕窝一两，冰糖五钱，用银铫子熬出粥来，若吃惯了，比药还强，最是滋阴补气的。"每天吃这么一碗燕窝粥，其花费自然也很惊人的了。第87回宝玉因哀悼晴雯，未吃晚饭，一夜未眠，袭人要厨房做燕窝汤给宝玉吃，清人裕瑞就此批评《红楼梦》"写食品处处不离燕窝，未免俗气"。也有人认为是不切实际的夸张。实际上是这些人不了解实情，此中消息，在当时非皇亲国戚、宫中宠幸是不得而知的。据清宫老档记载，乾隆几次下江南，每日清晨，御膳之前，必空腹吃冰糖燕窝粥。一直到光绪朝御膳，每天都少不了燕窝菜。以光绪十年十月七日慈禧早膳为例，一桌三十多样菜点中，用燕窝的就有七样。一般学者未看故宫老档，是很难作出正确答案的。曹雪芹自小生活在富比王侯的人家，了解当年的宫廷御馔，才一而再、再而三写此贵重珍物，真实地反映了贾府"白玉为堂金作马"的豪华排场，有力地渲染了"珍珠如土金如铁"的奢侈生活，把贾府烜赫一时的气势，艺术地表现出来，实为一般作家望尘莫及。

贾府的饮食考究体现在即使是很普通的材料，制作起来也是非常精致的。比如常见的山药，可以当菜吃，也可作点心吃。而贾老夫人爱食的枣泥馅的山药糕则是将山药削皮以后，加入猪油、白糖蒸透，然后捣烂，中间则放入豆沙或枣泥馅。最为读者熟知的，是书中第四十一回中，凤姐儿曾对"茄鲞"的制作和吃法详加介绍："才下来的茄子把皮签了，只要净肉，切成碎丁子，用鸡油炸了，再用鸡脯子肉并香菌、新笋、蘑菇、五香腐干、各色干果子，俱切成丁子，用鸡汤煨干，将香油一收，外加糟油一拌，盛在瓷罐子里封严，要吃时拿出来，用炒的鸡爪一拌就是。"一道茄子，竟有如此繁杂的加工，难怪刘姥姥听了，摇头吐舌说："我的佛祖！倒得十来只鸡来配他。"大观园饮食之精致讲究，于此可见一斑。

贾府在饮食方面，一向穷奢极欲，几位小姐聚在一起，吃顿螃蟹，也要花费上百两银子。当时京城的饮食风俗，满人风味的饮食不少。这反映在第四十九回"脂粉香娃割腥啖膻"，描述史湘云等人吃"烤鹿肉"的情形。清代的北京，有条件的上流阶层讲究吃鹿肉，但一般都是风干的。难得的是，能吃到新鲜的鹿肉。所以，史湘云听说后，就说："有新鲜鹿肉，不如咱们要一块，自己拿了园里弄着，又吃又玩。"于是，她们就吃起了"烤鹿肉"。鹿是吃草的，瘦肉多，烤熟以后，焦香鲜嫩，自然要比牛羊肉之类高级多了。

明代以来，北京作为京师，各衙门的大小官吏，已形成一个以江南人较多的阶层。这个阶层讲究吃穿，讲究宅第园林，讲究书画文玩，讲究品茗弈棋。追求江南风尚成为北京最富贵且风雅时髦的事。所以《红楼梦》里关于江南风味饮食的展示更是大量的。第八回写宝玉在薛姨妈处喝完了酒，"作了酸笋鸡皮汤，宝玉痛喝了几碗……"。这酸笋鸡皮汤是标准的江南名馔，不熟悉江南生活、精通江南食经的人，绝写不出这样的名汤。再如第六十二回所写芳官吃的虾丸鸡皮汤、酒酿清蒸鸭子、胭脂鹅脯，更是标准江南名家菜。胭脂鹅脯是最著名的南京名产。第十六回写凤姐让赵嬷嬷菜道："因问平儿道：'早起我说那一碗火腿炖肘子很烂，正好给妈妈吃……'又道：'妈妈，你尝一尝你儿子带来的惠泉酒'。""惠泉酒"是江南名酒，这火腿炖肘子也是地道的南方菜，江南习惯叫"火腿炖蹄髈"。又如"泡饭"是江南人家的主食之一，并不像北方有些地方所谓饭蒸多了，下一顿用开水泡泡下肚，而是上顿多蒸，以备下顿煮食。第六十二回写芳官不喜欢吃"油腻腻的""香稻粳米饭"，而"只将汤泡饭吃了一碗"。

据考证，食粥在我国已有数千年的历史，是我国人民一种独特的饮食方法。《红楼梦》中就有碧粳粥、红稻米粥、江米粥、腊八粥、枣儿熬的粳米粥、鸭子粥、燕窝粥等。《金瓶梅》中有榛松栗子果仁梅子桂圆白糖粥、软稻粳粥、粟米粥等。由此可见，粥在人们饮食中是很普遍的。

除此之外，《红楼梦》中还列举了许多食疗方。在第十一回中，秦氏病重，老太太赐以枣泥馅山药糕，从中医角度来看，此糕性味平和，健脾益气，补而不腻，易于消化，最适合久病体虚者服用，类似食疗方。《红楼梦》中还列举了酒酿清蒸鸭子、奶油松瓤卷酥、藕粉桂花糖糕、建莲（在清代，建莲是贡品之一，又叫“通心莲”，已去皮去心）红枣汤、鸭子肉粥、红枣粳米粥等。

二、饮酒

饮酒，助兴养生两相宜。酒是古代人民在劳动生产中发明的一种饮料，作为一种重要溶剂，不仅在化学工业中有用，且在中医中也属常用药物。在中医经典《伤寒论》和《金匮要略》中，有很多方剂都是加入黄酒、烧酒等，因此，酒是一味重要的中药。在贾府这个大家族里，三日一小宴，五日一大宴，酒当然是少不了的。除了在宴会上的各种酒之外，富贵人家的养生依然离不开酒的参与。少量饮酒，既可刺激胃肠蠕动有助消化，又可疏通血脉，祛风祛寒，有利于兴奋神经，消除疲劳。

《红楼梦》对中国特色的酒文化可谓表现得淋漓尽致，不但注重描写饮酒的具体场面，而且注重描写饮酒本身特有的文化内涵。《红楼梦》描写的故事发生背景是中国的封建大家族。而这个家族的日常生活就是钟鸣鼎食，饮酒就是他们日常生活的一部分。因此，中国特色的酒文化成为《红楼梦》中描写生活环境最有生气的部分之一。

作为全书总领的第五回“游幻境指迷十二钗，饮仙醪曲演红楼梦”，写宝玉酒后去秦可卿房内休息，梦见自己随警幻仙子游历太虚幻境，交代书中人物命运。仙姑为他准备了“琼浆满泛玻璃盏，玉液浓斟琥珀杯”，那酒却是以“百花之蕊，万木之汁，加以麟髓之醅、凤乳之曲酿成”，名叫“万艳同杯”，不是“仙醪”是为何物？凭此一例足见《红楼梦》对酒的重视。下面从四个方面对小说中酒文化的描写作一介绍。

1. 酒宴酒仪构成小说情节场面以推动作品故事的发展

第五回作为全书的统领，对十二钗的命运作了交代，为以后情节的发展奠定了基础。书中有关酒宴场景的描写直接构成了作品情节的例子比比皆是。第廿八回写冯紫英宴请宝玉、薛蟠等人，可谓《红楼梦》中酒文化的集中表现。在这次宴饮中出现了酒令、酒面、酒头、令官、门杯、唱酒曲、席上生风等酒席特有名词，生动地刻画了时人酒席上的各种风俗。宝玉在饮了满杯之后，令由他出，要说出“悲，愁，喜，乐”四字，并要与女儿结合。通过这一情节把宝玉那种见到女儿就清爽的个性着一浓彩；把薛蟠不学无术的泼皮无赖相也刻画得淋漓尽致，同时他的“女儿喜，洞房花烛朝慵起”也说明他有一点文化，不失时机地炫耀一下。至于冯紫英、蒋玉函、云儿的酒曲、酒令都与他们的身份地位相符，且通俗易懂，各具滋味。

这是大观园外的酒宴场面，而大观园内的酒宴更是热闹非凡。

第六十二回“憨湘云醉眠芍药裀，呆香菱情解石榴裙”所写酒宴不分主仆，觥筹交错，构成了一幅醉酒合欢图。其中的“射覆”和“拇战”酒令至今仍在使用。这一段中写得最妙的要数史湘云了。她虽是个大小姐，却没一点大小姐的架子。为了玩得痛快，她要行合自己心意的拇战令，直到自己喝醉，偷偷地躺在一块僻静处的石凳上，头枕芍药瓣，身上落满花瓣。虽已醉眠可她口中仍念念有词，不忘酒令："泉香而酒洌，玉碗盛来琥珀光，直饮到梅梢月上，醉扶归，却为宜会亲友。"最后丫环只好拿浓茶为之解酒。第五十三回写元宵家宴，更是衬托了贾府大户人家的气派非凡，无与伦比。

第六十三回"寿怡红群芳开夜宴"，宴饮行花名签酒令，是用酒令来预示人物的结局，它和十二钗册判词、《红楼梦曲》以及人物谜语、诗词补充辉映。白天的女性酒令文化已经使读者感受到了作者笔下许多栩栩如生的人物的性格，作者余兴未尽地为读者安排了一个更加精彩的女性酒令文化的场面，使酒文化的气氛更加浓郁。如果说白天的酒宴是正式寿宴的话，那么晚上的酒宴就是便宴了。便宴与正式寿宴最大的不同，就在于参加者可以不拘泥于礼节，无论什么人都可以尽兴随意。怡红院夜宴，除宝玉外的群芳有黛玉、宝钗、探春、李纨、湘云、宝琴、香菱，还有怡红院里的那些丫头：袭人、晴雯、麝月、春燕、四儿、芳官、翠墨等人。夜宴的酒令是"占花名"。正如袭人说的："占花名"这个酒令，斯文些的才好，别大呼小叫。花名和人物的结局安排是十分吻合的：宝钗占了牡丹花，她被比喻为"艳冠群芳"，而其中的一句唐诗"任是无情也动人"又特别耐人寻味；探春占的是杏花，被喻为"瑶池仙品"，诗句为"日边红杏倚云栽"；李纨是"霜晓寒姿"的老梅，诗句为"竹篱茅舍自甘心"，也确实符合这个年轻寡妇不与人争的性格特征；湘云占的是海棠，上题着"香梦沉酣"，诗句为"只恐夜深花睡去"；黛玉占了芙蓉花，题签为"风露清愁"，诗句为"莫怨东风当自嗟"，暗喻着黛玉命运不济。作者正是充分利用了中国特色的酒文化，才能写出如此脍炙人口的艺术作品来。在另一场酒宴中蒋玉函酒令的酒底是"花气袭人知昼暖"，而这正好暗合了宝玉房中袭人的名讳。于是作者又引出了宝玉和蒋玉函互赠纪念品的重要情节。而这一重要情节的安排，对于全书结构的展开是非常关键的，因为将来袭人就是嫁给了蒋玉函。作者也正是十分巧妙地利用了具有中国特色的酒文化，取得了前后呼应的艺术效果。

2. 以酒为媒介刻画人物形象

《红楼梦》写出场和没出场的人物近千人，其借酒为媒介刻画人物之传神、人物性格之迥异充分显示了其精当和成趣。

小说开篇第一回，贾雨村欲进京求取功名，因生活困顿，暂寄宿葫芦庙内，以卖字作文为生。中秋之夜，独在异乡，思绪万千，巧遇慷慨之士甄士隐。被甄士隐邀去小酌。主客对月、飞觥［gōng］限斝［jiǎ］，至月正中，酒兴犹酣，"雨村此时已有七八分酒意，狂兴不禁，乃对月寓怀，口占一绝云：'时逢三五便团圆，满地把清护玉栏。天上一轮才捧出，人间万姓仰头看'。"贾雨村借酒抒情，表达自己的志向，升腾心切，写得颇为恰当。甄士隐重义气送与他冬衣和银两让他择期启程。贾雨村得此相助，连招呼也没打，当夜即赴京。后来甄士隐之女英莲被卖，贾雨村作为处理这件官司的当事人，却忘恩负义，把英莲判与薛蟠。由此一事为贾雨村"因嫌纱帽小，致使锁枷扛"的命运埋下了伏笔。

作为封建末世女强人的王熙凤，在贾府的上上下下，如鱼得水，游刃有余，这全得力于她的心计。第五十四回"史太君破陈腐旧套，王熙凤效戏彩斑衣"，写元宵佳节，宝玉与祖母、母亲及众姐妹共宴饮，他为她们斟酒。当轮到黛玉时，她偏不饮，拿起杯来，送与宝玉唇边，宝玉只好一气干尽。当宝玉再替她斟上一杯，熙凤笑着提醒宝玉"不过白嘱咐你"。机警的熙凤早已把宝黛之间的感情看在眼里记在心上，她同时又发现家族中的最高权威贾母对宝黛之间关系持否定态度。酒席间，她看到宝黛之间做得有点太过分，当着众人的面提醒宝玉，表明自己的立场，可宝玉却蒙在鼓里，岂不是白嘱咐他一场。通过这一点，可见王熙凤多么工于心计而又含而不露。

第四十回中鸳鸯吃了一盅酒，笑着说："酒令大如军令，不论尊卑，唯我是主。违了我的话，是要受罚的。""射覆"是自古就有的酒令，类似于猜谜游戏，因此是很难的。如果没有一定的文化修养，那就很难行好这个酒令，更不能做到雅俗共赏了。作者毕竟是文学大家，在射覆酒令的制作上，始终能做到与行令者的身份相符合。通过呼三喝四的酒令，读者已经感受到了满厅红飞翠舞、玉动珠摇的热闹景象。在这种热闹场面中通过不同身份的人的酒令，展现了各种不同的人物性格。

3.《红楼梦》有关酒文化的描写是揭示社会矛盾的重要手段之一

《红楼梦》以贾府为中心揭露了封建社会后期的种种黑暗和罪恶，及其不可克服的内在矛盾，对腐朽的封建统治阶级和行将崩溃的封建制度作了有力的批判，使读者预感到它的走向覆灭。对当时社会矛盾的揭露也是借用了对酒的种种生动描写。

第七回写宝玉与秦钟在宁府相会，一见如故，吃完饭，天已黑，尤氏派人送秦钟回家，可管家偏偏却派了焦大，而焦大正喝得酩酊大醉，立即疯骂起来。他倚老卖老，虽是贾太爷的救命恩人，但毕竟属于被压迫者，在贾家没有什么地位。最后被人用强暴的手段把他捆起来，在他的嘴里塞满了土和马粪才罢休。虽然焦大骂主子是忠于主子，但毕竟有一种反叛精神，显示了阶级对立的激化。

第一百零八回"强欢笑蘅芜庆生辰，死缠绵潇湘闻鬼哭"写贾府被抄后，作者借宝钗生日聚宴安排了一次席间行骰子酒令的情节。骰子令共四则，第四则的骰子令为"秋鱼入菱窠，白萍吟尽楚江秋"，暗含贾府的衰败。而且这次生日宴席人们都没有热情，湘云觉得没趣，宝玉半路溜走，连王熙凤也说"雏是雏，倒飞了好些了"这样不吉利的话。与上文提到的酒宴形成鲜明对照，这样的日薄西山，更显示贾府衰败的景象。

4.《红楼梦》酒文化的描写多侧面地展示了当时的社会风貌

《红楼梦》中除了前面所叙述的各种酒宴，以及当时各种社会风貌外，还有酒肆、酒器及其它酒文化的描绘，为人们展示了多彩的生活画面。第二回中贾雨村给黛玉作"西宾"(旧时，宾位在西，所以称为西宾。常用于对家塾教师或幕友的敬称)，因黛玉母病死后悲伤不已，又加上身体衰弱不能上学，他只好出来闲逛。在一个村肆酒店里遇到了古董商冷子兴。两人推杯换盏一问一答，谈得十分投机，把贾家的世系情况作了较完整的交代。《红楼梦》中涉及的酒类很多。如第九十七回写即将给宝玉娶亲过礼，书中写道："外面也没有羊酒，这是折羊酒的银子"。"羊酒"即羊和酒，古人馈赠和庆贺要备羊和酒，以示吉祥。小说中羊酒是指婚嫁喜事中的聘礼，如果没有可折成银子支付。可见酒在婚礼中地位的重要。

第五十回中还提到了西洋葡萄酒，这种酒是清初从欧洲传入中国的舶来品。除此之外书中还提到了合欢酒、绍兴酒、屠苏酒、金谷酒和惠泉酒，这些都是酒类中的精品。也是《红楼梦》中几种与养生关联较大的酒，合欢酒就是合欢花浸的烧酒。《红楼梦》第三十八回中，就介绍了以酒养生的实例。因螃蟹性寒，黛玉食后觉得心口微痛，宝玉便令将那"合欢花浸的烧酒"烫一壶来给黛玉喝。这是黛玉重要的养生酒。中医认为，合欢花性平、味甘，能够舒郁理气、安神活络、安五脏、和心志，治郁结胸闷、失眠健忘之症，令人欢乐忘忧，久服轻身明目。烧酒味辛性热，走而不守，可以行气理气，所以它不仅能驱除寒气，而且对于黛玉的多愁善感、夜间失眠也有独特的功效。

在大观园里有除夕献屠苏酒的习俗，而且此酒还是宝玉、黛玉、宝钗等人的养生之酒。此酒是药酒，用赤木桂、防风、蜀椒、桔梗、大黄、赤小豆等浸泡而成，具有祛风寒、清湿热的作用。黄酒是中医中重要的煎煮用品，在《伤寒论》和《金匮要略》中被多次使用，也是宝玉特别喜爱的养生酒，因为这种酒的酒性平和，不伤人、有营养，系优质糯米酿造，因而深得大观园里上上下下的欢迎。不仅如此，黄酒也是江浙人所喜爱的一种酒，乌篷船里人手一瓶的景象随处可见。

最令人叹为观止的是《红楼梦》中的精美酒器，精彩至极。其中有玻璃盒（第三回），这是一种从西洋进口的大玻璃皿，是一种大海杯。汝窑美人觚（第三回），这是一种名贵古董，可以用以盛酒，同时兼及装饰。此外，成窑五彩小盖钟、官窑脱胎填白盖碗、什锦珐琅杯、乌银梅花自斟壶、海棠冻石蕉叶杯、乌银洋錾［zàn］自斟壶、点犀盉［qiáo］等都是酒器中的精品。而竹根杯、黄杨根刓的套杯、蟠虬整雕竹根的大盒［hǎi］，寻常材料经过加工就不同寻常。行酒令用的骨签和牙签都是苏州虎丘的特产。这些酒器，琳琅满目，让人眼花缭乱，折射出贾家日常生活的奢华。《红楼梦》中还描述了解酒用的醒酒石。第六十二回写史湘云酒后不醒，给她喝了浓茶之后，又将醒酒石放入她的口中醒酒。醒酒石，据史书载是云南大理出产的点苍石，也就是老百姓俗称的大理石。它呈块状结晶，呈白色或黄白色，略透明。其性寒，能清热降火，除烦止渴，所以用来醒酒。

综上所述，《红楼梦》涉及酒文化的方方面面，不仅与作品情节结构、人物形象塑造融为一体，还能更深刻地剖析当时的社会矛盾，为我们了解当时社会风貌提供了各种形象的材料。

三、节食养生

中国民间有俗语曰："适时饥饿保平安"。这是一种养生的方法，同时也是一种治疗的方法。在中医的经典中经常出现的"损谷"是一种饥饿疗法。饥饿养生是在外感（常见的是感冒、中暑）或者是食滞（常见的是消化不良）之后，让不堪重负的脾胃有个休息的时间。从中医角度来讲，饥饿养生是对脾胃的修复，是欲擒故纵。从西医角度讲，饥饿养生是让胃肠道中的物体排空，有利于黏膜的修复。当然，作为一种养生方法的这种饿与作为治疗原则的禁食不同，不是净饿，而是不要吃得太饱。

在《红楼梦》第五十三回，晴雯感冒后几近痊愈，因补孔雀裘复感，病势渐重，便用了贾府中的风俗秘疗——饥饿疗法，又慎服药调治，便渐渐好起来了。像晴雯这样病后不吃得太饱或者只吃清淡的东西，以防由于饮食问题导致复发，也是中医节食养生的一种方法。

中国大教育家孔子，相传活了73岁，就与他坚持节食养生有关。唐代名医孙思邈，活了一百多岁（具体年龄学界有争议），也得益于节食养生。曹雪芹深谙中医养生之道，在《红楼梦》中多次出现的节食养生也与历史上先贤们的做法如出一辙。

四、茶文化

茶，醒脾提神保健康，是中国最主要的饮料，同时也是一味重要的中药，在中医的很多方剂里都有细茶一味，最著名的就是治疗风寒感冒的川芎茶调散和五虎茶。曹雪芹在《红楼梦》中，从日常生活、文学艺术、阶级矛盾和宗教等多方面展开了对封建末世的清朝社会生活的描写，展示了民族文化的兴衰，并通过茶文化的描写与渗透，深化了小说的主题思想，体现出了中华茶文化的艺术魅力。从明末以来，芽茶以特有的自然风味，引起人们的广泛兴趣；到了清代，芽茶的饮用，已蔚成风气，《红楼梦》一书，就是很好的历史见证。

《红楼梦》中茶文化最精彩之处当属对妙玉择茶、烹茶、奉茶细致深入的描写，这一切都表明了妙玉性格的孤僻和出身的高贵，作者借茶来隐喻这其中的一切，也说明了作者无论是对乡俚民俗的饮茶，还是对王公贵族的品茶都通晓异常，理解深刻。

《红楼梦》中提到品茗的场景很多。名门大户中不仅喝茶的规矩多，比如第一盅是漱口，第二盅才是品茶等，而且茶的种类也多。其中最重要的当推贾母最喜欢的老君眉，据有关专家分析推论，此茶就是中国十大名茶之一的君山银针，因其冲泡之后，茶叶像针一般立在杯中，所以一般的茶道是要求使用紫砂壶，只有这君山银针要用玻璃杯子，因为可以看见一根根的茶叶从上而下，慢慢地降落，再徐徐升起，三升三降，蔚然成趣。因其外形像眉，故又称老君眉。在封建社会，尊卑有别，阶级划分强烈。小说也借茶之名来表明地位之高低。如贾母是一家之母，她喜欢喝贡品名茶“老君眉”；宝玉是一位浪荡公子，多情爱幻想，喝“神仙茶”才适合；黛玉作为一个多愁善感的江南女子，须喝“龙井茶”才能展现出她的天生丽质、高雅不俗的气质。而一般的用人也只能喝普通的劣等茶了。书中写到“贾母便吃了半盏，笑着递与刘姥姥，说：‘你尝尝这个茶。’刘姥姥便一口吃尽，笑道：‘好是好，就是淡些，再熬浓些更好了。’贾母、众人都笑起来。”（第四十一回）这很好地反映了两个不同阶级喝茶的风俗习惯。由贾母对茶叶的挑剔，到刘姥姥接茶后一饮而尽且又嫌茶味清淡的描写，把两个人物的社会地位和身份刻画得入情入理。在小说的第三十八回中，贾母一行人到藕香榭饮茶，就详细描写了当时栏杆外放着竹案，上面摆着茶笼茶具，各具盏碟，还有专事扇炉煮茶水的丫头。而同样是喝茶，《红楼梦》关于贾宝玉去晴雯家问病的一段描绘，在色香味各方面，写得面面俱到，读来令人心酸，那就是很好的对照了。在小说第八回中，当宝玉得知留给他的枫露茶被李奶奶喝去的时候，不仅摔了茶杯泼了茜雪一裙子，还要赶走李奶奶。而平日里最讲平等、宽容的宝玉竟为了一盏茶水而发如此之火，而且李奶奶还曾是他的奶妈。主要原因便是李奶奶乱了规矩，“下人”是不能越级享受的。可见在等级森严的封建社会，无论个人性情如何，社会观念还需严格遵循。

在贾府里，献茶待客，因人而异，如第四十一回之“体已茶”，就是一个显著的例子。而且，连服侍茶水的丫头，也要分三六九等，第二十四回写秋纹兜脸啐了一口，骂小红道：“没脸的下流东西！……你也拿镜子照照，配递茶递水不配？”不仅如此，在《红楼梦》里，作者还揭露了通过“茶敬”而进行贿赂的勾当，《红楼梦》以入木三分的笔触，把这些丑恶的脸嘴，惟妙惟肖地暴露在读者面前。我们从大观园这块小天地里，从吃茶这件小事情上，具体地看到了清代封建社会的缩影。

《红楼梦》里不但讲究喝茶的品种，而且非常讲究茶具。书中对茶具的渲染，可谓达到了登峰造极的地步，大有非名器不饮之嫌。在王夫人居坐宴息的正室里，茗碗瓶茶俱全；在贾母的花厅上，摆设着洋漆茶盘，里面放着小茶杯；就连宝玉等人平时猜谜的奖品，也是一种雅致的茶筅；宝钗、黛玉平时用的是犀角横断面中心有白点的“点犀茶盘”，精巧雅致，无不是名贵珍玩。

“名茶还须好水泡”，这是陆羽《茶经》之名句。在《红楼梦》里，更讲究用雪水烹茶，并认为是一大雅趣。宝玉《冬夜即事》诗中曰：“却喜侍儿知试茗，扫将新雪及时烹。”妙玉招待黛玉、宝钗、宝玉喝茶，用的水则是她五年前在玄墓蟠香寺居住时收的梅花上的雪，贮在罐里，埋在地下，夏天取用的雪水。雪本来是高洁的，再加上梅花的高洁，烹出来的茶汤，雅韵欲流，令人悠然神往。茶的此种喝法，足见茶道之一斑。

《红楼梦》中的主人公，几乎个个都是品茶高手。第八回，宝玉到梨香院后，吃了半盏茶，觉得不对味，他想起早晨的茶来，便问茜雪："早起沏了碗枫露茶，我说过，那茶是三四次后才出色的，这会子怎么又沏了这个来？"很显然宝玉早就品出了这茶的味道。"贾宝玉品茶栊翠庵"一回中，"天国茶仙"妙玉论茶，把《红楼梦》中的茶艺推向了高潮。妙玉论茶，虽步前人之后尘，却也有独到之处。第二十六回宝玉叫往林姑娘那里送茶叶。书中的茶叶，有六安茶、老君茶、普洱茶、女儿茶，有枫叶茶、仙茗、清茶、香茶。香茶，应是现在的花茶。因这些茶都是芽茶，也就是茶叶，所以在预备饮用前的工作，或是沏（见于第八、第二十六诸回），或是闷（见于第六十三回），或是炖（见于第六十回），或是泡（见于第四十一回）。一般说来，这些茶，都是要"三四次后才出色"（第八回）。至于暑天喝的凉茶，那就要湃，第六十四回写道："芳官早托了一杯凉水内新湃的茶来。因宝玉素昔秉赋柔脆，虽暑月不敢用冰，只以新汲井水将茶连壶浸在盆内，不时更换，取其凉意而已。"当饮用时，除个别专用的盖碗茶而外，一般都是挹彼注兹的方式，所以叫做倒茶（见于第六、第十五、第二十四诸回）或斟茶（见于第十九、第四十一诸回）。饮用起来，还讲究"一杯为品、二杯即是解渴的蠢物，三杯便是饮驴了"（第四十一回）。所以，在当时"开门七件事之一"的茶事背后，还包含着浓厚的封建意识。他们对于茶的享受，还不仅在于喝一盅、吃一盏、品一碗而已，而且还拿来漱口，贾府上下都沿用之。这与苏东坡的固齿养生法也是一脉相承的。

五、贾府人吃药

贾府的人并没有因为锦衣玉食而将身体弄得很健康，倒是大病、小病不断，林黛玉更是从会吃饭就吃药，"吃饭没有吃药多"。此外，年纪轻轻就死的也不少，秦可卿死时不到20岁，连那位当了娘娘的贾元春死时也只有30岁。

所以，吃、喝是一门综合学问，单讲究"奢华"是不成的。

第一个患了重病很快死去的是宁府的少奶奶秦可卿。她的物质生活水平是很高的，房间布置得如她自己所说"大约神仙也住得"，营养品成堆，但她还是患了不治之症，经著名太医张友士诊断，指出病源是"心气虚而生火""肝家气滞血亏""脾土被肝木克制""肺经气分太虚"，看来已是多症并发。秦可卿既不饥又不劳，为什么没有治好这种病？看来，好的食品必须要有好的饮食心理、饮食情绪才会有益于人。

贾府的厨艺无疑是一流的，例如第四十一回提到的"茄鲞"，使刘姥姥这个天天吃茄子的人居然吃不出茄子味。经王熙凤介绍，才知道做这道菜要经过十几道工序，并辅以净肉、鸡油、鸡脯，香菌、新笋、蘑菇、五香豆腐干、各色果子、糟油等多种配料。其实这种烹调上的花样、工序越多，越会破坏"物之本"，损失了食物之固有的营养价值。

不参与任何体力活动，胃口很差，在多么精美的食品面前都没食欲，这是贾府人普遍的苦恼。在贾母两宴大观园的宴席上，贾府的太太、奶奶、小姐们为了有一点食欲，便只能拿老农妇刘姥姥开心，搞恶作剧。这一次贾府的女士们是开心了，多吃了几口食物，随即就病倒了两个。请来看病的王太医没开什么药，要贾母以后吃东西略清淡些，要巧姐清清净净地饿两顿。平日无食欲，多吃一点就闹病，这与当今社会流行的某些富贵病如出一辙。

《红楼梦》中药膳的特点是因人、因病、因时而异，精美、小量，从不夺席而居，从不喧宾夺主。贾府几乎每天都有吃药的人，有明吃者，有暗吃者。明吃是林黛玉。将病源定为肝邪偏旺，肺受其殃，理宜疏肝保肺。她是贾府的借居者，虽富贵，但有乞食之感，吃东西咽得很不顺畅，只能以药补之。《红楼梦》第四十五回写薛宝钗去潇湘馆探望林黛玉，当看到一张药方时说道："我看你那药方上，人参肉桂觉得太多了。虽说益气补神，也不宜太热。依我说，先以平肝健胃为要，肝火一平，不能克土，胃气无病，饮食就可以养人了。每日早起，拿上等燕窝一两，冰糖五钱，用银铫子熬出粥来，若吃惯了，比药还强，最是滋阴补气的。"薛宝钗这段药膳高论，是用文学的形式，说到了药膳的点子上。

暗吃的是王熙凤，此人喜欢逞强，又盼长寿，且又知道结仇很多，一经表现出病态就会有人解恨，故而总是"恃强羞说病"。何况，她患的又是妇科病，张扬出去很没面子。不看医生，胡乱吃药，单一大补，实际上没什么益处。

久病成医，贾府的人稍懂药物学的不少，连贾蓉都能瞎掰几句。稍有造诣的，如薛宝钗，她自制的冷香丸单用水就很讲究——雨水的雨，白露的露，霜降的霜，小雪的雪。此举虽过于"迂执"，但也有道理——顺其自然也。

然而，真正的顺其自然，内涵很广。生命在于运动，人应多参加体力活动。有消耗，才有胃口。特别重要的是，要有自力更生的能力，吃饭时才没乞食之感，才能吃得开心，得到健康的体魄。

第二节　金庸小说中的饮食文化

金庸的学识，可以说在当代难有人企及。金庸小说是一个文化长廊，不论是具有民族特色的诗词歌赋、琴棋书画、医卜星相、阴阳八卦，还是儒、道、释、墨、兵、法，各家的精髓都融会贯通于小说创作的始终，并且涉及金石考古、医药饮食等。金庸武侠小说完全可以用博大精深来形容，仅就其中对中国饮食文化，特别是江南饮食文化的描写，就让人赏心悦目。虽然在其15部小说里对中国传统饮食文化的描写不多，但每一部分都有涉及，有的轻描淡写、几笔带过，也有的精雕细刻、浓墨重彩，充分体现了作者对中华美食的独到见解。特别是在《笑傲江湖》中的论杯和在《射雕英雄传》中的各种美食的描写，让人们充分体会到中国饮食文化的源远流长和食不厌精的最高境界。人们在赏析金庸武侠小说中各英雄人物金戈铁马、豪气干云的同时，也能体会一饮一食的人生乐趣。

江南饮食是一种精致优美的生活方式的缩影，也是传统文化最外在的表现。也许金庸是江南人氏，正是从普通的一饮一食里最见功夫，而江南文化的精美细致也最可从此等细微处而见一斑。

一、饮食

大厨师小黄蓉出场的时候，已经露出美食行家的端倪。郭靖第一次请她在张家口下馆子，黄姑娘点菜的架势就很震慑人心，先点果子，叫伙计来四干果、四鲜果、两咸酸、四蜜饯，并说："这种穷地方小酒店，好东西谅你也弄不出来，就这样吧，干果四样是荔枝、桂圆、蒸枣、银杏。鲜果你拣时新的。咸酸要砌香樱桃和姜丝梅儿，不知这儿买不买到？蜜饯吗？就是玫瑰金橘、香药葡萄、糖霜桃条、梨肉好郎君。"然后又叫来八个马马虎虎的菜，花炊鹌子、炒鸭掌、鸡舌羹、鹿肚酿江瑶、鸳鸯煎牛筋、菊花兔丝、爆獐腿、姜醋金银蹄子，仅从菜名就可以看出黄蓉家学渊源，对饮食特别讲究。

一日清晨，蓉儿做好叫花鸡引出了洪七公，此人有一次为了贪吃，误了一件江湖救急的大事，使忠良死于奸人之手，伤痛之余挥刀剁下食指，而成了“九指神丐”。黄蓉以美食诱之教授郭靖“降龙十八掌”的至高武功，使郭靖在武学上受益终身。虽洪七公授郭靖武功并非只是为吃，而是看重郭靖武功根基的正统和品性的纯良，但与黄蓉高超的美食烹调技术是分不开的。黄蓉做菜和洪七公品食是金庸小说最富奇思妙想的精彩章节之一。黄蓉精心烧出的两道菜“玉笛谁家听落梅”和“好逑汤”，书中描写道：“洪七公哪里还等她说第二句，也不饮酒，抓起筷子便夹了两条牛肉条，送入口中，只觉满嘴鲜美，绝非寻常牛肉，每咀嚼一下，便有一次不同滋味，或膏腴嫩滑，或甘脆爽口，诸味纷呈，变幻多端，直如武学高手招式之层出不穷，人所莫测。洪七公惊喜交集，细看之下，原来每条牛肉都是由四条小肉条拼成，它们分别是羊羔坐臀、小猪耳朵、小牛腰子，还有一条是獐腿肉加兔肉揉在一起，黄姑娘评说：肉只五种，但猪羊混咬是一般滋味，獐牛同嚼又是一般滋味，“若是次序的变化不计，那么只有二十五变，合五五梅花之数，又因肉条形如笛子，因此这道菜有个名目，叫做‘玉笛谁家听落梅’。这‘谁家’两字，也有考人一考的意思。”

接着是“好逑汤”，原料是荷叶、笋尖、斑鸠、樱桃和桃花瓣，斑鸠肉镶嵌在樱桃之中。如花容颜樱桃小嘴代表美女，竹解心虚，为君子，荷又是花中君子，竹荷作君子解，那么这斑鸠呢?《诗经》第一篇是：“关关雎鸠，在河之洲，窈窕淑女，君子好逑”，是以这汤叫作“好逑汤”。

还有一道名菜，是“二十四桥明月夜”，说白了，不过是一道蒸豆腐，然而却蒸得非同小可，先把一只火腿剖开，挖了廿四个圆孔，将豆腐削成廿四个小球分别放入孔内，扎住火腿再蒸，等到蒸熟，火腿的鲜味已浸到了豆腐之中，火腿却弃去不食。不计这道菜的成本，蓉儿为了郭靖已然是不遗余力了。据金大侠的描述，这廿四个豆腐球要制作出来，非黄家家传的兰花拂穴手是做不到的。

另一处写道：“洪七公眼睛尚未睁开，已闻到食物的香气，叫道：‘好香，好香’。”跳起身来，抢过食盒，揭开盒子，只见里面是一碗熏田鸡腿，一只八宝肥鸭，还有一堆雪白的银丝卷。洪七公大声欢呼，双手左上右落，右上左落，抓了食物送入口中，一面大嚼，一面赞妙，只是唇边、齿间、舌上、喉头皆是食物，哪听得清楚在说些什么。本来洪七公已经没有什么兴趣教郭靖这个笨蛋了，黄蓉情急之下，如此对洪七公说：“我最拿手的菜你还没吃到呢。比如说，炒白菜哪，蒸豆腐哪，蒸鸡蛋哪，白切肉哪。”洪七公品味之精，世间少有，深知真正的烹调高手，愈是在最平常的菜肴之中，愈能显出奇妙功夫，这道理与武学一般，能在平淡之中现神奇，才说得上是大宗匠的手段。黄蓉有心要显显本事，所煮的菜肴固然绝无重复，连面食米饭也是极逞智巧，没一餐相同，锅贴、烧卖、蒸饺、水饺、炒饭、汤饭、年糕、花卷、米粉、豆丝，花样竟是变幻无穷，充分展示了黄蓉烹调技艺之高。“其品种之多，配料之精，花样之新，做工之细，颜色之鲜，造型之美，真是无与伦比。”他本想只传两三招掌法给郭靖，已然足可保身，哪知黄蓉烹调的功夫实在高明，奇珍妙味，每日里层出不穷，使他无法舍之而去，日复一日，竟然传授了十五招之多。这段描写，虽仅几百字，但却折射出中国饮食文化的深厚内涵，精美、和谐和典雅，其余书中描写饮食也贯穿着这一思想，使人读于其中而得到美的享受。

《书剑恩仇录》中写到陈家洛回到朝思暮想的海宁家里也有一段：“银盆中两只细瓷碗，一碗桂花白木耳百合汤，另一碗是四片糯米嵌糖藕。陈家洛离家十年，日处大漠穷荒之中，这般江南富贵之家的滋味今日重尝，恍若隔世。”

《天龙八部》中的描写是：“段誉初到江南，来到绿柳荫中的琴韵小筑，饶是在南疆贵为王子，也为吃到清茶糕点而动容。茶是太湖附近山峰的特产碧螺春，四件点心开头精雅，味道绝美，可供欣赏。席间摆设的是紫檀木小几和湘妃竹椅子，席上杯碟都是精致的细瓷。等到朱碧双姝的菜肴上来，有茭白虾仁，龙井茶叶鸡丁，无不鲜美爽口，鱼虾肉食之中混以花瓣鲜果，颜色既美，且别有天然清香。菜肴以清淡雅致见长，于寻常事物之中别具匠心，段誉自是为江南女子的心思才艺倾倒惊叹不已，不由不叹息有这般的山川，方有这般的人物，有了这般的人物，方有这般的聪明才智，做出这般清雅的菜肴来。”

《倚天屠龙记》里张翠山和殷素素相约晤面，张翠山疑惑间上了小船，“船上有折扇、茶几、细瓷茶壶，似正亦邪的美丽少女斟上茶来，说道寒夜客来茶当酒，舟中无酒，未减清兴，此情此景，张翠山也不禁迷醉”。

《鹿鼎记》里对宫廷点心、扬州点心、湖州粽子、中华美食等虽是轻描淡写，但无不显示中国饮食文化之精美和考究。书中写到韦小宝偷吃宫中点心的感受：“只见桌上放着十来碟点心糕饼，眼见室内无人，便即蹑手蹑脚地走了进去，拿起一块千层糕，放入口中。只嚼得几嚼，不由得暗暗叫好。这千层糕是一层面粉一层蜜糖猪油，更有桂花香气，既松且甜。扬州的筵席十分考究繁复，单是酒席之前的茶果细点，便有数十种之多，韦小宝虽是本地土生，却也不能尽识。”另一处写湖州粽子：“闻到一阵肉香和糖香。双儿双手端了木盘，用手臂掠开帐子。韦小宝见碟子中放着四只剥开了的粽子，心中大喜，入口甘美，无与伦比。浙江湖州所产粽子米软馅美，天下无双。扬州丽春院中到了嫖客，常差韦小宝去买，粽子整只用粽箬裹住，韦小宝要偷吃原亦甚难，但他总在粽角之中挤些米粒出来，尝上一尝。自到北方后，这湖州粽子便吃不到了。”还有写中华美食：“清方随员又给费要多罗斟上酒，从食盒中取出菜肴，均是北京名厨的烹饪，费要多罗初尝中华美食，自然是目瞪口呆，几乎连自己的舌头也吞下肚去了。韦小宝陪着他尝遍每碟菜肴，解释何谓鱼翅，何谓燕窝，如何令鸭掌成席上之珍，如何化鸡肝为盘中之宝，只听得费要多罗欢喜赞叹，欣羡无已。”

二、品酒

中国酒文化源远流长，内容丰富，在浩如烟海的文学作品中，有关酒的文章更是屡见不鲜。金庸笔下酒客主要有乔峰、段誉、令狐冲、祖千秋等。“古来圣贤皆寂寞，唯有饮者留其名”，乔峰、段誉是《天龙八部》里的主要人物，乔峰酒量天下第一，当年于大辽酒宴之上，连饮三百余杯，面不改色，正应诗仙名句“会须一饮三百杯”，酒仙风范，冠绝古今。段誉则本无酒量，只是身怀六脉绝技，能将美酒原数送出，而达千杯不醉。纵与乔峰对饮，亦立不败之地。

令狐冲和祖千秋出自《笑傲江湖》，令狐冲是该书中的主角，而祖千秋则是该书的一小角色，但其对中国酒文化研究之精、品酒道行之深却世间罕有。令狐冲每饮必醉，酒量令人怀疑，但却爱酒如命，竟能为酒而与乞丐相争，鼻涕与美酒同饮而不稍嫌。“五宝花蜜酒”这等毒物也照饮不误，如此痴癖，人所难及。后得名师指点，品酒之技，已臻国手。祖千秋实为难得之酒痴，可称酒中知音，为配美酒而集天下名杯。特别是《笑傲江湖》中“论杯”这一段，把品酒之道描写得淋漓尽致。祖千秋的出现虽是一个衣衫褴褛的落魄书生打扮，但却是酒国前辈，品味高深。仅在岸上就能闻出行船中酒之优劣，不需品尝，闻之酒气，便能道出这是藏了六十二年的二锅头汾酒，并论之：饮酒须得讲究酒具，喝什么酒，便用什么酒杯。喝汾酒当用玉杯，唐人有诗云“玉碗盛来琥珀光”可见玉碗玉杯，能增酒色。关外白酒，酒味极好，只可惜少了一股芳冽之气，最好是用犀角杯盛之而饮，那就醇美无比，须知玉杯增酒之色，犀角杯增酒之香。至于饮葡萄酒，要用夜光杯。古人诗云“葡萄美酒夜光杯，欲饮琵琶马上催。”令狐冲自得绿竹翁悉心指点，于酒道上的学问已着实不凡，在洛阳听绿竹翁谈论讲解，于天下美酒的来历、气味、酿酒之道、窖藏之法等已了然于胸，再经祖千秋的指点，对饮酒之道的理解，已非一般人可比。后到西湖梅庄大发饮酒宏论，令丹青生折服。可见，令狐冲于酒道真可笑傲江湖了。

在金庸的15部武侠小说中，传统文化无论是内涵还是外延都很丰富，儒、释、道、墨诸家精神都有体现。特别是“侠义”精神在金庸小说中尤为突出，“为国为民、匡扶正义、已诺必诚”充分展示了中华民族的精神。虽然饮食文化在金庸的武侠作品中只能算冰山之一角，但它从一个侧面折射出中国美食文化的深厚内涵，食者不仅仅满足于果腹充饥之欲，更要求色、香、味、形、器、环境、礼仪、风俗等全方位的审美协调，同时还要求与诗词歌赋、琴棋书画、音乐舞蹈、戏剧曲艺紧密结合，构成一个深具东方特色氛围和风韵、高品位的文化艺术享受。

第六章 节日和人生仪礼食俗

本章课程导引：

引导学生总结自己家乡的人生仪礼与节日食俗，通过线上全国各地的学生交流，了解博大精深的中国传统饮食文化。

第一节 节日食俗

年节是有着固定或不完全固定的活动时间，有特定的主题和活动方式，约定俗成并世代传承的社会活动日。中国年节期间的饮食受到本地区自然环境的直接影响，同时也与一定的社会文化环境有密切的关系。我国民间传统节日颇多，俗有“四大节、八小节、二十四个毛毛节”的说法。其中较大型的有“春节”“元宵节”“清明节”“端午节”“中秋节”“重阳节”“冬至节”“腊八”“小年”等。在这些节日里都有固定的节日饮食。人们常说“宁穷一年，不穷一节”，这说明了节日饮食的重要。

作为中国优良文化传统重要内涵之一的岁时年节饮食风俗，经过漫长的变革，已形成了一个相对完善的体系。这样一个富有民族健康向上精神的文化体系，在现代社会生活中仍然有必要保留一定的位置。节日和节日传统饮食活动，是体现民族精神、传播民族文化、维系民族情感的重要方式。

中国的节日食品大致可分为以下三类。

第一是用作祭祀的供品。

在旧时代的宫廷、官府、宗族、家庭的特殊祭祀、庆典等仪式中占有重要的地位。在当代中国的多数地区，这种现象早已结束，只在少数偏远地区或某些特定场合，还残存着一些象征性的活动。

第二是供人们在节日食用的特定的食物制品。

这是节日食品和食俗的主流。中国的各类岁时节庆日从年初开始直到年终，每个节日差不多都有相应的特殊食品和习俗。例如春节除夕，北方家家户户都有包饺子的习惯，就寓含着亲人团聚、阖家安康的意义和祝愿；而江南各地则盛行打年糕、吃年糕的习俗，寓含着家庭和每个人的生活步步升“高”（糕）的良好祝愿。另外，中国许多地区过年的家宴中往往少不了鱼，象征“年年有余”。端午节吃粽子的习俗，被赋予深厚的文化意义，它把深切怀念杰出的诗人屈原的爱国主义精神和浓重的乡土感情结合起来，千百年来传承不衰。端午节的雄黄酒则将保健效用和信仰心理作用结合为一体。中秋节的月饼，与自然天象的圆月相对应，寓含了对人间亲族团圆和人事和谐的祝福，月饼既成为自然景象的象征物，又被赋予浓重的文化意义。其他诸如开春时食用的春饼、春卷，正月十五的元宵，农历十二月初八吃腊八粥，寒食节的冷食，农历二月二日咬蚕豆、尝新节吃新谷，结婚喜庆中喝交杯酒，祝寿宴的寿桃、寿糕等，都是在历史发展过程中形成并且一代代传承下来的节日习俗中的特殊食品和具有特殊内涵的食俗。它不仅满足人的生理需要，更重要的是满足人在一定的自然时令、气候环境、社会场合和人生阶段等特殊环境中的心理和文化需要。节庆日是人类社会生活中一种综合性的独特文化现象。在节庆日中，从民俗的意义而言，生活中的某些常规被打破。非节庆日期间为满足人的基本需要甚至温饱的日常服饰和饮食惯例被打破，在饮食、服饰方面，特殊的信仰、礼仪、社交、审美等文化要求被突显出来，因而形成独特的相关食品和食俗。中国食俗在这些方面有着相当丰富的历史文化遗产。

第三种食品是节庆日和某些特定场合间馈赠亲朋好友或其他对象的礼品。

长期以来，馈赠食品是表达友好感情、建立亲密和睦人际关系的一种独特方式。例如，亲朋好友之间中秋节送月饼，端午节送粽子，生日送蛋糕、寿面，都具有特定的民俗意义。民间与婚姻有关的节庆活动中往往要馈赠红枣、喜蛋、花生、百合等，也都包含着诸如“早生贵子”“百年好合”等美好祝愿的深厚民俗内容。

世界上很多民族，由于历史发展、文化背景、宗教信仰等原因，在饮食中都有一定的信仰和禁忌。这方面情况很复杂，有些饮食禁忌，实际上产生于某些实际生活经验的总结。例如，各地都有一些性能容易发生相互冲突的食物不能同时混同食用等禁忌，就来源于某些朴素的生活经验，具有一定的合理性，在缺乏科学文化知识的过去，对人的饮食卫生和身体健康起过一定的保护作用。相当一部分饮食禁忌与信仰因素互为表里，是对某种神秘力量产生恐惧而采取的消极防范措施，它实际上是原始信仰的遗留。其中也有少部分脱去迷信色彩，转化成为规范饮食和其它社会生活的礼俗。例如在旧时代，中国有的地方在正月初一、二、三日忌生，即年节食物多在旧历年前煮熟，过节三天只需回锅，以为“熟则顺，生则逆”，生食品尤其主食为炊则意味全年办事不顺。因而有的地方在年前将一切食物准备齐备，过节三天间不动灶火。再如，河南某些地区过去以正月初三为谷子生日，这天忌食米饭，否则会导致谷子减产；而江苏南京等地过去则以正月初二为米娘娘生日，是当地百姓庆贺的重要节日。

过去在妇女生育期间的各种饮食禁忌较多。这类信仰、禁忌观念有形无形地渗透在中国人的某些饮食习惯中，随着社会的进步和人们科学文化素质的提高，残存在饮食习俗中的一些迷信成分已经或正在被淘汰，合理和有益的经验正在与科学知识相结合而使中国的饮食文化水平不断得以提高。

一、春节食俗

春节，古代称“元旦”“元日”等，是中华民族最重要的传统节日。我国人民过春节的历史，可以上溯到尧舜时代，不过那时的春节不是在正月。到汉武帝时，确定以农历正月初一，即“岁首”为春节，一直至今。

春节期间，全国各地家家户户都要进行贺年活动，饮食是其中的重要内容。节前十天左右，人们就开始忙于采购年货，鸡鸭鱼肉、茶酒油酱、南北炒货、糖食果品，都要采买充足。江南风俗，年节前要预先做好新年米饭，盛放在竹箩中，上面放红橘、乌菱、荸荠等果品及元宝糕，插上松柏枝，叫做“年饭”。

农历岁末最后一天的晚上为除夕，是我国众多民族共有的节日，流行于全国各地。除夕守岁，千年流传。这是一年中的最后一顿饭，全家同桌围坐，表示一年一度的大团圆。北方人家过年的年饭，是用金银米（黄白米）做的，饭上用枣、栗、香枝点缀，插上松柏枝。南方的年饭称“年夜饭”“宿年饭”“年根饭”“合欢宴”等，好吃的大菜应有尽有，北方必有饺子，称之为“年年饺子年年顺”。春节时，各地的节日食俗因地而异。北方人普遍吃饺子、面条和年糕。南方普遍的风俗是吃元宵、面条和水磨年糕。

总之，除夕食俗具有团圆和美、庆祝丰收、贺岁迎新等多种含义。

饺子是财富的象征，或者说，包饺子的行为象征着我们中国人对财富的渴望和憧憬。在饺子里包藏硬币，既是对财富的渴望，也是一种口腔里的抽奖游戏。此外，饺子不仅有钱的内涵，更有钱的外形，因其形如元宝。元宝固然是“钱之大者”，不过对于饺子在外观上所代表的“钱”，中国不同地方的人有不同的理解。据说江西鄱阳地区人们春节第一餐也要吃饺子，不同的是，饺子之外，还要吃鱼，就像广东人那样，隐喻着不仅要发财，而且还要发得“年年有余”才行。而豫南一带则流行将饺子和面条同煮于一锅，饺子象征的依然是钱，面条则代表了“钱串子”，真是考虑得面面俱到，无微不至。“吃进”元宝，自然是“招财进宝”到了家，而一家老小热热闹闹地围坐在桌前一起包饺子，便有了“齐心合力，制造元宝”的意思。

新年饮食都要取吉利的用语。江南人家新年泡茶敬客，茶盘里或碗盖上放两只橄榄，称为“元宝茶”。新年吃饭，必有炒青菜，说吃了“亲亲热热”；必吃豆芽菜，因黄豆芽形似“如意”；每餐必食鱼头，但不能吃光，叫做“吃剩有鱼（余）”。

年糕，是我国人民欢度春节的传统食品。新年必吃年糕，以祝愿生活“年年高”，南北同风。年糕，主要用蒸熟的米粉经舂捣等工艺再加工而成。因其制于过年之前，故名。我国制作年糕的历史源远流长，经历代而不衰。如今，各地年糕的原料和做法各具特色，风味各异。在塞北，农家习惯将黍子磨成粉，蒸出金灿灿的黄米年糕。苏州的桂花糖年糕，宁波的水磨年糕，北京的红枣年糕、百果年糕，均为新年糕点的佳品。人们在春节必食年糕的风俗，兴于宋代，盛于明代，据说来源于一个传说：相传春秋战国时，吴王夫差建都苏州，终日沉湎酒色，大夫伍子胥预感必有后患。故伍子胥在兴建苏州城墙时，以糯米制砖，埋于地下。吴王赐剑逼其自刎前，他吩咐亲人：“吾死后，如遇饥荒，可在城下掘地三尺觅食。”伍子胥死后，吴越战火四起，城内断粮，此时又值新年来临，乡亲们想起伍子胥生前的嘱咐，争而掘地三尺，果得糯米砖充饥，从那以后，苏州百姓为纪念伍子胥，每逢过年，都以米粉做成形似砖头的年糕，渐渐地，过年做年糕、吃年糕相沿成习，风行各地。

中华民族对“年”特别重视，除讲究“吃”以外，其他如穿新衣、扫庭堂、挂春联等也特讲究。人们喜欢聚、求吉祥、祝平安的活动与丰富的“食俗”相融，形成一年一度的传统的“年文化”。进入农历腊月底和正月初中旬，家家户户备好最好的美食，相互走亲访友或家人团聚共乐新年，把最好的肉类、菜类、果类、点心类摆满以宴宾客。

春节正值冬末春始，气温很低，便于食物的保存，因此许多地方有盐渍物（如腊鱼、腊肉等）保存，其味长、香厚，有其特别的风味。

少数民族过年极有特色：如彝族吃“坨坨肉”，喝“转转酒”，并赠送对方以示慷慨大方；壮族吃大粽粑以示富有；蒙古族围火塘“吃水饺”，剩酒剩肉以祈盼来年富裕等。

二、元宵食俗

农历正月十五是元宵节，又称上元节、元夜、灯节。相传，汉文帝（公元前180～公元前157年在位）为庆祝周勃于正月十五戡平诸吕之乱，每逢此夜，必出宫游玩，与民同乐。在古代，夜同宵，正月又称元月，汉文帝就将正月十五定为元宵节，这一夜就叫元宵。司马迁创建《太初历》，将元宵节列为重大节日。隋、唐、宋以来，更是盛极一时。《隋书·音乐志》曰："每当正月，万国来朝，留至十五日于端门外建国门内，绵亘八里，列戏为戏场，参加歌舞者足达数万，从昏达旦，至晦而罢。"当然，随着社会和时代的变迁，元宵节的风俗习惯早已有了较大的变化，但至今仍是中国民间重要的传统节日。

元宵节的食、饮大都以"团圆"为旨，以北方的元宵和南方的汤圆为主。但各地风俗不同也造成了一些差异：如东北地区在元宵节爱吃冻果、冻鱼肉，广东地区在元宵节喜欢"偷"摘生菜，拌以糕饼煮食以求吉祥。不过陕西有的地方这天要吃在面汤里放进各种菜和水果制成的"元宵茶"；陕西中部地区元宵节早上喝油茶、吃麻花，晚上吃完元宵，亲友之间还互相赠送元宵等；豫西一带的人吃枣糕；昆明人则吃豆面团（将豆炒熟后磨面，做法同元宵）。

三、二月初二食俗

"二月二龙抬头"正式形成民俗节日是在元朝。中国自古是农业国家，气候的好坏对农业收成起着决定性作用。

因为农历二月已进入仲春季节，惊蛰前后，这时阳气上升，大地复苏，草木萌动，蛰伏一冬的各种动物又恢复了活力，该活动了。龙抬头了，意味着龙也行动起来了，要履行它降雨的职责了。农民们就要春耕、播种了，非常需要土壤湿润，保有水分。这时若是天公降雨，真是太宝贵了，所以有"春雨贵如油"之说。从节气上说，农历二月初正处在"雨水"和"惊蛰"之间，这是个既需要雨水，又可能有降雨的时期，人们希望通过对龙的祈求行为来实现降雨的目的。

不过，这种说法是一般人对"二月二龙抬头"的通常解释，通俗易懂。对于"龙抬头"还有古代天文学方面的解释，这往往被人忽略。

古人以为地球是不动的，是太阳在运动。早在春秋时期甚至更早，人们就把太阳在恒星之间的周年运动轨迹视为一个圆，称为黄道。再利用某些恒星把这个圆分为28个等分，形成28个区间，称为二十八宿。"宿"表示居住。如果观察月亮的运行，它基本上是每天入住一宿，待28宿轮流住完，大约一个月，所以称"宿"。把这28宿按照东南西北四个方位平分，每个方位便有7个宿。对这28宿，都给它们起了名字。在东方的7个宿分别叫做：角、亢、氐、房、心、尾、箕，它们构成一组，称之为东方苍龙。其中角宿象征龙的头角，亢宿是龙的颈，氐宿是龙的胸，房宿是龙的腹，心宿是龙的心，尾宿、箕宿是龙的尾巴。在冬季，这苍龙七宿都隐没在地平线下，黄昏以后也看不见它们。至农历二月初，黄昏来临时，角宿就从东方地平线上出现了。这时整个苍龙的身子还隐没在地平线以下，只是角宿初露，故称龙抬头。《说文解字》在解释"龙"字时说："龙，鳞虫之长。能幽能明，能细能巨，能短能长。春分而登天，秋分而潜渊。"都是指这苍龙七宿在天空的隐现变化，并非是真有一条动物之龙在变换。"春分而登天"是指春分时期，角宿开始出现在天空，东方苍龙初露头角，即是龙抬头。

二月二还有吃爆米花的习俗，起源于“金豆开花”的传说。“金豆开花”的意思：二月初二炒黄豆，二月初二龙抬头，金豆开花好兆头。据说，这一天要炒糖豆（黄豆），一整年都不生虫，炒黄豆，就是金豆开花的意思。二月初二“金豆开花”一般认为源自下面的传说。相传，唐朝武则天当了皇帝，改国号为周，玉皇大帝知道了非常愤怒，传谕四海龙王，三年内不得向人间降雨。不久，苍茫大地，遍野哀鸿，一片枯黄，毫无生气。司掌天河的龙王不忍百姓受灾挨饿，偷偷降了一场大雨。玉帝得知后，将司掌天河的龙王打下天宫，压在凡间一座大山下面。山下还立了一块碑，上面写道：“龙王降雨犯天规，当受人间千秋罪。要想重登凌霄阁，除非金豆开花时。”当时人们为了拯救龙王，到处寻找开花的金豆。到了第二年二月初二这一天，人们正在翻晒黄豆种子时，猛然想起，这黄豆就像金豆，炒开了花，不就是金豆开花吗？于是家家户户炒黄豆，并在院里设案焚香，供上“开花的金豆”，专让龙王和玉帝看见。龙王知道这是百姓在救它，就大声向玉帝喊道：“金豆开花了，放我出去！”玉帝一看人间家家户户院里金豆花开放，只好传谕，召龙王回到天庭，继续给人间兴云布雨。从此以后，民间形成了习俗，每到二月初二这一天，人们就炒黄豆。随着玉米被引入中国，越来越多的人用玉米代替黄豆，即二月初二这天爆玉米花，以喻金豆开花。

唐朝人已把二月初二作为一个特殊的日子，说这是“迎富贵”的日子，在这一天要吃“迎富贵果子”，就是吃一些点心类食品。宋代宫廷在这一天也有专门活动。宋人周密在《武林旧事》中记述南宋时，二月初二这一天宫中有“挑菜”御宴活动。宴会上，在一些小斛（口小底大的量器）中种植新鲜菜蔬，把它们的名称写在丝帛上，压放在斛下，让大家猜。根据猜的结果，有赏有罚。这一活动既是“尝鲜儿”，又有娱乐，所以当时“王宫贵邸亦多效之”。不过，唐宋时的这些“二月二”活动并没有和“龙抬头”联系在一起。

到了元朝，二月二就明确是“龙抬头”了。《析津志》在描述元大都的风俗时提到，“二月二，谓之龙抬头”。这一天人们盛行吃面条，称为“龙须面”；还要烙饼，叫作“龙鳞”；若包饺子，则称为“龙牙”。总之都要以龙体部位命名。

元朝以后关于“二月二龙抬头”的各种民俗活动记载便多了起来。人们也把这一天叫作龙头节、春龙节或青龙节。清末的《燕京岁时记》说：“二月二日……今人呼为龙抬头。是日食饼者谓之龙鳞饼，食面者谓之龙须面。闺中停止针线，恐伤龙目也。”这时不仅吃饼吃面条，妇女还不能操做针线活，怕伤害了龙的眼睛。

明清以来，在二月二还增添了“熏虫”“炒豆”的活动。明人的《帝京景物略》中说：“二月二日曰龙抬头……熏床炕，曰熏虫，为引龙虫不出也。”清康熙时的《大兴县志》记载，“二月二，家各为荤素饼，以油烹而食之，曰熏虫。”因农历二月初天气渐暖，昆虫开始活动，有的虫子对人体健康是有害的，所以这一天就有越来越多的人用油煎食物、摊煎饼等办法，凭借烟气熏死虫子，这是一种讲究卫生的理念。在北方，如河北、山东、陕西等地还有吃炒豆的做法用来驱虫。人们将黄豆浸在盐水中一段时间，然后取出放在锅中爆炒，很快黄豆在锅中发出蹦响，以此惊动虫蝎，将之驱赶。

鉴于以上传说习俗，现在普通人家在二月初二这一天一般要吃面条、春饼、爆玉米花、猪头肉等。不同地域有不同的吃食，但大都与龙有关，普遍把食品名称加上“龙”的头衔，如吃水饺叫吃“龙耳”，吃春饼叫吃“龙鳞”，吃面条叫吃“龙须”，吃米饭叫吃“龙子”，吃馄饨叫吃“龙眼”。吃春饼叫做“吃龙鳞”是很形象的，一个比手掌大的春饼就像一片龙鳞。春饼有韧性，内卷很多菜。如酱肉、肘子、熏鸡、酱鸭等，用刀切成细丝，配几种家常炒菜如肉丝炒韭芽、肉丝炒菠菜、醋烹绿豆芽、素炒粉丝、摊鸡蛋等，一起卷进春饼里，蘸着细葱丝和淋上香油的面酱吃，真是鲜香爽口。吃春饼时，全家围坐一起，把烙好的春饼放在蒸锅里，随吃随拿，热热乎乎，欢欢乐乐。

四、清明食俗

清明是我国二十四节气之一，在每年公历 4 月 5 日前后，即春分后第 15 日。旧俗在清明前一天，禁火寒食。传说百姓为哀悼春秋时晋文公的忠臣介之推，忌日不忍举火，全吃冷食，不动烟火，生吃冷菜、冷粥，这一天后来就叫寒食节，也称禁烟节。时日，晋国百姓家家门上挂柳枝，人们还带上食品到介子推墓前野祭、扫墓，以表怀念，此风俗延续至今。

我国南北各地的清明食俗丰富多彩。江南一带有吃青团子的风俗习惯。青团子用清明茶或艾叶和咸盐，配上糯米、早籼米磨成的米粉制成团子，馅心用细腻的糖豆沙制成。油绿如玉，糯韧绵软，清香扑鼻，吃起来甜而不腻，肥而不腴。青团子还是江南一带百姓用来祭祀祖先必备的食品，正因为如此，青团子在江南的民间食俗中显得格外重要。

我国南北各地清明节有吃馓子的食俗。“馓子”为一种油炸食品，香脆精美，古时叫“寒具”。《齐民要术》记载：“细环饼，一名寒具，脆美，以蜜调水溲面。”北宋著名文学家苏东坡曾作《戏咏馓子赠邻妪》诗云：“纤手搓来玉色匀，碧油煎出嫩黄深。夜来春睡知轻重，压匾佳人缠臂金。”清明节禁火寒食的风俗在我国大部分地区已不流行，但与这个节日有关的馓子却深受世人的喜爱。现在流行的馓子有南北方的差异：北方馓子大方洒脱，以麦面为主料。南方馓子精巧细致，多以米面为主料。在少数民族地区，馓子的品种繁多，风味各异，尤其以维吾尔族、东乡族、纳西族、宁夏回族的馓子最为有名。

浙江南部各地采摘田野里的棉菜（又称鼠曲草，中药书上称“佛耳草”，有止咳化痰的作用），拌以糯米粉捣揉，馅以糖豆沙或白萝卜丝与春笋，制成清明果蒸熟，其色青碧，吃起来格外有味。

四川成都一带有以炒米作团，用线穿之，或大或小，各色点染，名曰“欢喜团”。旧时，在成都北门外至“欢喜庵”一路摆卖。清人《锦城竹枝词》有诗云：“‘欢喜庵’前欢喜团，春郊买食百忧宽。村醪戏比金生丽，偏有多人醉脚盆。”

枣糕又叫“子推饼”，北方一些地方用酵糟发面，夹枣蒸食。他们还习惯将枣饼制成飞燕形，用柳条串起挂在门上，可以冷食，以纪念介子推不求名利的高尚品质。

此外，我国南北各地在清明节还有食鸡、蛋糕、夹心饼、清明粽、馍糍、清明粑、干粥等多种多样富有营养的地方风俗食品的习俗。

五、端午节食俗

农历五月初五是我国民间的一大节日，五月初五叫端午，这个说法很早就开始了。“端”者，初也，由于传说中战国时代伟大的爱国诗人屈原死于这一天，后来端午节的纪念活动多与屈原联系在一起，其意义变得比较重要。端午节饮食习俗一般是吃粽子、饮雄黄酒。作为端午节的主要食品——粽子，在东汉就已出现。到晋朝，粽子就成为端午的应节食品。粽子因为附会在屈原的传说上，千百年来，成为最受人欢迎的端午节食品。

从西晋周处撰的《风土记》中记载的做法看来，当时的粽子是以黍为主要原料，除了粟子以外，不添加其余馅料。但在讲究饮食的中国历代百姓的巧手经营之下，现代的粽子，不论是造型或内容，都是千品百种，璀璨纷呈。现今各地的粽子，一般都用箬叶包糯米，但内涵花色则根据各地特产和风俗而定，著名的有桂圆粽、肉粽、水晶粽、莲蓉粽、蜜饯粽、板栗粽、辣粽、酸菜粽、火腿粽、咸蛋粽等。就造型而言，各地的粽子有三角锥形、四角锥形、枕头形、小宝塔形、圆棒形等。粽叶的材料则因地而异。南方有些地方因为盛产竹子，就地取材以竹叶来缚粽。一般人都喜欢采用新鲜竹叶，因为干竹叶绑出来的粽子，熟了以后没有了竹叶的清香。北方人则习惯用苇叶来绑粽子。苇叶细长而窄，所以要用两三片重叠起来使用。粽子的大小也差异甚巨，有达二三斤的巨型兜粽，也有小巧玲珑、长不及两寸的甜粽。就口味而言，粽子馅荤素兼具，有甜有咸。北方的粽子以甜味为主，南方的粽子甜少咸多。料的内容，则是最能突显地方特色的部分。

六、七夕节食俗

七夕节又称为“乞巧节”，是年轻的姑娘向织女乞巧，希望自己也能像织女一样有双灵巧的手，有颗聪慧的心，会过上幸福美满的生活。所以七夕节又叫“女儿节”，这大概就是中国传统节日中的妇女节。由于这个节日来源于老百姓耳熟能详的牛郎织女的爱情传说，而过去婚姻对于女性来说，是决定一生幸福与否的终身大事，所以未出嫁的女孩往往会在这个充满浪漫气息的晚上，对着天空的朗朗明月，摆上时令瓜果，朝天祭拜，祈祷自己的姻缘美满。

七夕的应节食品，以巧果最为出名。巧果又名“乞巧果子”，款式极多，主要的材料是油、面、糖、蜜。《东京梦华录》中称之为“笑靥［yè］儿”且“果食花样”，图样有方胜[1]等。宋朝时，街市上已有七夕巧果出售。一般认为巧果的做法是：先将白糖放在锅中熔为糖浆，然后和入面粉、芝麻，拌匀后摊在案上擀薄，晾凉后用刀切为长方块，最后折为梭形巧果胚，入油炸至金黄即成。手巧的女子，还会捏塑出各种与七夕传说有关的花样。此外，乞巧时用的瓜果也有多种变化：或将瓜果雕成奇花异鸟，或在瓜皮表面浮雕图案，此种瓜果称为“花瓜”。

七、中秋节食俗

按照我国的历法，农历八月居秋季之中，而八月的三十天中，十五又居一月之中，故八月十五日称为“中秋”。据传吃月饼的风俗始于唐代的甜饼，后才形成了专门的中秋节日的糕点。其形为圆，富有家家团圆、欢乐之意。中秋节也叫“秋节”“团圆节”等。中华民族对中秋节十分重视。中秋佳节，正是春华秋实，一年辛勤劳动结出丰硕果实的季节。届时家家都要置办佳肴美酒，怀着丰收的喜悦，欢度佳节，从而形成我国丰富多彩的中秋饮食风俗。

“中秋佳节吃月饼”，是我国流传已久的传统风俗。每当风清月朗、桂香沁人之际，家家吃月饼、赏月亮，喜庆团圆，别有风味。月饼作为一种形如圆月、内含佳馅的食品，在北宋时期就已出现。中秋吃月饼，最先见于苏东坡的“小饼如嚼月，中有酥和饴”之句。唐和五代时赏月的食品只见有“玩月羹”等，未见有月饼。月饼作为一种食品的名称并同中秋赏月联系在一起，后又见于南宋周密的《武林旧事》。明代以来，有关中秋赏月吃月饼的记述就更多了。《宛署杂记》说，每到中秋，百姓们都制作面饼互相赠送，大小不等，呼为“月饼”。

---

[1] 方胜，由两个菱形叠加，一个菱形的角与另一个菱形的中心对应，如图。由于“方胜”象征“同心”，古人常将写给爱人、恋人的信，先折成长条，再从中间反复做90°的折叠，就能得到一个二连方的形状。中国古代的“方胜”形状如手饰（盒）、门（窗、家具）雕纹等很常见。

市场店铺里卖的月饼，多用果类作馅，巧名异状，有的月饼一个要值数百钱。《熙朝乐事》里也说，八月十五日称为中秋，民间以月饼作为礼品互相赠送，取团圆之义。这一天晚上，家家举行赏月家宴，或者带上装月饼的食盒和酒壶到湖边去通宵游赏。在西湖苏堤上，人们成群结队，载歌载舞，同白天几乎没有两样。从这些记载中，可以看到杭州百姓中秋夜赏月的盛况。

长期以来我国人民对制作月饼积累了丰富的经验，月饼的种类也越来越多，工艺越来越讲究。咸、甜、荤、素各俱异味，光面、花边，各有特色。清代彭蕴章在《幽州土风吟》中写道："月宫饼，制就银蟾紫府影，一双蟾兔满人间。悔煞嫦娥窃药年，奔入广寒归不得，空劳玉杵驻丹颜。"这说明心灵手巧的厨师已经把嫦娥奔月的优美传说，作为食品艺术图案形象再现于月饼之上。清代富察敦崇《燕京岁时记》也有"至供月，月饼到处皆有，大者尺余，上绘月宫蟾兔之形"的记述。足见古代月饼从内容到形式品种繁多，风格各异，已是百花齐放了。

古时中国的中秋宴俗，以宫廷最为精雅。如明代宫廷时兴吃螃蟹。螃蟹用蒲包蒸熟后，众人围坐品尝，佐以酒醋。食毕饮苏叶（一般指紫苏叶）汤，并用紫苏叶泡水洗手。宴桌四周，摆满鲜花、大石榴以及其它时鲜，演出中秋的神话戏曲。清宫多在某一院内向东放一架屏风，屏风两侧搁置鸡冠花、毛豆枝、芋头、花生、萝卜、鲜藕。屏风前设一张八仙桌，上置一个特大的月饼，四周缀满糕点和瓜果。祭月完毕，按皇家人口将月饼切作若干块，每人象征性地尝一口，名曰"吃团圆饼"。清宫月饼之大，令人难以想象。像末代皇帝溥仪赏给总管内务大臣绍英的一个月饼，便是"径约二尺[1]许"，重约二十斤。

我国有二十多个少数民族也过中秋节，但节俗各异。壮族习惯于在河中的竹排房上用米饼拜月，少女在水面放花灯，以测一生的幸福，并演唱优美的《请月姑》民歌。朝鲜族则用木杆和松枝高搭"望月架"，先请老人上架探月，然后点燃望月架，敲长鼓，吹洞箫，一起合跳《农家乐舞》。仡佬族在节前的"虎日"，全寨合宰一头公牛，将牛心留到中秋夜祭祖，这天买饼子，杀鸭子，他们称为"八月节"。侗族则在这时让青年人郊游、欢会，称为"赶坪节"。第一天是芦笙会，第二天对歌。小伙子都要化妆，向心上人表达情意。傣族是对空鸣放火枪，然后围坐饮酒，品尝狗肉汤锅、猪肉干巴、腌蛋和干黄鳝，谈笑望月。黎族称中秋节为"八月会"或"调声节"。届时各集镇举行歌舞聚会，每村由一"调声头"（即领队）率领男女青年参加。人员到齐后，大家互赠月饼、香糕、甜粑、花巾、彩扇和背心，成群结队，川流不息。入夜便聚集在火旁，烤食野味，痛饮米酒，开展盛大的调声对歌演唱，未婚青年趁机挑寻未来的伴侣。

至于中秋食田螺、吃芋头，则在清咸丰年间的《顺德县志》有记："八月望日，尚芋食螺。"芋艿，俗称芋头，在江浙一带方言念出来是"运来"，中国人最喜欢听起来吉利的东西，加之芋艿恰逢中秋前后上市，所以，江浙一带的人们都有中秋佳节吃芋艿的习惯，纷纷图个好运滚滚来。中秋食芋头，还有寓意辟邪消灾、不信邪之意。清乾隆《潮州府志》曰："中秋玩月，剥芋头食之，谓之剥鬼皮。"剥皮而食之，大有钟馗驱鬼的气概，可敬。民间认为，中秋田螺，可以明目。据分析，田螺肉营养丰富，而所含的维生素 A 又是眼睛视色素的重要物质。食田螺可明目，言之成理。但为什么中秋节特别热衷于食田螺？有人指出，中秋前后，是田螺空怀的时候，腹内无小螺，因此，肉质特别肥美，是食田螺的最佳时节。如

[1] 1尺≈33.33厘米

今在广州民间，不少家庭在中秋期间，都有炒田螺的习惯。

桂花不仅可供观赏，而且还有食用价值。屈原的《九歌》中，便有“援北斗兮酌桂浆”“奠桂酒兮椒浆”的诗句。可见我国饮桂花酿酒的年代，已是相当久远了。

每逢中秋之夜，人们仰望着中秋圆月，闻着阵阵桂香，喝一杯桂花蜜酒，欢庆合家甜甜蜜蜜，欢聚一堂，已成为节日的一种美的享受。

八、重阳节食俗

农历九月初九，二九相重，称为“重九”。又因为在我国古代，六为阴数，九是阳数，因此，重九就叫“重阳”。重阳节的起源，最早可以推到汉初。据说，在皇宫中，每年九月九日，都要佩茱萸，食蓬饵（即最初的重阳糕，类似于黍糕之类。饵，即古代之糕），饮菊花酒，以求长寿。据传汉高祖刘邦的爱妃戚夫人被吕后残害后，宫女贾某也被逐出宫，遂将这一习俗传入民间。

古代，民间在该日有登高的风俗，所以重阳节又叫“登高节”。相传此风俗始于东汉。相传有一位乐善好施的老人在农历九月初八夜得一梦，梦见神仙对他说，明日全村将有瘟疫降临，你可携全家登高以避之。老人如其言，率全家登山。晚上归家时见全村人畜皆死。于是重九登高便成了中国人的重要习俗，但由于许多地方没有山，无法登高，老百姓就想出以“糕”代“高”，吃糕就等于是登高。这天一来，各式各样的糕就出笼了。况且“糕”有“高高兴兴”之意，非常吉利。唐人登高诗很多，大多数是写重阳节的习俗，如王维《九月九日忆山东兄弟》，就是写重阳登高的名篇。登高所到之处，没有统一的规定，一般是登高山、登高塔，还有吃“重阳糕”的习俗。讲究的重阳糕要做成九层，像座宝塔，上面还做成两只小羊，以符合重阳（羊）之义。有的地方还在重阳糕上插一小红纸旗，并点蜡烛灯。这大概是用“点灯”“吃糕”代替“登高”，用小红纸旗代替茱萸。重阳节还要赏菊，饮菊花酒，据传起源于陶渊明。陶渊明以隐居出名，以诗出名，以酒出名，也以爱菊出名；后人效之，遂有重阳赏菊之俗。旧时士大夫，还多将赏菊与宴饮结合，以求和陶渊明更接近。

九、冬至节食俗

古时人们认为冬至是阴阳二气的自然转化，乃上天赐予的福祉，所以这天大多休息，军队休整，边塞闭关，商旅停业，朝廷不理事，官衙放假，亲朋各以美食相赠，相互做客，欢乐地过一个“安身静体”的节日。

“冬至亚岁宴”的名目甚多，如“吃冬至肉”“献冬至盘”“供冬至团”“馄饨拜冬”等。“吃冬至肉”是南方冬至扫墓后同姓宗族祠堂按人丁分发“胙肉”的古老食俗。肉有生、熟两种，分时有许多规矩。区别学历高低，清有童生、秀才、举人、进士四级，民国有高小、中学、大学、留学四级，以示鼓励；优先照顾老人，在 50、60、70、80、90 年龄段，数量依次递增，以示敬重。冬至肉用祠堂公积金或富家捐款购置，族长主理其事，冬至肉在当时被视作一份厚礼。“献冬至盘”曾流行于南方地区。人们比较看重冬至，前一日，亲戚朋友之间，各以食物相馈赠，提筐担盒，充斥道路，俗称献冬至盘。曾消失很久，直到近几年才再度进入公众的视线。“供冬至团”也见于江南。冬至团是以糯米粉为面团，内包肉、菜、糖、果、豇豆、赤豆沙、萝卜丝等蒸成。主要充作供品，也可赠送亲邻或待客，是冬至亚岁宴上的必备食品之一。馄饨是北方的冬至食俗。之所以选用馄饨拜冬，是因为“夫馄饨之形有如鸡卵，颇似天地混沌之象，故于冬至日食之”。

十、腊八节食俗

腊月最重大的节日，是农历十二月初八，古代称为“腊日”，俗称“腊八节”。从先秦起，腊八节都是祭祀祖先和神灵，祈求丰收和吉祥的重要节日。据说，佛教创始人释迦牟尼的成道之日也在十二月初八，因此腊八也是佛教徒的节日，称为“佛成道节”。腊八这一天有吃腊八粥的习俗，腊八粥也叫“七宝五味粥”。我国喝腊八粥的历史，已有一千多年。最早开始于宋代。每逢腊八这一天，不论是朝廷、官府、寺院还是黎民百姓家都要做腊八粥。到了清朝，喝腊八粥的风俗更是盛行。在宫廷，皇帝、皇后、皇子等都要向文武大臣、侍从宫女赐腊八粥，并向各个寺院发放米、果等供僧侣食用。在民间，家家户户也要做腊八粥，祭祀祖先；同时，合家团聚在一起食用，馈赠亲朋好友。中国各地腊八粥的花样，争奇竞巧，品种繁多。腊八粥也称“五味粥”“七宝粥”或“佛粥”，由各种米、豆、果、菜、肉等4～7种原料煮成。真正上好的“腊八粥”具有健脾、开胃、补气、养血、御寒等功能。讲究的人家，还要先将果子雕刻成人形、动物、花样，再放在锅中煮。比较有特色的就是在腊八粥中放上“果狮”。果狮是用几种果子做成的狮形物，用剔去枣核烤干的脆枣作为狮身，半个核桃仁作为狮头，核桃仁作为狮脚，甜杏仁用来作狮子尾巴。然后用糖粘在一起，放在粥碗里，活像一头小狮子。如果碗较大，可以摆上双狮或是四头小狮子。更讲究的，就是用枣泥、豆沙、山药、山楂糕等具备各种颜色的食物，捏成八仙人、老寿星、罗汉像。这种装饰的腊八粥，只有在以前的大寺庙的供桌上才可以见到。腊八粥熬好之后，要先敬神祭祖。之后要赠送亲友，一定要在中午之前送出去。最后才是全家人食用。吃剩的腊八粥保存着，吃了几天还有剩下来的，却是好兆头，取其“年年有余”的意义。如果把粥送给穷苦的人吃，那更是为自己积德。

过去腊八粥在民间还有巫术的作用。假如院子里种着花卉和果树，也要在枝干上涂抹一些腊八粥，以祈求来年多结果实。

十一、灶王节食俗

农历腊月二十三日为祭灶节，民间又称“交年”“小年下”，也叫“谢灶节”“辞灶节”。这天晚上家家户户均行“祭灶神”的仪式。祭灶神为商周时代五祀之一，初为夏祭，后改为腊祭。民间传统是“男不拜月，女不祭灶”。

河南民间讲究“祭灶必祭在家”，有“祭灶不祭灶，全家都来到”的俗谚。祭灶时，凡在外的人都要赶回。豫东等地，选在祭灶节认了干亲的干儿、干女，也要携带灶糖、烧饼、鞭炮、香表和一只大公鸡来参加干娘家的祭灶仪式，表示自己已是干娘家的正式成员。

以上的几大节日食俗，是由祖先流传下来的，有些千古流传的节日食俗虽然有些细微的变化，但是本质上和意义上都没有什么大的区别。

第二节　人生仪礼食俗

人生仪礼是指人的一生中，在不同的生活和年龄阶段所举行的不同的仪式和礼节。人生仪礼既可通过个人生命仪程中的阶段性庆典来期望或寓意消除一年中的灾难，也可通过社会各成员的祝福得到社会的确认，表明个人有了能进入正常社会秩序的生活模式的资格。而且从这些人生仪礼的场面看，大都是喜庆的、热闹的。千百年来，人们在人生仪礼活动中逐渐形成了一系列饮食习俗。人生仪礼食俗是中国饮食文化重要的组成部分，在千百年来的继承发扬中闪耀着独特的中国特色。

一、诞生礼

诞生礼又称人生开端礼或童礼，它是指从求子、保胎到临产、三朝（指婴儿出生后第三天，佀俗这一天为婴儿“洗三”）、满月、百禄，直至周岁的整个阶段内的一系列仪礼，自古以来被视为人生的第一大礼，以各种不同的仪礼来庆祝，由此形成许多特殊的饮食习俗。

1. 求子食俗

向神求子。祭拜主管生育的观音菩萨、碧霞元君、百花神、尼山神等，供上三牲福礼，并给神祇披红挂匾。

送食求子。吃喜蛋、喜瓜、莴苣、子母芋头之类，据说多吃这类食品，便可受孕。

答谢送子者。如广州、贵州和皖南的“偷瓜送子”，四川一带的“抢童子”“送春牛”和“打地洞”，广西罗城仫佬族山寨的“补做风流”，旧时彝族地区的“促育解冤祭”，鄂西和湘西土家族的“吃伢崽粑”“喝阴阳水”，等等，都属于这一类型。

随着医学技术的进步，这些带有某些封建色彩的求子食俗正逐渐被淡化。

2. 保胎食俗

对于孕妇，古人是食养与胎教并重，还有“催生”之俗。在食养方面，古人强调“酸儿辣女”“一人吃两人饭”，重视荤汤、油饭、青菜与水果，忌讳兔子肉（生子会豁唇）、生姜（生子会六指）、麻雀（生子会淫乱）以及一切凶猛丑恶之物（生子会残暴）。这些忌讳，今天看来，未必有科学道理。在胎教方面，要求孕妇行坐端正，多听美言，有人为她诵读诗书，演奏礼乐。同时不可四处胡乱走动，不可与人争吵斗气，不可从事繁重劳动，并且节制房事。在催生方面，名堂亦多。据传，湘西坝子是母亲给女儿做一顿饭，二至五道食肴，分别称作“二龙戏珠”“三阳开泰”“四时平安”“五子登科”，饭食必须一次吃完，意谓“早生”“顺生”。侗族是由娘家送大米饭、鸡蛋与炒肉，七天一次，直至分娩为止。浙江是送喜蛋、桂圆、大枣和红漆筷，内含“早生贵子”之意。

随着医学的进步，这些没有科学基础的封建习俗正逐渐被淡化，取而代之的是更加科学的保胎饮食搭配、科学锻炼和胎教。

3. 庆生食俗

庆生食俗包括添丁报喜和产妇调养。

添丁报喜有土家族的“踩生酒”，畲族的“报生宴”，仡佬族的“报丁祭”，汉族的“贺当朝”之类，都在婴儿降生当天举行。对于添丁报喜，因地域不同，具体风俗各异。如

① 湘西的“踩生酒”：用酒菜招待第一个进门的外人，并有“女踩男、龙出潭”“男踩女、凤飞起”之说。

② 华北某些地区的“报生宴”：由婴儿之父带一只大雄鸡、一壶酒和一篮鸡蛋去岳母家报喜。如生男，则在壶嘴插朵红花；如生女，则在壶身贴一“喜”字。岳家立即备宴，招待女婿和乡邻。

③“报丁祭”：某些地区是用猪头肉、香、纸祭奠掌管生育的“婆王”，招待全村男女老少。

④“贺当朝”：亲友带着母鸡、鸡蛋、蹄髈、米酒、糯米、红糖前来祝贺，产妇家开“流水席”分批接待。

产妇调养即是“坐月子”的开始，一方面“补身”，一方面“开奶”，有“饭补”与“汤补”“饭奶”与“汤奶”之说。食物多为小米稀饭、肉汤面、煮鲫鱼、炖蹄髈、煨母鸡、荷包蛋、甜米酒之类，一日四至五餐，持续月余。

4. 育婴食俗

洗三朝：姥娘送喜蛋、十全果、挂面、香饼，并用香汤给婴儿“洗三”，念诵“长流水，水流长，聪明伶俐好儿郎”“先洗头，做王侯，后洗沟，做知州”的喜歌。

满月：生父携糖饼请长者为孩子取名（这叫“命名礼”），用供品酬谢剃头匠（这叫“剃头礼”），然后小儿与亲友见面，设宴祝贺。亲朋赠送“长命锁”，婴儿要例行“认舅礼”。

百禄：是祝婴儿长寿的仪式，贺礼必须以百计数，鸡蛋、烧饼、礼馍、挂面均可，体现“百禄”“百福”之意。

周岁：又称“试儿”“抓周”，是在周岁之时预测小儿的性情、志趣、前途与职业的民间纪庆仪式。届时亲朋都要带着贺礼前来观看、祝福，主人家设宴招待。这种宴席上菜重十，须配以长寿面，菜名多为“长命百岁”“富贵康宁”之意，要求吉庆、风光。周岁席后诞生礼结束。

二、婚礼食俗

我国的婚礼食俗丰富多彩，完整的婚礼习俗在古代有纳采、问名、纳吉、纳征、请期、亲迎六礼。但是明清以来，完整的六礼已经不复存在。古代婚礼食俗主要有以下项目。

1. 过大礼

男方家择定良辰吉日，带备礼金及礼饼、椰子、茶叶、槟榔、海味、三牲（包括鸡两对、鹅两对、猪脾两只）、莲子、芝麻、百合、红枣、龙眼干、糯米粉、片糖、洋酒、龙凤镯一对、结婚戒指和金链等，送到女方家。女方家在收到大礼后，将其中一部分回赠给男方家，这叫“回礼”。

2. 嫁妆

古时，女子需要一个大柜和一个小柜到男方家做嫁妆，内放七十二件衣服，用扁柏、莲子、龙眼及红包伴着；还有龙凤被、枕头、床单等床上用品；拖鞋两对、睡衣和内衣裤各两套；子孙桶（痰盂），内放红鸡蛋一对、片糖两块、红筷子十根、姜两片，还有一把伞。

3. 上头

上头仪式于大婚正日的早晨举行，须择时辰。男方要比女方早半个时辰（约一小时之差）开始，并由“好命佬”和“好命婆”（儿女双全的人）为男女双方在各自家中举行上头仪式。旧时，结婚前一天，男方要给女方家抬去食盒，内装米、面、肉、点心等。娘家要请“全福人”（儿女双全的人）用送来的东西做饺子和长寿面，所谓“子孙饺子长寿面”，把包好的饺子再带回男方家。结婚这天，新娘下轿，先吃子孙饺子和长寿面。入洞房后，新郎新娘同坐，并由“全福人”喂没煮熟的饺子吃，边喂边问：“生不生?”新娘定要回答：“生

（与生孩子的‘生’同音）！”睡前要由四个“全福人”给新人铺被褥，要放栗子、花生、桂圆、枣，意为“早生贵子”。结婚这天请客人吃面条，讲究吃大碗面。也有的人家吃大米饭炒菜，菜肴多少视条件而定。

有的地区结婚这天由娶亲太太（由“全福人”充当）把新娘接来，拜天地入洞房时，要放一袋米（一般是高粱米），新娘被人搀扶退着走，踩着粮食上床。接着吃子孙饽饽，新郎新娘各咬一口，窗外则有人问：“生不生？”屋内要连答三声：“生！”结婚后的第四天男方要请女方娘家人吃酒。

4. 合卺

“合卺”这个词对于大多数现代人而言是陌生的。然而，新郎与新娘的“交杯酒”却是每一个结过婚或参加过婚礼的人非常熟悉的。“合卺”就是指新婚夫妻在洞房之内共饮合欢酒。合卺始于周代，卺是瓢之意，把一个匏瓜剖成两个瓢，新郎新娘各拿一个，用以饮酒，就叫合卺。匏是苦不可食之物，用来盛酒必是苦酒。所以，夫妻共饮合卺酒，不但象征夫妻合二为一，自此已结永好，而且也含有让新娘新郎同甘共苦的深意。宋代以后，合卺之礼演变为新婚夫妻共饮交杯酒。今天的婚礼上，交杯酒是必不可少的，但其形式比古代要简单得多。在洞房或是在举行婚礼的大厅、饭店、酒楼，男女各自倒酒之后两臂相勾，双目对视，在一片温情和欢乐的笑声中一饮而尽。按民俗传统，交杯酒是在洞房内举行的，所以都把合卺与入洞房连在一起，但不管此俗的表现方式有何不同，其寓意与心态都是一致的，结永好、不分离的暗示对于新婚夫妻今后长期的婚姻生活都会产生影响。

5. 结发之礼

按照婚礼习俗，在交杯酒过后，常常还要举行结发之礼。结发在古代称合髻，取新婚男女之发而结之，新婚夫妻同坐于床，男左女右。不过，此礼只限于新人首次结婚，再婚者不用。人们常说的结发夫妻，也就是指原配夫妻，娶妾与续弦等都不能得到结发的尊称。古代婚俗中，结发含有非常庄重的意义，后来这一习俗逐渐消失，但结发这一名词却保留下来了。结发夫妻受到人们的尊重，结发象征着夫妻永不分离的美好含义，如同交杯酒一样，在当下仍然得到大多数人的充分肯定和赞许。

6. 三朝回门

各地区习俗不同，一般一对新人准备以下物品返女家：金猪两只、酒一壶、鸡一对、西饼两盒、生果两篮、面两盒、猪肚和猪肉各两斤。女家须留女儿及女婿食饭。回门后女家照例回礼，包括西饼、竹蔗、鸡仔、生菜、芹菜、猪头和猪尾。由于时代进步，现在很多地方一切从简，以上各礼均可以钱代替，代替猪肉的，谓之猪肉金。代替西饼的，也就是西饼金了。“回门”当天再回男家。

旧时，结婚后一个月，娘家要接女儿回娘家住一个月，叫“住得月”。每年二月初二是接出嫁女儿的日子，娘家人要说：“二月二，搬宝贝。”这天，出嫁的女儿要回娘家看父母，娘家要做面条、烙薄饼卷豆芽菜等各种好吃的食物招待女儿。

有婚事的家庭酒筵活动频繁，各种送亲宴、迎亲宴、交杯酒、回门宴等也在各地盛行。

三、寿诞食俗

寿诞，也称诞辰，俗称生日。过去民间生日日期，一般按农历算。寿诞食俗，是指民间为庆贺生日而进行的饮食活动。寿诞食俗，因地域而异。

古代，人们原本不过生日，因为儒家的孝亲理论认为“哀哀父母，生我劬劳”，越是遇到生日，越应该想到父母生养自己的艰辛，生日这天要静思反省，缅怀双亲的辛劳，所以“古无生日称贺者”。然而在南北朝时期，已有过生日的仪式。南北朝时期颜之推《颜氏家训》中就有每年过生日要设酒食庆贺的记载。有趣的是，庆贺生日与不庆贺生日同样是出于孝亲的观念，不庆贺生日是为了体悟父母的辛苦，而庆贺生日则是为了娱亲。唐代，民间普遍以做生日为乐事，设酒席、奏乐曲，对生日当事人祝吉祝寿。自此，纯粹以祝寿祝吉为目的、以酒宴乐舞为形式的生日庆贺习俗一直流传至今。自宋代起，过生日“献物称寿”的送礼之风日渐兴盛，生日馈赠礼仪沿袭至今，已成为过生日的一项重要习俗。

不同年龄阶段的人的生日庆贺活动不同，其庆贺仪式的名称也各不相同。孩子及中青年直接称“生日”或“好日子”，庆贺仪式称“过生日”“贺生”；老人的生日亦改称“寿辰”“寿诞”，庆贺仪式称“做寿”“祝寿”。古代称老年人为“寿”，寿意味着生命的长久。出于孝道，每逢老人生日，子女必要举办隆重的祝寿仪式活动，大摆寿筵，广邀亲朋，登堂拜寿，以示孝心。对寿诞的重视，充分体现了中华民族尊老敬老的传统美德。

旧时人们普遍结婚较早，往往在 40 岁左右开始做寿。山东境内，一般以 50 岁或 60 岁为分界线，过此年龄的才能做寿。多数地方自 60 岁开始，俗语有“祝六十大寿”之说。也有的认为人一过 40 岁就开始走下坡路，所以在父母 40 多岁时便开始给其做寿。沂蒙地区，儿女成家立业后就要给父母祝寿。胶东地区，不论年龄大小，只要添了孙辈，就开始庆寿。泰安地区，从 66 岁开始做寿，俗谚“六十六，吃碗肉”。一般逢十的“整寿”，如 60 岁、70 岁、80 岁等都是大寿，祝寿仪式隆重，尤其是 60 大寿（60 岁称“花甲”，60 岁生日叫“甲子寿辰”）更受重视。80 岁也要大庆，称为“庆八十”。鲁西南地区看重 66、77、88 岁寿辰，俗话说“六十六吃刀肉，七十七吃只鸡，八十八吃只老母鸭”。山东有些地方，夫妻双全且年纪相仿的要举行双庆，设宴庆寿的时间，或在寿辰当日，或另择冬季吉日，多数定在大年初一。

无论是婴孩的周岁生日，青少年、成年人的平时生日，还是老年人的寿诞，庆贺仪式的繁简根据家庭经济状况差别较大，庆贺仪式的程序讲究也因地域不同而各具特色。

食物是生日馈赠中的重要内容，生日饮食的品种繁多、形式多样，无论是新近流行的由西方传入的生日蛋糕，还是中国传统的寿面、寿桃、寿糕等，都包含着祝福健康长寿与幸福吉祥的美好祝愿。

寿诞当日，过去还有一些占卜活动。鲁西南以寿日晴天为吉兆，晴天预示着老人长寿、家事顺心，阴天则被认为是“掉辞眼泪”，日子将过得不顺心，老人的心情也往往因之不高兴。民间祝寿的相关禁忌颇多。俗话说“七十三，八十四，阎王不叫自己去”。据说圣人孔子只活到 73 岁，亚圣孟子 84 岁时去世，迷信说法这两年是“损头年”，老人很难平安度过这两道坎，所以老人的年龄忌说 73 和 84，如有人问及寿龄，必少说一岁或多说一岁，避开这两个年岁，相应的也就没有 73 岁和 84 岁的寿辰。另外，民间忌讳说百岁，认为百岁是人寿命的极限，到了百岁也就是活到头了。黄县一带说百岁是个驴，临清地区说百岁是个老刺猬。逢百岁时，多数仍说 99 岁（“九”音同“久”，99 是吉利的数字，意味着久久无限长），淄博地区则重新从 91 岁数起。做寿还有“做九不做十”之俗，即逢十的整寿必须提前一年祝寿，也称“做九头”，如 60 岁寿辰要提前到 59 岁生日时庆贺，“庆八十”要在 79 岁时举行，这是因为有些地区的方言“十”与死的发音相近，犯忌；而“九”与“久”音同，吉利。一般做寿忌间隔，一旦开始做寿，必须年年连做，不能间断，否则再次庆寿时就成为

“断头生”。另外，民间认为66岁是人生旅途上的一个难关，只有吃66块肉方可顺利通过此关，因此逢老人66岁生日时，至孝的儿女或侄女辈会送上66块肉，若寿者吃素，则用数量相同的豆腐干代替。

寿礼中的食品有寿饼、寿肉、寿面、寿糕、寿桃。寿礼的寓意显而易见：寿糕的“糕”与“高”谐音，表示寿星德高望重；寿桃的“桃”与“陶”谐音，意为寿星晚年幸福，其乐陶陶，同时借喻“蟠桃盛会，寿如王母”。前来祝寿的人，一般都要携带寿礼，但主要的寿礼，是女婿家送的。拜寿仪式之后，人们开始吃“寿酒”。酒宴之后，主人还要向客人及左邻右舍分发寿饼、寿糕。

四、丧葬食俗

丧葬古称凶礼，是人生仪礼中的最后一件大事。对正常死亡的老人，中国民间视为“白喜事”。与“红喜事”一样，白喜事也是较铺张的。晚辈在哀悼尽孝的同时，对前来吊唁以及帮助处理丧事的亲友及工人则要以酒菜招待，这就有了丧葬食俗。民间的丧葬食俗，主题有二：一是尽孝，二是祈福。

汉族民间的一般俗规，是送葬归来后共进一餐。这一顿，各地叫法不一。有叫“吃白喜酒”的，有叫“吃送葬饭”的，但大多数地方叫“吃豆腐饭”。古代的“豆腐饭”，为素菜素宴，后来席间也有荤菜。如今已是大鱼大肉了，但人们仍称之为“吃豆腐饭”。“豆腐饭”的由来有一个传说。相传古时候的豆腐是乐毅发明的（豆腐起源的另一个传说），乐毅发明豆腐是为了使上了年岁的父母吃上不用咀嚼的豆制品。豆腐不仅使乐毅的孝敬之心如愿以偿，而且惠及广大乡亲百姓。后来，乐毅的父母因常吃豆腐而高寿。在父母过世送葬归来时，乐毅就把家中所有的黄豆都做成豆腐，办了豆腐酒席招待四乡八邻，祝愿大家都健康长寿。从那以后，人们都学乐毅在老人过世后用豆腐酒席招待送葬的亲友。“吃豆腐饭”的风俗，遂代代相传，沿袭至今。除了“吃豆腐饭”，有些地方还有特殊的丧葬食俗。

在山东，这一顿酒席谓之“吃丧”。有的地方在辞灵（下葬仪式结束后，亲属祭拜死者牌位，谓之“辞灵”）以后，亲属要一起吃饭，叫做“抢遗饭”。临朐的遗饭是豆腐、面条。据说吃了豆腐，后代托死者的福，会兴旺富裕；而吃了面条，后代蒙死者的阴德，就会长命百岁。有的还吃栗子、枣，意即子孙早有，人丁兴旺。在黄县等地，圆坟（葬后的第二天或第三天，死者亲属为新坟添土，称“圆坟”）之后，每人分一块发面饼，据说吃了发面饼，胆子就会变大，夜间走路不害怕。

第七章 中国筷子文化

本章课程导引：

强调筷子文化在中国传统饮食文化中的代表性，讲述筷子的寓意，强调用筷礼仪，弘扬我国传统民族文化。

筷子，古称箸，它是当今世界上公认的独特餐具，是古老的东方饮食文化的代表，是华夏民族聪明和智慧的结晶。

与西方餐具相比，成双成对的筷子多了一份“和为贵”的意蕴，充分体现了中华民族崇尚“和”的特点。在民间，筷子更是由于成双成对的特点及“快生子”的谐音被视为吉祥之物，出现在各民族的婚庆、节庆等礼仪中。筷子的起源、传说、功能及礼仪形成了中国饮食文化中独具东方魅力的一章——筷子文化。

第一节　起源与历史演变

一、筷子的起源

我国是筷子的发源地，用箸进餐历史悠久。《韩非子·喻老》载：“昔者纣为象箸而箕子怖。”司马迁在《史记·宋微子世家》亦云：“纣为象箸，箕子叹曰：彼为象箸，必为玉杯；为玉杯，则必思远方珍怪之物而御之矣。舆马宫室之渐自此始，不可振也。”

这虽是对纣王生活奢侈而引起朝臣恐惧的陈述，但却从此象牙筷子所引起的宫廷事件中，为我们追溯箸的诞生与发展提供了最有价值的文字史料。纣为商代末朝的君主，以此推算，我国公元前 1075—前 1046 年前后，也就是说我国在三千多年前已出现了精制的象牙箸。

也有人怀疑古籍“纣为象箸”的记载，他们认为河南河北等地根本无象，何来牙箸？考古学家发现，出土的商代甲骨文有“象”字，还有“伏象”和“来象”的记载。《吕氏春秋·古乐》中也有“商人服象”之句。据《本味》载：“旄象之约”，就是说象鼻也是一种美食。由此可知殷商时代中原野象成群。正因商代有象群遭到围猎，才有“纣为象箸”的可能。

上述的“纣为象箸”，说的是纣王乃最早使用象牙筷子的君王，而他并非中国用筷子第一人，筷子的诞生应早于殷商若干年。

此外，民间关于筷子的传说也不少，一说姜子牙受神鸟启示发明丝竹筷，一说妲己为讨纣王欢心而发明用玉簪作筷，还有大禹治水时为节约时间以树枝捞取热食而发明筷子的传说。

民间传说，是劳动人民创作的与一定历史人物、历史事件、社会习俗有关的故事。虽然传说也是故事，但和故事又不同：故事可以随心所欲地编造，但传说却往往是历史的，是与实际的事物相关联的产物，所以它包含了某种历史的实在因素，具有一定的历史性特点。故而有关筷子起源的传说，多少可为筷子的溯源找到某些参考作用。

1. 大禹用筷子的传说

相传大禹在治理水患时三过家门而不入，都在野外进餐，有时时间紧迫，等兽肉刚烧开锅就急欲进食，然后开拔赶路。但汤水沸滚无法下手，就折树枝夹肉或粉粢（米饭）食之，这就是筷子最初的雏形。传说虽非正史，但因熟食烫手，筷子应运而生，这是合乎人类生活发展规律的。

促成筷子诞生，最主要的契机应该是熟食烫手。上古时代，因无金属器具，再因兽骨太短、极脆，加工不易，于是先民就随手采摘细竹和树枝来捞取熟食。当年处于荒野的环境中，人类生活在茂密的森林、草丛、洞穴里，最方便的材料莫过于树木、竹竿。正因如此，小棍细竹经过先民烤物时的拨弄、急取烫食时的捞挟、蒸煮谷黍时的搅拌等，筷子的雏形逐渐出现，这是人类特殊环境下的必然发展规律。从现在筷子的形体来研究，它还带有原始竹木棍棒的特征，即使经过三千余年的发展，其原始性依然无法改变。

汉代许慎的《说文解字》说：箸“从竹者声”。古人云：“箸为挟提”，而挟从木，这又一次旁证先民最早以细树杆或竹为挟食工具。不过，用树枝、细竹从陶锅中挟取烫食到筷子之形成，经历了数百年甚至更漫长的时间。

总而言之，筷子的出现，并不是孤立的。远在新石器时代中期，人类的智慧有了一定的发展，生活条件也有所改善，单以手进食已不能适应烹饪的进化，筷子也就顺乎潮流而出现。

2. 关于姜子牙的筷子传说

传说姜子牙只会直钩钓鱼，其他事一件也不会，所以十分穷困。而他的老婆实在无法跟着过苦日子，就想毒死他另嫁他人。

有一天姜子牙钓鱼又两手空空回到家中，老婆说：“你饿了吧，我给你烧好了肉，你吃吧！”姜子牙确实饿了，就伸手去抓肉，窗外突然飞来一只鸟，啄了他一口，他痛得“啊呀”一声，肉没吃成，忙去赶鸟。当他第二次去拿肉时，鸟又啄他的手背。姜子牙犯疑了，鸟为什么两次啄我，难道这肉我吃不得？为了试鸟，他又第三次去抓肉，这时鸟又来啄他。他知道这是一只神鸟，于是装着赶鸟，一直追出门去，追到一个无人的山坡上，见神鸟栖在一枝丝竹上，并呢喃鸣唱：“姜子牙呀姜子牙，吃肉不可用手抓，夹肉就在我足下……”姜子牙听了神鸟的指点，忙摘了两根细竹回到家中。这时老婆又催他吃肉，于是姜子牙将两根细竹伸进碗中，刚想夹肉，只见细竹滋滋地冒起一股股青烟。姜子牙假装不知放毒之事，对老婆说：“肉怎么会冒烟？难道有毒？”“没毒。”“真没毒，那你吃一块。”说着，姜子牙夹起肉就往老婆嘴里送，老婆脸都吓白了，忙逃出门去。

姜子牙明白这细竹是神鸟送的神竹，任何毒物都能验出来，从此每餐都用两根细竹进餐。此事传出后，他老婆不但不敢再下毒，而且四邻也纷纷学着用竹枝吃饭，后来效仿的人越来越多，用筷子吃饭的习俗也就一代一代传了下来。

这个传说显然是崇拜姜子牙的产物，与史料记载也不符，因纣王时代已出现了象牙筷子，姜子牙和纣王是同年代的人，既然纣王已经在用象牙筷子，那姜子牙的细竹筷子，也就谈不上什么发明创造了。

3. 妲己用筷子的传说

商纣王喜怒无常，吃饭时不是说鱼肉不鲜，就是说鸡汤太烫，有时又说菜肴冰凉不能入口，为吃饭这件事很多厨师成了他的刀下之鬼。宠妃妲己也知道他难以侍奉，所以每次摆的酒宴，她都事先尝一尝，免得纣王又要发怒。有一次，妲己尝到有碗佳肴太烫，可是撤换已来不及了，因纣王已来到餐席前。妲己为讨得纣王的欢心，急中生智，忙取下头上长长的玉簪将菜夹起来吹了吹再送到纣王口中。纣王是荒淫无耻之徒，他认为由妲己夹菜喂饭是件享乐之事，于是天天要妲己如此。后来妲己即让工匠为她特制了两根玉筷子夹菜，这就是最初的玉筷雏形，以后这种夹菜方式传到了民间，于是中国产生了筷子。

这则筷子传说不像第一个传说充满着神话色彩，而比较贴近生活，具有某些现实意义，但即使富于传奇性，也依然与事实不符。因为考古学家在安阳侯家庄殷墓发掘出的铜箸，经考证其年代早于殷商末期的纣王时代，所以显然筷子不是妲己创造，应是更早的产物。

我们仅当作筷子文化的一部分来看待这样的民间传说。

二、筷子的历史演变

考古发掘的实物已经无可置疑地证明：中国人用筷子的历史至少可以追溯到距今6000余年的新石器时代。发掘结果和更深入的研究都表明，筷子文化早在6000年前，便广泛地分布于江淮大地和广阔的黄河流域。考古发掘出土的实物和文献、民俗等领域的研究证明，中国筷子文化在既往的漫长演进历史上走过以下不同的发展阶段：前形态——燔炙时代至陶器饪物之前；过渡阶段——新石器时代；梜——青铜时代；箸——东周至唐；筷——宋至当代。

1. 前形态时期

在这一时期，中华先民以一根木棍（或枝条等棒形物）来挑、插、拨、取、持食物，主要是对不便于直接用手拿的食物。当时这一根棒是兼有饪食具和助食具两种作用的。如同今日的手持金属或竹木条炸、烤肉串，在加热至成熟阶段，用来串取食物的金属或竹木条是饪食工具；而在成熟后的持食阶段，它们便成了助食工具。此一性质，在中国人吃涮锅时亦道理相同，即夹取涮制的过程是饪食，出锅入口阶段的作用则是助食，两者的性质是不同的。

2. 过渡阶段时期

这一时期是从两根棒并用开始，大约经历了3000年之久。这一期间，棒的长度虽很不规范，但两棒并用的使用率却在缓慢地提高，即逐渐在普及。两根棒并用的历史是与陶器盛食的历史密不可分的，也就是说，粒食、热食、碗状器盛食和人各自持食等因素促使了两根棒并用文化的出现。

3. 梜的阶段

梜的阶段与我国历史上的青铜时代在时限上基本一致。我们理解的青铜时代，在中国大约是夏商西周时期，即从公元前2070年至公元前770年的一千多年。而筷子文化的演变是极为缓慢的，不可能也不适宜以十分具体的时限为标志，我们这里只是示意一个大概的历史性时限段。这一时期的筷子文化特征，是“梜”的形态和功用。所谓梜，即先秦典籍所谓：“羹之有菜者用梜，其无菜者不用梜”，这说明当时梜的功能主要是用以挑或夹取羹中的菜或其他固体食物。

4. 箸的历史时期

这一时期是筷子形态成熟固定和历史功能充分发挥的时期。“箸”，是筷子在东周至明中叶以前的规范称谓，并且是明中叶以后至今比较雅的称谓。在自春秋至明中叶的22～23个世纪的时间里，箸的形制基本在20～30厘米之间，而且具有随着时间发展而逐渐加长之势。在功用方面，则由仅夹取羹中食物（因热或油渍、水分），向最终成为完全助食工具过渡。这一过渡的基本完成是在汉代。

5. 筷的历史时期

这一时期是宋至今，其基本特征是箸文化的广泛普及，箸料的广泛，工艺的高度发展，图文饰的充分发挥，25～30厘米长和上方下圆箸体的基本定格等。其间，一个典型的历史事件是“筷”称谓的出现和普及。“筷”称谓的普及过程与以筷为助食工具在中国普遍使用的过程是同步的。“筷”的称谓出现在明中叶今江苏、浙江省境内的运河线上。明中叶时，那里是中国人口高密度集中区，而且南北大运河上的船工和两岸的纤夫多以数万计，他们极其劳苦艰辛。运河行船盼的是快，忌的是住，中国人求吉祈祷心理极强，一日三餐不停地呼“箸”（箸、住同音），心理无法接受，于是改“箸”为“筷”，不停地呼“快”，以求快行船，少吃苦，多获利，“筷”的称谓于是出现。上层社会最初并不认同来自劳苦大众阶层的这一改革称谓，但无奈人多势众，竟成流俗，于是只好趋同认可。但后者也有贡献，那就是在“快”字上加上一“竹”字头，成了流行至今日的“筷”字。

第二节　筷子文化

一、筷子的分类

中国的筷子分为五大类，分别是竹木筷、金属筷、牙骨筷、玉石筷、化学筷。

1. 竹木筷

最原始的筷子是竹木质的，因此人们使用最多的也是竹木筷。古代竹筷品种可谓千姿百态，以灰褐色条纹的棕竹筷最为高档，但如今已绝迹于市场。同时，紫竹筷、湘妃竹筷也是稀有品种，目前也已难觅。湖南的楠竹筷放在清水中根根竖立不卧浮，有神奇筷之称；而杭州西湖天竺筷也成为这个风景名胜的一大特产。竹筷还有便于雕刻的特点，四川江安竹雕筷创制于明末清初，后多次在国际上获奖。

木筷品种较多，红木、楠木、枣木、冬青木，皆可制筷，而质地坚硬的乌木筷身价最高。广州有家80多年历史的筷子店，至今仍以手工制作，如有一种狮子头紫檀木筷，更是独一无二的精美工艺品。

2. 金属筷

从青铜筷算起，还有金筷子、银筷子、铜筷子、铁筷子，现在发展到不锈钢筷子。

如今很少有人用金属筷进餐，但古代富豪人家流行过金属筷。1961 年云南祥云大波那铜棺墓出土 3 根圆铜筷，经现代科技手段测定为公元前 495 年左右春秋中晚期文物。铜筷不宜吃饭，以后逐渐被银筷取代。

我国出土银筷数量最多的一次是 1982 年，在江苏镇江东郊丁卯桥出土的 950 余件唐代银器，其中银筷达 40 余双。银筷测毒说其实不可靠。制作精美的银筷至今仍受欢迎，但人们已把它当工艺品看待。价格昂贵的金筷是王公贵族奢侈的象征，史载唐玄宗曾赏赐宰相金箸一双。哈同、黄金荣、杜月笙等海上名人也用"金台面"（即一桌席面上所有的 10 只酒杯、10 只小碟、10 个筷枕和 10 双筷子等全部由黄金铸制）待客。

3. 牙骨筷

中华筷中还有用象牙和取材于牛、驼、鹿等兽骨制作的筷子，用海龟甲壳制成的玳瑁筷等。有些聪明的工匠用精雕细刻的功夫将牙骨巧妙地镶接，使之成为艺术品。

4. 玉石筷

玉石筷也是筷中珍品，有汉白玉、羊脂玉、翡翠，故宫珍宝馆就陈列着不少慈禧太后用过的玉筷、翡翠筷、翡翠镶金筷等。

5. 化学筷

化学筷是近代科学发展的产物，有密胺材质的、塑料材质的……

20 世纪 30 年代上海就有赛璐珞筷子，近年又出一种乳白色的"像牙筷"，虽说与象牙相似，但仅仅是"像"而已。这是一种塑料密胺筷，因价廉物美广受欢迎。

还有许多我们今天不常见的棕竹牙帽箸、乳帽镶银象牙箸、乌木镶银箸、虬角镶金箸等都可以归到这五大类中。

二、中华民族的筷子文化

中国的筷子不仅仅是一种餐具，作为一种与文化有关的器物，它还在历史上曾留下过许多记载。

楚汉相争年代，高阳酒徒郦食其向刘邦献"强汉弱楚"，谋士张良知道后即顺手拿起刘邦刚放下的筷子，在餐桌上以箸为图，说出郦食其的错误，并献出自己的剪楚兴汉的战略良策。这就是《汉书·张良传》记载的"臣请借前箸以筹之"的故事。成语"借箸代筹"即由此而来。

历代文人骚客曾写过不少咏筷诗。诗人李白在《行路难》中有"停杯投箸不能食"之句，那是他在天宝三年（公元 744 年）因受权贵谗毁，丢掉"供奉翰林"之职而落魄离京时食不下咽之忧郁心情的真实写照。唐代大诗人杜甫《丽人行》云："犀箸厌饫久未下，鸾刀缕切空纷纶。"诗中"犀箸"，当指犀牛角制的筷箸。朱淑贞《咏箸》曰："两个娘子小身材，捏着腰儿脚便开。若要尝中滋味好，除非伸出舌头来。"诗句将筷子拟人化，形象生动有趣。明代诗人程良规《咏竹箸》诗中有："殷勤问竹箸，甘苦尔先尝。滋味他人好，尔空来去忙。"借箸喻人，亦别有意味。

相传，刘伯温初见明太祖时，太祖方食，即以筷为题让他作诗，以观其志。刘伯温见太祖所用筷子乃湘妃竹所制，即吟曰："一对湘江玉并肩，二妃曾洒泪痕斑。"他见太祖面露不屑之色，遂高声续吟："汉家四百年天下，尽在留侯一箸间。"诗借楚汉相争时，张良曾"借箸"替刘邦筹划战局的典故，道出自己之政治抱负，最终博得明太祖赏识。今有诗人赵恺写《西餐》诗进而怀念起筷子："举得起诗情画意，放不下离情别意。两枝竹能架起一座桥，小桥召示归去。"构思奇巧、意味深长。作家冯骥才曾手书咏箸诗赠上海藏筷名家兰翔："莫道筷箸小，日日伴君餐。千年甘苦史，尽在双筷间。"民间还流传着一首以筷子为谜底的灯谜诗，饶有风趣，诗曰："姊妹两人一般长，厨房进出总成双。酸咸苦辣千般味，总是她们先品尝。"

在中国古典小说里，筷子的身影时现，小说家常借它来达到刻画出人物性格的目的。据《秦馔古今谈》及五代王仁裕《开元天宝遗事》载：唐玄宗在一次御宴中突然将手中的金箸赐给宰相宋璟，这位宰相受宠若惊，不知所措。唐玄宗见状说："非赐汝金，盖赐卿以箸，表卿之直耳。"赞扬宋璟的品格像筷子一样耿直。

在《三国演义》中，筷子又成为罗贯中笔下的精彩道具。曹操青梅煮酒论英雄，刘备意识到曹操的真实用意，赶忙巧借惊雷响声，佯装害怕，将筷子失手落地，以表白自己是个胸无大志的庸人，从而消除了曹之戒心，保全了自己。

筷子在文学作品中也颇多描绘。曹雪芹的《红楼梦》既有"乌木三镶银箸"，又有"四楞象牙镶金的筷子"出现在大观园的餐桌上。《红楼梦》第四十回中写道："凤姐手里拿着西洋布手巾，裹着一把乌木三镶银箸，按席摆下。"由此可见贾府的荣华富贵。

讽刺小说《儒林外史》第四回中有这样一段描写：范进中举不久，丧母守孝。恰在这时汤知县请他赴宴，山珍海味，美酒佳肴，还配有"银镶杯箸"。范进却退前缩后不肯入席。汤知县不解其故，经张静斋点拨，"换了一个瓷杯，一双象箸"。但范进仍不进餐，再换上一双白色竹筷，"居丧尽礼"的范举人才用之在燕窝里捡了个大虾圆子送进嘴里。原来，在这个装腔作势的守孝举人眼中，唯有白竹筷才最合乎"孝道"，至于是否大吃荤腥有碍"孝道"反倒是无关紧要的。通过这段不动声色"换箸进食"的描写，小说作者以辛辣的笔墨，入木三分地揭露满口"诗云""子曰"的斯文君子，大多是蝇营狗苟的伪君子。

一把筷子（即拾双筷子捆扎在一起）难以折断，而一双筷子则易折。在人们日常生活中，常喻一把筷子为一个集体，而单只筷子便显得形单影只，难以支撑大厦。喻示团结便是力量，集体的力量是不可战胜的。

古往今来，有关筷子的趣闻逸事甚多。相传，西汉有位巨无霸者，是位勇猛武将，生得虎背熊腰。他有一个与众不同的习惯，就是每日进餐必用二三斤重的铁筷，以显示其臂腕有超人之力。又据说，湘西苗族曾有位抗清英雄，他使用的武器不是别的，正是一双两尺长的铁筷，人称"筷子王"。他的筷子功，又分为轻功和硬功，轻功的功夫能夹住飞翔的蚊虫，他可以夹了又放，放了又夹，不伤蚊子。他的硬功，一筷子下去，能置敌人于死地。

"击箸和琴"，即是宋人在《春渚纪闻》中记载的一则佳话。南朝刘宋时的柳恽一次赋诗，正在酝酿之时，用笔敲琴，门客中有人"以箸和之"，奏出的哀韵使柳恽大为惊讶，于是"制为雅音"。

事实上，借筷子为乐器的例子在文艺舞台上屡见不鲜。清音是流行于四川的曲艺品种之一，系清乾隆年间从民间小调发展而成，多由一个人表演，演员左手打板，右手便是执竹筷敲打竹板进行演唱。而在蒙古族人那里，筷子又被作为舞蹈表演的道具。这种舞蹈历史悠久，流行于内蒙古地区，起初多为男子独舞，新中国成立后发展成为男女群舞。20 世纪四五十年代，蒙古族的筷子舞曾风靡全国，为人们喜闻乐见。

民间还有用筷子敲击碟子的舞蹈，碟声悦耳，舞姿优美，别有韵味。在杂技节目中，亦有借用筷子为表演道具的。在传统的戏曲舞台上，也能觅其踪影。目连戏是一种融合宗教、民俗等多种因素的大型娱乐活动，《刘氏出嫁》是蜀人“搬目连”所必不可少的开场戏，戏中新娘上轿时，就要撒 24 双筷子并唱“撒筷歌”。此乃民间借筷子讨口彩以祈求“快生贵子”的文化心理在戏曲中的艺术再现。在东北有些地区，新婚洞房花烛之夜，要在洞房的地上扔几双筷子，意为“快生贵子”，图个吉利之意。过去云南阿昌族娶亲接新娘时，在丈人家新郎官吃早饭用的“筷子”，必须要用足足有五六尺长的细荆竹特制，梢子上还带着一簇簇绿叶，并拴上鲜花之类的东西。当新郎拿起这双“筷子”时，手常常抖得很厉害，有时还要用肩膀扛起来。有趣的是，新郎吃的菜，也全是特制的，如油炸花生米、米粉、豆腐、水菜之类的东西，不是细得夹不起，就是滑得夹不住，或是软得一碰就碎。这顿饭常常把那些身强力壮、神气十足的新郎吃得满头大汗，意思是给他一个下马威，让他今后对妻子要体贴一点。

筷子跟绘画、雕刻联姻，经艺人之手巧妙点化，又可制成高级精美而魅力独具的工艺品。小小筷子，方圆有致，式样精巧，或烙画或镂刻，让人观赏把玩，爱不释手。例如，北京的象牙筷，浅刻仕女、花鸟或风景，饰以彩绘，华贵艳丽；桂林的烙画筷，烙印象鼻山、芦笛岩、独秀峰等景，白绿相间，清丽大方。如今，筷子的种类就更多了，而且造型也美，工艺更精巧，如杭州的天竺筷、宁波的水磨竹筷、福建漆筷、广东的乌木筷、四川的雕花竹筷、江西的彩漆烫花筷、山东潍坊的嵌银丝硬木筷、苏州白木筷和云南楠木筷等，皆是中国筷子大家族的名品。现在，北京又制作了以硬木、紫铜、象牙、玉石等为原料，结合景泰蓝、雕刻、镶嵌等工艺的高档筷子。有些竹、木筷子的上端还烤印有各种图案或名家诗句，有的还雕刻上十二生肖形象，甚为精致。明清时代，各种筷子已由单纯的餐具发展为精美的工艺品。清袁枚在《随园食单》中说：“美食不如美器，斯语是也。”

清代，在云南武定县出了个烙画筷子的名艺人武恬，他能在长不盈尺的筷子上烙画唐代画家阎立本的《凌烟阁功臣二十四人图》《秦府十八学士图》，所绘人物须眉衣饰，栩栩如生，其技艺号称天下无双，出自他亲手制作的工艺筷亦是身价百倍。四川江安的竹簧筷驰名中外，1919 年曾在巴拿马国际博览会上夺得优胜奖章。此筷创制于明末清初，所刻狮头竹筷，有单狮、双狮、踏宝狮、子母狮等八十多个品种。据说，制作一双传统狮头簧筷，单是两个狮头，有时竟要雕上三百到四百刀才能完成。其做工之细、技艺之精，委实令人叹服！这筷画、筷雕，构成了中国工艺美术殿堂中独具民间特色的一方。

除此以外，筷子跟传统书法艺术也有很深的缘分。知堂老人 20 世纪 50 年代在《吃饭与筷子》一文里，谈及西方人的刀叉和国人的筷子之异同时曾指出：“刀叉与筷子也不好说在文化上有什么高下，总之因有这异同，用筷与用笔才有密切的关系，正如拿钢笔的手势出于拿刀叉一样。朝鲜、日本、越南、缅甸、新加坡各国之能写汉字，固然由于过去汉文化之熏陶，一部分是由于吃饭拿筷子的习惯，使得他们容易拿笔，我想这是可能的。”西方人由执刀叉而拿钢笔，国人由用筷子而执毛笔，知堂老人这番立足发生学的推论，倒是饶有意味。今上海藏箸家兰翔先生更是以箸代笔，练就一手他自称“野狐禅”的“双筷书法”，名声传出，求字者纷纷上门。

筷子除了实用功能外，还被作为艺术品广泛收藏。沪上筷子收藏家兰翔先生所收藏的各类名筷，不下千双，其中有一双唐代鎏金银箸，上方下圆，银皮镶包木胎，长 28 厘米。在筷的上端持筷处，有 3 厘米环形鎏金纹饰，经千年岁月的洗礼，金色依稀可辨。现在箸身虽已斑驳，但仍掩盖不住精美豪华的原貌。

有人由此认为，中国人之所以聪明，皆属筷子的功劳。此话虽有点夸张，但也不无道理。时至今日，这种简便轻巧的餐具非但未成为古董进入历史博物馆，反而因科学家赋予了它新的意义而备受青睐。

三、筷子文化的海外影响

中国的筷子何时传至海外，虽然尚无确考，但它远涉重洋，遍及五大洲，受到各种肤色人种喜爱的历史事实，实在也是一桩颇为微妙的话题。如今，不仅亚洲的大多数国家使用筷子，连西方那些传统使用刀叉的民族，也都相当普遍地生产和使用着筷子。美国明尼苏达州的西滨城，有一家世界上最大的筷子制造厂，因而被誉为“筷子城”，一年的销售额高达1400万美元。

随着我国国际地位的提高，筷子的声誉也在悄悄地增长。筷子，作为中国文化的象征，有时还会有特别的纪念意义。1972年2月21日，美国总统尼克松访华时，周总理在人民大会堂设宴款待。尼克松作为历史上第一个访问中国的美国在职总统，第一次在中国政府举行的宴会上使用了中国的餐具——筷子。宴会刚结束，一位加拿大《多伦多环球邮报》驻北京记者伯恩斯，顺手就把尼克松用过的那双筷子拿去，在场的宾客当即对这位记者风趣的举动报以热烈掌声。消息传出后，有人出到2000美元的高价收买这双筷子，伯恩斯怎么也不肯割爱，据说后来竟要价到5000美元。

1986年，英国女王伊丽莎白二世访华，也有一则关于筷子的花絮。英国皇家电视台在报道女王访华的特别节目中，最使英国人感兴趣的是女王在中国国宴上纯熟使用筷子进膳的特写镜头。一家报纸刊登的大幅照片，文字提示：国宴服务员正在为女王准备的一双筷子；另一家报纸则以用筷子夹龙眼为题，报道女王出席国宴盛况。美国著名导演史蒂芬，在前几年摄制的一部科幻片中，特别设计了一个男女主角在太空船上用铅制的筷子进食的镜头，据说，这种铅筷很快成了市场上的时髦产品，每双售价达40美元。

筷子，是炎黄子孙引以为豪的特色餐具。筷子文化是中华民族灿烂辉煌的饮食文化中最具民族特色的绚丽篇章。

第三节　筷子的功能与礼仪

一、功能

中国人发明和使用筷子，在人类文明史上是值得骄傲和推崇的科学发明。长期用筷子吃饭可以使人心灵手巧，促进手、脑反应更加敏捷。有一位日本学者曾从生理学的观点对筷子提出一项研究成果，他认为用筷子进食时，要牵动人体三十多个关节和五十多条肌肉，从而刺激神经系统的内在活动，大大有助于人的动作灵活、思维敏捷。

美国著名的历史学家小林恩·怀特，在1983年发表一篇题为《手指、筷子和叉子——关于人类进食技能的研究》的学术论文，曾引起学术界的极大关注。他在论文中断言：“人类选择筷子进食确实是一种最佳方式。”从而使筷子的身价大增，备受称赞。

著名的物理学家、诺贝尔物理学奖获得者李政道博士，在接受一位日本记者采访时，也有一段很精辟的论述：“中华民族是个优秀民族，中国人早在春秋战国时期就使用了筷子。如此简单的两根东西，却是精妙绝伦地运用了物理学上的杠杆原理。筷子是人类手指的延伸，手指能做的事它几乎都能做，而且不怕高温与寒冷。真是高明极了。”

人们在吃饭时使用筷子，能施展出钳夹、拨扒、挑拣、剪裁、合分等代替手指的全套功能。据科学测定，人们在使用筷子时，五个手指能很好地配合，而且带动手腕、手掌、胳膊和肩膀的几十个关节和肌肉的活动，并与脑神经相连，给大脑皮层一种有益的锻炼。可见，李政道博士对使用筷子的论证，蕴藏着许多科学的道理。

二、礼仪

中国人用筷子就餐是从远古流传下来的，日常生活中对筷子的运用非常讲究，形成了筷子独特的礼仪。

1. 摆放

我们在摆饭时需要注意一些摆筷礼仪及习俗忌讳。

用餐前筷子一定要按照人数整齐码放在饭碗的右侧，用餐后则一定要整齐地竖向码放在饭碗的正中。如果多摆一双筷子，在中国很多地方的风俗里是用来悼念家中有威望的死者的，以示没有忘怀。少摆筷子就有刁难某位家人或客人之嫌了，好像不愿让人一起吃饭似的。

筷的摆放，应当整齐并拢置于进餐者右手位；手执的筷子头（顶）的一端要垂直朝向餐桌的边缘（以方形桌为例；若是圆桌面，摆放角度应与半径重合）；切忌筷足向外，亦不可一反一正并列。

用餐前将筷子长短不齐地随便扔在桌子上大多数情况下被视为很不吉利的行为，通常叫做“三长两短”。因为中国人过去认为人死以后是要装进棺材的，在人装进去以后，还没有盖棺材盖的时候，棺材的组成部分分为前后两块短木板，两旁加底部共三块长木板，五块木板合在一起做成的棺材正好是三长两短，所以说这是极为不吉利的事情。

2. 执筷方式

在使用筷子时，正确的使用方法是用右手执筷，大拇指和食指捏住筷子的上端，另外三个手指自然弯曲扶住筷子，而且筷子的两端一定要对齐。一般是拇指捏按点在上距筷头（顶）为筷长三分之一（或略小于三分之一）处为宜。这样既看起来雅观大方，又便于筷子充分张合使用。

而时下许多人执筷取位则大约在筷子的中间。由于过分靠近筷足，不仅看相不雅，筷足张合不灵，而且会出现两根筷头碰撞在一起，发出不愉快声音的现象。

执筷过于靠上不仅显得笨拙，不方便夹合，在古代筷子文化中，还认为做此举动的男子自命清高，做此举动的女子会远嫁离开父母。

在旧时代，人幼少之时初学用筷，父兄辈必教用右手执筷，左手执筷多数情况下表明家教有亏、修身不善，也是宴会场合失礼的行为。因为中国都是合餐制，左手执筷势必要与旁边右手执筷的人产生碰撞，因此在中国古代左手执筷被认为是失礼的举动。

进食时，筷不可开口过张，夹取食物要适量，太多易被视为贪嘴，太少又有矫揉造作之嫌。

3. 用筷方式

筷子是中餐中最主要的进餐用具，中国人非常讲究在餐桌上的礼仪，人们往往从能否正确使用筷子的小细节，判断出一个人的家教和修养。一般禁忌以下十二种筷子的使用方法。

① 满盘皆飞　不管不顾地埋头苦吃，筷子飞快地从桌上的盘子里夹菜，频率极高，好像饥饿了好久，让人瞧不起。

② 仙人指路　这种拿筷子的方法是，用大拇指和中指、无名指、小指捏住筷子，而食指伸出。这在过去叫“骂大街”，因为在吃饭时食指伸出，总在不停地指向别人，一般伸出食指去指对方时，大都带有指责的意思。吃饭时同别人交谈不能用筷子指人或拿着筷子挥舞、指指点点。

③ 品箸留声　把筷子的一端含在嘴里，用嘴来回去嘬，并不时地发出咝咝声响。一般出现这种做法都会被认为是缺少家教，同样不允许。因为在吃饭时用嘴嘬筷子本身就是一种无礼的行为，再加上配以声音，更是令人生厌。

④ 击盏敲盅　这种行为被看作是乞丐要饭，其做法是在用餐时用筷子敲击盘碗。因为过去只有要饭的乞丐才用筷子敲打要饭盆，发出的声响配上嘴里的哀告，使行人注意并给予施舍。这种做法历来被视为极其下贱的行为，被他人所不齿。

⑤ 执箸寻城　这种做法是手里拿着筷子，做旁若无人状，用筷子来回在桌子上的菜盘里寻找，不知从哪里下筷为好。此种行为是典型的缺乏修养的表现，且目中无人，极其令人反感。夹起食物之后，更不应该再放回盘碟。

⑥ 迷箸刨坟　这是指手里拿着筷子在菜盘里不住地扒拉，以求寻找猎物，就像盗墓刨坟一般。这种做法属于缺乏教养的做法，令人生厌。

⑦ 泪箸遗珠　实际上这是用筷子往自己盘子里夹菜时，手不利落，将菜汤流落到其他菜里或桌子上。这种做法被视为严重失礼，同样是不允许的。

⑧ 颠倒乾坤　这就是说用餐时筷子使用颠倒，这种做法是非常被人看不起的，正所谓饥不择食，以至于将筷子使倒，这是绝对不可以的。

⑨ 定海神针　用餐时用一只筷子去插盘子里的菜，被认为是对同桌用餐人员的一种羞辱。在吃饭时作出这种举动，无异于在欧洲当众对人伸出中指的意思是一样的。

⑩ 当众上香　为了方便，把筷子插在饭中，会被人视为大不敬，因为中国古代的传统是为死人上香时才这样做。

⑪ 交叉十字　这一点往往不被人们所注意，即在用餐时将筷子随便交叉放在桌上，这是失礼的。过去中国人认为在饭桌上打叉子，是对同桌其他人的全部否定，就如同学生写错作业，被老师在本上打叉子的性质是一样的，不能被人所接受。除此之外，这种做法也是对自己的不尊敬，因为只有在过去吃官司画供时才打叉子，这也就无疑是在否定自己。

⑫ 落地惊神　所谓“落地惊神”是指失手将筷子掉落在地上，这是严重失礼的。因为古人认为，祖先们长眠在地下，不应当被打搅，筷子落地就等于惊动了地下的先祖，这是大不孝，所以这种行为也是不行的。现代社会没有了这种讲究，但是筷子落地也是由于心不在焉造成的，给人很尴尬的感觉。

在中国人看来，一个人的“吃相”最易于反映其修养与文明水准。以上十二种用筷子的禁忌，是我们日常生活当中应当注意的。作为礼仪之邦，通过一双小小筷子的用法与礼仪，就能够让人们看到其深厚的文化积淀。

第八章 中国饮食礼仪

本章课程导引：

熟知中外饮食礼仪，做一个有知识、有文化、讲礼仪的合格公民。结合政府提倡的“光盘行动”及当下食品安全现状，提倡勤俭节约的优秀品质，培养爱惜粮食、与自然和谐共处的良好习惯。

第一节　中国传统食礼

饮食礼仪是人们在饮食活动中应当遵循的社会规范。饮食礼仪是饮膳宴筵方面的社会规范与典章制度，餐饮活动中的文明教养与交际准则，赴宴人和主人的仪表、风度、神态、气质的生动体现。

任何一个民族都有自己富有特点的饮食礼俗，发展程度也各不相同。中国人的饮食礼仪可以说是世界上最发达、最完备的饮食礼仪之一。这些食礼在社会实践中不断得到完善，在古代社会发挥过重要作用，对现代社会依然产生着影响，成为文明时代的重要行为规范。

中华饮食文化源远流长，博大精深。古代中国被誉为礼仪之邦，饮食礼仪自然成为饮食文化中的一个重要部分。食礼诞生后，发挥了“经国家、定社稷、序人民、利后嗣”的作用，在周代时，饮食礼仪已形成为一套相当完善的制度。周公首先对其神学观念加以修正，提出“明德”“敬德”的主张，通过“制礼作乐”对君主和诸侯的礼宴作出了若干具体的规定。接着，儒家学派的三大宗师——孔子、孟子、荀子，又继续对食礼加以规范，补充进仁、义、礼、法等内涵，将其拓展成人与人的伦理关系，“以礼定分”，消患除灾。他们的学生还对先师的理论加以阐述、充实，最后形成《周礼》《仪礼》《礼记》三部经典著作，使之成为数千年封建宗法制度的核心与灵魂。由于强调“人无礼不生、事无礼不成、国无礼则不宁”，食礼与其他的礼，在长期的传播过程中，被广大劳动人民所接受，演变成比较完备的饮食礼仪与礼俗，成为中华民族优秀的文化传统之一。

一、宴饮之礼

有主有宾的宴饮，是一种社会活动。为使这种社会活动有秩序有条理地进行，达到预定的目的，必须有一定的礼仪规范来指导和约束。每个民族在长期的实践中都有自己的一套规范化的饮食礼仪，作为每个社会成员的行为准则。

维吾尔族待客，请客人坐在上席，摆上馕、糕点、冰糖，夏日还要加上水果，给客人先斟上茶水或奶茶。吃抓饭前，要提一壶水为客人净手。共盘抓饭，不能将已抓起的饭粒再放回盘中。饭毕，待主人收拾好食具后，客人才可离席。

蒙古族认为马奶酒是圣洁的饮料，用它款待贵客。宴客时很讲究仪节，吃手抓羊肉，要将羊琵琶骨带肉配四条长肋献给客人。招待客人最隆重的是全羊宴，将全羊各部位一起入锅煮熟，开宴时将羊肉块盛入大盘，尾巴朝外。主人请客人切羊荐骨，或由长者动刀，宾主同餐。

汉族传统的古代宴饮礼仪，一般的程序是，主人折柬相邀，到期迎客于门外；客至，致敬问候，迎入客厅小坐，敬以茶点；导客入席，以左为上，是为首席。席中座次，以左为首座，相对者为二座，首座之下为三座，二座之下为四座。客人坐定，由主人敬酒让菜，客人以礼相谢。宴毕，导客入客厅小坐，上茶，直至辞别。席间斟酒上菜，也有一定的规程。一般是酒斟八分，不可过满。上菜先冷后热，热菜一般应从主宾对面席位的左侧上；上单份菜或配菜，小吃一般是先宾后主。

在古代正式的筵宴中，座次的排定及宴饮仪礼是非常认真的，有时显得相当严肃。朝中筵宴，预宴者动辄成百上千，免不了会生出一些混乱，所以组织和管理显得非常重要。有的朝代皇帝还曾下诏整肃，不容许随便行事。宋真宗就曾下诏批评朝中筵宴仪容不端的现象。

二、待客之礼

如何以酒食招待客人，《周礼》《仪礼》与《礼记》中已有明细的礼仪条文，现简要介绍一下古代待客之礼中主体部分礼仪内容。

首先，安排筵席时，肴馔的摆放位置要按规定进行，要遵循一些固定的法则。带骨肉要放在净肉左边，饭食放在用餐者左方，肉羹则放在右方；脍炙等肉食放在稍外处，醯［xī］酱调味品则放在靠近面前的位置；酒浆也要放在近旁，葱末之类可放远一点。这些规定都是从用餐实际出发的，并不是虚礼，主要还是为了取食方便。

其次，食器饮器的摆放，仆从端菜的姿势，重点菜肴的位置，也都有明文规定。仆从摆放酒壶酒樽，要将壶嘴面向贵客；端菜上席时，不能面向客人和菜肴大口喘气，如果此时客人正巧有问话，必须将脸侧向一边，避免呼气和唾沫溅到盘中或客人脸上。上整尾鱼肴时，一定要使鱼尾指向客人，因为鲜鱼肉由尾部易与骨刺剥离；上干鱼则正好相反，要将鱼头对着客人，干鱼由头端更易于剥离；冬天的鱼腹部肥美，摆放时鱼腹向右手边，便于取食；夏天则背鳍部较肥，所以将鱼背朝右手边。主人的情意，就是要由这细微之处体现出来，仆人若是不知事理，免不了会闹出不愉快来。

再次，待客宴饮，并不是等仆从将酒肴摆满就完事了，主人还要作引导与陪伴，主客必须共餐。尤其是老幼尊卑共席，那规则就多了。陪伴长者饮酒时，酌酒时须起立，离开座席面向长者拜而受之。长者表示不必如此，少者才返还入座而饮。如果长者举杯一饮未尽，少者不得先干。

侍食年长位尊的人，少者还得记住要先吃几口饭，谓之“尝饭”。虽先尝食，却又不得自己先吃饱完事，必得等尊长者吃饱后才能放下碗筷。少者吃饭时还得小口小口地吃，而且要快些咽下去，随时要准备回复长者的问话，谨防发生喷饭的事。

凡是熟食制品，侍食者都得先尝一尝。如果是水果之类，则必让尊者先食，少者不可抢先。古时重生食，尊者若赐你水果，如桃、枣、李子等，吃完这果子，剩下的果核不能随手扔下，须怀而归之，否则便是极不尊重的了。如果尊者将没吃完的食物赐给你，若盛器不易洗涤干净，就得先都倒在自己所用的餐具中才可享用，否则于饮食卫生有碍。

尊卑之礼，历来是食礼的一项重要内容，子女于父母，下属对上司，少小对尊长，要表现出尊重和恭敬。对此，不仅经典立为文，朝廷著为令，家庭亦以为训。明太祖朱元璋时曾两度下令，申明餐桌上的尊卑座次的排列礼仪。

古代的许多家庭，少不了以食礼作为家训的训条，教导子孙谨守。

三、进食之礼仪

饮食本身，因参与者是独立的个人，所以表现出较多的个体特征，每个人都可能有自己长期生活中形成的习惯。但是，饮食活动又表现出很强的群体意识，它往往是在一定的群体范围内进行的，在家庭内，或在某一社会团体内，所以还得用社会认可的礼仪来约束个人，使每个人的行为都纳入规范之中。

进食礼仪，按《礼记·曲礼》所述，先秦时已有了非常严格的要求，在此列举如下。

“虚坐尽后，食坐尽前。”在一般情况下，要坐得比尊者长者靠后一些，以示谦恭；“食坐尽前”，是指进餐时要尽量坐得靠前一些，靠近食案，以免不慎掉落食物弄脏坐席。

“食至起，上客起，让食不唾。”宴饮开始，馔品端上来时，做客人的要起立；在有贵客到来时，其他客人都要起立，以示恭敬。主人让食，要热情取用，不可置之不理。

“客若降等，执食兴辞。主人兴辞于客，然后客坐。”如果来宾地位低于主人，必须双手端起食物面向主人道谢，等主人寒暄完毕之后，客人方可入席落座。

“主人延客祭，祭食，祭所先进，殽之序，遍祭之。”进食之前，等馔品摆好之后，主人引导客人行祭。食祭于案，酒祭于地，先吃什么就先用什么行祭，按进食的顺序遍祭。

“三饭，主人延客食胾［zì］，然后辨殽，客不虚口。”所谓“三饭”，指一般的客人吃三小碗饭后便说饱了，须主人劝让才开始吃肉。宴饮将近结束，主人不能先吃完而撇下客人，要等客人食毕才停止进食。如果主人进食未毕，“客不虚口”，虚口指以酒浆荡口，使清洁安食。主人尚在进食而客自虚口，便是不恭。

“共食不饱。”同别人一起进食，不能吃得过饱，要注意谦让。“共饭不湿手”，指当同器食饭，不可用手，食饭本来一般用匙。

“毋抟饭。”吃饭时不可抟饭成大团，大口大口地吃，这样有争饱之嫌。

“毋放饭。”要入口的饭，不能再放回饭器中，别人会感到不卫生。

“毋流歠［chuò］。”不要长饮大嚼，让人觉得是想快吃多吃，好像没够似的。

“毋咤［tuō］食。”咀嚼时不要让舌在口中作出响声，主人会觉得你是对他的饭食表现不满意。

“毋啮骨。”不要专意去啃骨头，这样容易发出不中听的声响，使人有不雅不敬的感觉。

“毋反鱼肉。”自己吃过的鱼肉，不可再放回去，应当接着吃完。

“毋投与狗骨。”客人自己不要啃骨头，也不能把骨头扔给狗去啃。

“毋固获。”不要喜欢吃某一味肴馔便独取那一味，或者争着去吃，有贪吃之嫌。

“毋扬饭。”不要为了能吃得快些，就用食具扬起饭粒以散去热气。

“饭黍毋以箸。”吃黍饭不要用筷子，但也不是提倡直接用手抓。食饭必得用匙。筷子是专用于食羹中之菜的，不能混用。

“羹之有菜者用梜，无菜者不用梜。”梜即是筷子。羹中有菜，用筷子取食。如果无菜筷子派不上用场，直饮即可。

“毋嚃羹。”饮用肉羹，不可过快，不能出大声。有菜必须用筷子夹取，不可直接用嘴吸取。

“毋絮羹。”客人不能自己动手重新调和羹味，否则会给人留下自我表现的印象，好像自己更精于烹调。

“毋刺齿。”进食时不要随意不加掩饰地大剔牙齿，如齿塞，一定要等到饭后再剔。

“毋歠醢［hǎi］。”不要直接端起调味酱便喝。醢是比较咸的，用于调味，不是直接饮用的。

“濡肉齿决，干肉不齿决。”湿软的烧肉炖肉，可直接用牙齿咬断，不必用手去擘；而干肉则不能直接用牙去咬断，须用刀匕帮忙。

“毋嘬炙。”大块的烤肉和烤肉串，不要一口吃下去，如此塞满口腔，不及细嚼，狼吞虎咽，仪态不佳。

“当食不叹。”吃饭时不要唉声叹气，“唯食忘忧”，不可哀叹。

类似的仪礼也曾作为许多家庭的家训，代代相传。

当代的老少中国人，自觉不自觉地，都多多少少承继了古代食礼的传统。我们现代的不少餐桌礼仪习惯，都可以说是植根于我们古老饮食传统的。

第二节　现代宴会礼仪

现代宴会活动就其目的性质而言，大约分为三种：一种是礼仪性质的，如为迎接重要的来宾或政界要员的公务性来访，或为庆祝重大的节日或举行一项重要的仪式等举行的宴会，都属于礼仪上的需要，这种宴会要有一定的礼宾规格和程序。另一种是交谊性的，主要是为了沟通感情、表示友好、发展友谊，如：接风、送行、告别、聚会等。再一种是工作性质的，主人或参加宴会的人为解决某项工作而举行的宴请，以便在餐桌上商谈工作。这三种情况又常交相为用兼而有之。宴会的目的、形式、性质不同，但宾主所遵循的基本礼仪是一致的。现代宴会礼仪，主要包括用餐方式、时间和地点的选择、菜单安排、席位排列、餐具使用、用餐举止等方面的规则和技巧。

一、几种常见的用餐方式

我们主要介绍宴会、家宴、便餐、工作餐（包括自助餐）等具体形式下的礼仪规范。

1. 宴会

宴会通常指的是以用餐为形式的社交聚会，可以分为正式宴会和非正式宴会两种类型。

正式宴会，指一种隆重而正规的宴请。它多是为宴请专人而精心安排的，在比较高档的饭店，或是其他特定的地点举行的，讲究排场、气氛的大型聚餐活动。对于到场人数、穿着打扮、席位排列、菜肴数目、音乐演奏、宾主致辞等，往往都有十分严谨的要求和讲究。

非正式宴会，也称为便宴，也适用于正式的人际交往，但多见于日常交往。它的形式从简，偏重于人际交往，但不注重规模、档次。一般来说，它只安排相关人员参加，不邀请配偶，对穿着打扮、席位排列、菜肴数目往往不作过高要求，而且也不安排音乐演奏和宾主致辞。

2. 家宴

家宴也就是在家里举行的宴会。相对于正式宴会而言，家宴最重要的是要制造亲切、友好、自然的气氛，使赴宴的宾主双方轻松、自然、随意，彼此增进交流，加深了解，促进信任。通常，家宴在礼仪上往往不作特殊要求。为了使来宾感受到主人的重视和友好，基本上要由主人夫妇一人亲自下厨烹饪，一人充当服务员，来共同招待客人，使客人产生宾至如归的感觉。

如果要参加家宴，那么就需要注意，首先必须把自己打扮得整齐大方，这是对别人也是对自己的尊重。

参加家宴还要按主人邀请的时间准时赴宴。除酒会外，一般宴会都请客人提前半小时到达。如因故在宴会开始前几分钟到达，不算失礼。但迟到就显得对主人不够尊敬，非常失礼了。

当走进主人家或宴会厅时，应首先跟主人打招呼。同时，对其他客人，不管认不认识，都要微笑点头示意或握手问好；对长者要主动起立，让座问安；对女宾举止庄重，彬彬有礼。

入席时，自己的座位应听从主人或招待人员的安排，因为有的宴会主人早就安排好了。如果座位没定，应注意正对门口的座位是上座，背对门的座位是下座。应让身份高者、年长者以及女士先入座，自己再找适当的座位坐下。

入座后坐姿端正，脚踏在本人座位下，不要任意伸直或两腿不停摇晃，手肘不得靠桌沿，或将手放在邻座椅背上。入座后，不要旁若无人，也不能眼睛直盯盘中菜肴，显出迫不及待的样子。可以和同席客人简单交谈。

一般是主人示意开始后才用餐。就餐的动作要文雅，夹菜动作要轻。而且要把菜先放到自己的小盘里，然后再用筷子夹起放进嘴。送食物进嘴时，要小口进食，两肘稍微向外靠，不要向两边张开，以免碰到邻座。不要在吃饭、喝饮料、喝汤时发出声响。用餐时，如要用摆在同桌其他客人面前的调味品，先向别人打个招呼再拿；如果太远，要客气地请人代劳。如在用餐时非得需要剔牙，要用左手或手帕遮掩，右手用牙签轻轻剔牙。

喝酒的时候，一味地给别人劝酒、灌酒，吆五喝六，特别是给不胜酒力的人劝酒、灌酒，都是失礼的表现。

如果宴会没有结束，但你已用好餐，不要随意离席，要等主人和主宾餐毕先起身离席，其他客人才能依次离席。

3. 便餐

用便餐的地点往往不同，礼仪讲究也最少。只要用餐者讲究公德，注意卫生、环境和秩序，在其他方面就不用介意过多。

4. 工作餐

工作餐是在商务交往中具有业务关系的合作伙伴，为进行接触、保持联系、交换信息或洽谈生意而用餐的形式进行的商务聚会。它不同于正式的工作餐、正式宴会和亲友们的会餐。它重在一种氛围，意在以餐会友，创造出有利于进一步进行接触的轻松、愉快、和睦、融洽的氛围，是借用餐的形式继续进行的商务活动，把餐桌充当会议桌或谈判桌。工作餐一般规模较小，通常在中午举行，主人不用发正式请柬，客人不用提前向主人正式进行答复，时间、地点可以临时选择。出于卫生方面的考虑，最好采取分餐制或公筷制的方式。

在用工作餐的时候，还会继续商务上的交谈。但这时候需要注意的是，这种情况下不要像在会议室一样，进行录音、录像，或是安排专人进行记录。非有必要进行记录的时候，应先获得对方首肯。千万不要随意自行其是，好像对对方不信任似的。发现对方对此表示不满的时候，更不可以坚持这么做。

工作餐是主客双方“商务洽谈餐”，所以不适合有主题之外的人加入。如果正好遇到熟人，可以打个招呼，或是将其与同桌的人互作一下简略的介绍。但不要擅作主张，将朋友留下。万一有不识相的人“赖着”不走，可以委婉地下逐客令“您很忙，我就不再占用您宝贵时间了”或是“我们明天再联系。我会主动打电话给您”。

5. 自助餐

自助餐是近年来借鉴西方的现代用餐方式，它的起源据说是在8～11世纪北欧的斯堪的纳维亚半岛“海盗”的聚餐。那时的海盗们每当有所猎获的时候，就要由海盗头目出面，大宴群盗，以示庆贺。但海盗们不熟悉也不习惯当时中西欧吃西餐的繁文缛节，于是便别出心裁，发明了这种自己到餐台上自选、自取食品及饮料的吃法。后来的西餐从业者将其文明、规范化，并丰富了吃食的内容，就成了今日的自助餐。很多西方专业自助餐厅现在还冠以“海盗餐厅”的名字。

自助餐不排席位，也不安排统一的菜单，是把能提供的全部主食、菜肴、酒水陈列在一起，用餐者根据个人爱好，自己选择、加工、享用。

采取这种方式，可以节省费用，而且礼仪讲究不多，宾主都方便；用餐的时候每个人都可以悉听尊便。在举行大型活动、招待为数众多的来宾时，这样安排用餐，也是最明智的选择。

自助餐的礼仪主要有以下几个方面。

（1）排队取菜

在就餐取菜时，由于用餐者往往会成群结队地去选取，所以应该自觉地维护公共秩序，讲究先来后到，排队选取。在取菜之前要先准备好自己的食盘。轮到自己取菜时，就用公用的餐具将自己喜欢的食物装入自己的食盘内，然后迅速离去。切勿在众多的食物面前犹豫，让身后的人久等，更不应该在取菜时挑挑拣拣，甚至直接下手或用自己的餐具取菜。另外，不可以自作主张为他人直接代取食物。

（2）循序取菜

在自助餐上，如果想要吃饱吃好，那么在取用菜肴时，就一定要先了解合理的取菜顺序，然后循序渐进。按照常识，一般取菜的先后顺序依次是：汤、冷菜、热食品、点心、甜品和水果。所以在取菜时，最好先在全场转一圈，了解一下情况，然后再去取菜。

（3）量力而行

吃自助餐时，遇上自己喜欢吃的东西只要不会撑坏自己，完全可以放开肚量尽管去吃，不必担心别人会笑话自己。不过应当注意的是，在根据自己口味选取食物时，必须要量力而行。切勿为了吃得过瘾，而将食物狂取一通，结果吃不完，导致食物的浪费。

（4）多次少取

吃自助餐时应遵循“多次少取”的原则，即：选取某一类的菜肴每次应当只取一小点，待品尝之后，如感觉不错可以再取，反复去取也不会引起非议，直至自己吃好了为止。而且最好每次只为自己选取一种，等吃好后，再去选取其他的品种。

（5）避免外带

享用自助餐时一定要记住，所有自助餐都允许宾客在用餐现场里自行享用，不论吃多少东西都不碍事，但绝对不允许在用餐完毕后将食物打包携带回家。

（6）送回餐具

自助餐强调自助，不但要求就餐者取用菜肴时以自助为主，而且还要求其善始善终。在用餐结束后，要自觉地将餐具送至指定之处，或将餐具稍加整理后放在餐桌之上，由服务生负责收拾。

二、慎重选择时间和地点

宴会根据人们的用餐习惯，依照用餐时间的不同，分为早餐、午餐、晚餐三种。确定正式宴请的确切时间，主要要遵从民俗惯例。而且主人不仅要从自己的客观能力出发，更要讲究主随客便，要优先考虑被邀请者，特别是主宾的实际情况，不要对这一点不闻不问。如果可能，应该先和主宾协商一下，力求两厢方便。至少，也要尽可能提供几种时间上的选择，以显示自己的诚意，并要对具体宴会时长进行可行的控制。

另外，在社交聚餐的时候，用餐地点的选择也非常重要。首先要环境幽雅，宴请不仅仅是为了“吃东西”，也要“吃文化”。要是用餐地点档次过低，环境不好，即使菜肴再有特色，也会使宴请大打折扣。在可能的情况下，一定要争取选择清静、幽雅的地点用餐。其次是卫生条件良好，确定社交聚餐的地点时，一定要看卫生状况怎么样。如果用餐地点太脏、太乱，不仅卫生问题让人担心，而且还会破坏用餐者的食欲。还要充分考虑到，聚餐者来去交通是不是方便，有没有公共交通线路通过，有没有停车场，是不是要为聚餐者预备交通工具等一系列的具体问题，以及该地点设施是否完备。

三、怎样安排“双满意”菜单

依据我们的饮食习惯，与其说是“请吃饭”，倒不如说成“请吃菜”。所以对菜单的安排绝不能马虎。它主要涉及点菜和准备菜单两方面的问题。

点菜时，不仅要吃饱、吃好，而且还要量力而行。如果为了讲排场、充门面，而在点菜时大点、特点，甚至乱点一通，不仅对自己没好处，而且还会招人笑话。这时，一定要心中有数，尽量做到不超支，不乱花，不铺张浪费。可以点套餐或包桌。这样费用固定，菜肴的档次和数量相对固定，省事。也可以根据“个人预算”，在用餐时现场临时点菜。这样不仅自由度较大，而且可以兼顾各人的口味和主人的财力。

被请者在点菜时，一是告知做东者，自己没有特殊要求，请随便点菜，这实际上正是受对方欢迎的。二是认真点上一个不太贵、又非大家忌口的菜，再请别人点。别人点的菜，无论如何都不要挑三拣四。

一顿标准的宴会大菜，不管什么风味，上菜的次序都相同。通常，首先是冷盘，接下来是热炒，随后是主菜，然后上点心和汤，最后上果盘。如果上咸点心的话，讲究上咸汤；如果上甜点心的话，一般就要上甜汤。不管是不是吃大餐，了解宴会标准的上菜顺序，不仅有利于在点菜时巧作搭配，而且还可以避免因为不懂而出洋相、闹笑话的事情发生。

在宴请前，主人最好事先对菜单进行再三斟酌。在准备菜单的时候，主人要着重考虑哪些菜可以选用、哪些菜不能用。优先考虑的菜肴有如下四类。

第一，有宴会特色的菜肴。宴请外宾的时候，这一条更为重要。像炸春卷、煮元宵、蒸饺子、狮子头、宫保鸡丁等，并不是佳肴美味，但因为具有鲜明的中国特色，所以受到很多外国人的推崇。

第二，有本地特色的菜肴。比如西安的羊肉泡馍、湖南的毛家红烧肉、上海的红烧狮子头、北京的涮羊肉等，宴请外地客人时，点这些特色菜，恐怕要比千篇一律地点生猛海鲜更受好评。

第三，本餐馆的特色菜。大部分餐馆都有自己的特色菜。上一份本餐馆的特色菜，能表明主人的细心和对被请者的尊重。

第四，主人的拿手菜。举办家宴时，主人一定要露上一手，多做几个自己最拿手的菜。其实，所谓的拿手菜不一定十全十美。只要主人亲自动手，单凭这一点，足以让对方感觉到你对他的尊重和友好。

在安排菜单时，还必须考虑来宾的饮食禁忌，特别是要对主宾的饮食禁忌高度重视。这些饮食方面的禁忌主要有四条：

① 宗教的饮食禁忌，绝不能疏忽大意。例如，穆斯林不吃猪肉。国内的佛教徒不吃荤腥食品，它不仅指的是不吃肉食，而且包括葱、蒜、韭菜、芥末等气味刺鼻的食物。

② 出于健康的原因，对于某些食品，也有禁忌。比如，肝炎病人忌食油腻食品，如鸡、鸭、鹅肉、猪肥肉、香肠等；患有胃肠炎、胃溃疡等消化系统疾病的人也不合适吃豆类、鸡肉、辣椒、甜食、浓茶、汽水等；高血压、高胆固醇患者，要少喝鸡汤，不能吃高脂肪类食物等。

③ 不同地区，人们的饮食偏好有所不同。针对这一点，在安排菜单时要兼顾。比如，湖南人普遍喜好辛辣食物，少吃甜食。英美国家的人通常不吃宠物、稀有动物、动物内脏、动物的头部和脚爪等。

④ 有些职业，由于某种原因，在餐饮方面也有各自不同的特殊禁忌。例如，国家公务员在公务宴请时不准大吃大喝，不准超过国家规定的标准用餐，不准喝烈性酒。再如，驾驶员工作期间不得喝酒。要是忽略了这一点，有可能使对方犯错误。

在隆重且正式的宴会上，主人选定的菜单也可以在精心书写后，人手一份，用餐者不但餐前心中有数，而且餐后也可以留作纪念。

四、席位的排列

宴会的席位排列，不仅关系到来宾的身份和主人给予对方的礼遇，而且是一项重要的内容。宴会席位的排列，在不同情况下，存在着一定的差异。可以分桌次排列和位次排列。

1. 桌次排列

在宴会宴请活动时，往往采用圆桌布置菜肴和酒水。排列圆桌的尊卑次序，分两种情况。

第一种情况，由两桌组成的小型宴请。这种情况下，又可分两桌横排和两桌竖排两种形式。当两桌横排时，桌次要以右为尊，以左为卑。这里所说的右和左，是根据面对正门的位置来确定的。当两桌竖排时，桌次要讲究以远为上，以近为下。这里所说的远和近，是根据距离正门的远近而言。

第二种情况，由三桌或三桌以上的桌数所组成的宴请。在安排多桌宴请的桌次时，不仅要注意“面门定位”“以右为尊”“以远为上”等规则，还应兼顾其他各桌跟主桌的距离。通常，离主桌越近，桌次越高；离主桌越远、桌次越低。

在安排桌次时，所用餐桌的大小、形状要基本一致。除主桌可以略大外，其他餐桌都不要过大或过小。为了确保在宴请时赴宴者及时、准确地找到自己所在的桌次，可以在请柬上注明对方所在的桌次、在宴会厅入口悬挂宴会桌次排列示意图、安排引位员引导来宾按桌就座，或者在每张餐桌上摆放桌次牌（用阿拉伯数字书写）。

2. 位次排列

宴请时，每张餐桌上的具体位次也分主次尊卑。排列位次的基本方法有四种，它们往往会同时发挥作用。

方法一，主人大都面对正门而坐，并在主桌就座。

方法二，在举行多桌宴请时，每桌都要有一位主桌主人的代表。位置一般和主桌主人同向，有时也可面向主桌主人。

方法三，是各桌位次的尊卑，应根据距离该桌主人的远近而定，以近为上，以远为下。

方法四，是各桌距离该桌主人相同的位次，讲究以右为尊，即以该桌主人面向为准，右为尊，左为卑。

另外，每张餐桌上所安排的用餐人数应限在10人以内，最好是双数。比如，6人、8人、10人。人数如果过多，不仅不容易照顾，而且也可能坐不下。

根据上面四种位次的排列方法，圆桌位次的具体排列可以分为两种具体情况。它们都是和主位有关。

第一种情况：每桌一个主位的排列方法。特点是每桌只有一名主人，主宾在右首就座，每桌只有一个谈话中心。

第二种情况：每桌两个主位的排列方法。特点是主人夫妇在同一桌就座，以男主人为第一主人，女主人为第二主人，主宾和主宾夫人分别在男女主人右侧就座。

如果主宾身份高于主人，为表示尊重，也可以安排在主人位子上坐，而请主人坐在第二主人的位子上。

为了便于来宾准确无误地在自己位次上就座，除招待人员和主人要及时加以引导指示外，应在每位来宾所属座次正前方的桌面上，事先放置醒目的个人姓名座位卡。举行涉外宴请时，座位卡应以中、英文两种文字书写。我国的惯例是，中文在上，英文在下。必要时，座位卡的两面都书写用餐者的姓名。

排列便餐的席位时，如果需要进行桌次的排列，可以参照宴请时桌次的排列进行。位次的排列，可以遵循四个原则。

一是右高左低原则。两人一同并排就座，通常以右为上座，以左为下座。这是因为宴会上菜时多以顺时针方向为上菜方向，居右坐的因此要比居左坐的优先受到照顾。

二是中座为尊原则。三人一同就座用餐，坐在中间的人在位次上高于两侧的人。

三是面门为上原则。用餐的时候，按照礼仪惯例，面对正门者是上座，背对正门者是下座。

四是特殊原则。高档餐厅里，室内外通常有优美的景致或高雅的演出，供用餐者欣赏。这时，观赏角度最好的座位是上座。在一些中低档餐馆用餐时，通常以靠墙的位置是上座，靠过道的位置是下座。

五、宴会餐具使用的注意事项

和西餐相比较，中式宴会的一大特色就是就餐餐具有所不同。我们主要介绍一下平时常见餐具的使用。

(1) 筷子

使用礼仪我们在本书“中国筷子文化”一章中有专论，在此不再赘述。

(2) 勺子

主要用来舀取汤菜、食物。有时，用筷子取食时，也可以用勺子做辅助。尽量不要单用勺子去取菜食用。如用勺子取食物，不要过满，免得溢出来，弄脏餐桌或自己的衣服。在舀取食物后，可以在原处“暂停”片刻，汤汁不会再往下流时，再移回来享用。

不用勺子时，应放在自己的碟子上，不应把它直接放在餐桌上，或让它在食物中“立正”。用勺子舀取食物，要立即食用或放在自己碟子里，不要再把它倒回原处。而如果取用的食物太烫，则不可用勺子舀来舀去，也不要用嘴对着吹，可以先放在自己的碗里等凉了再吃。不要把勺子塞到嘴里，或者反复吮吸、舔食。

(3) 盘子

稍小点的盘子称为碟子，主要用来盛放食物，在使用方面与碗略同。盘子在餐桌上一般要保持原位，而不要堆放在一起。

需要重点介绍的是用途比较特殊的被称为食碟的一种盘子。食碟主要是用来暂放从公用的菜盘里取来享用的菜肴的。用食碟时，一般一次不要取放过多的菜肴，看起来既繁乱不堪，又像饿鬼投胎。不要把多种菜肴堆放在一起，弄不好它们会相互“串味”，既不好看，也不好吃。不可吃的残渣、骨头、刺不要吐在地上、桌上，而应轻轻取放在食碟前端，放的时候不能直接从嘴里吐在食碟上，要用筷子夹放到碟子旁边。如果食碟放满了，可让服务员更换。

(4) 水杯

主要用来盛放清水、汽水、果汁、可乐等软饮料时使用。不要用它来盛酒，也不要将水杯倒扣。另外，喝进嘴里的东西不可再吐回原水杯。

(5) 其他

宴会用餐前，若比较讲究的话，现场会为每位用餐者上一块湿毛巾。它只可用来擦手。擦手后，应该放回盘子里，由服务生拿走。有时候，在正式宴会结束前，会再上一块湿毛巾。和前者不同的是，它只能用来擦嘴，而不能擦脸、抹汗。

(6) 牙签

尽量不要当众剔牙。非剔不可时，应用另一只手掩住口部，剔出的东西，不要当众观赏或再次入口，也不要随手乱弹，随口乱吐。剔牙后，不要长时间叼着牙签，更不可用来扎取食物。

六、用餐的得体表现

任何国家的餐饮，都有自己的传统习俗和寓意，宴会也不例外。比方说，在我国大多数地方过年少不了鱼，表示“年年有余”；和渔家、海员吃鱼的时候，忌讳说“把鱼翻过来”，因那有“翻船”的意思。

用餐的时候，不要吃得摇头摆脑，满脸油汗，汁汤横流，响声大作。不但失态欠雅，而且还会破坏别人的食欲。可以适当劝别人多用一些，或是品尝某道菜肴，但不要不由分说、擅自作主地为别人夹菜、添饭。这样做不仅不卫生，还会让人勉为其难。

取菜的时候，不要左顾右盼，翻来翻去，在公用的菜盘内挑挑拣拣。要是夹起来又放回去，就会显得缺乏教养。多人一桌用餐时，取菜要注意相互礼让，依次而行，取用适量。不要好吃多吃，争来抢去，而不考虑别人用过没有。够不到的菜，可以请人帮助，不要起身甚至离座去取。

用餐期间，不要敲敲打打，比比画画。还要自觉做到不吸烟。用餐时，如果需要有清嗓子、擤鼻涕、吐痰等举动，应该去洗手间解决。

用餐的时候，不要当众修饰。比如，不要梳理头发、化妆补妆、宽衣解带、脱袜脱鞋等，如必要可以去化妆间或洗手间。用餐的时候不要离开座位，四处走动。如果有事要离开，也要先和旁边的人打个招呼，可以说声“失陪了”“我有事先行一步”等。

第三节　酒水礼仪

一、酒的礼仪

1. 选酒及取用

吃中国菜时可以喝白酒、黄酒、药酒、啤酒。西餐时，可以选用葡萄酒或白酒，而啤酒只有在吃便餐时才选用。

在国内，白酒是饮用最普遍的酒，它可以净饮干喝，也可以用来帮助吃菜下饭，甚至可以用来作为药引泡药。但是白酒一旦和啤酒、汽水、可乐等同饮，就很容易醉。

在正式场合最好用专门的“肚量不大”的瓷杯或玻璃杯盛酒，这样就好“对付”我们中国人讲究的“一饮而尽”“酒满敬人”等不成文的规定。喝白酒时，不用加温、加冰，也不必用水稀释。

西餐用酒分饭前、进餐和饭后三类。

一类是饭前酒或称开胃酒，是在入席前请客人喝的酒类，常用的有鸡尾酒、威士忌以及啤酒等。另外还应准备果汁、汽水及可乐等饮料。开胃酒的目的是刺激食欲，喝得太多反而没有食欲，所以，不要多喝。

一类是进餐酒，是上菜时配合菜肴用的葡萄酒，常用的有雪莉、白葡萄酒、红酒、香槟等。宴会中，最好多备几种酒，请客人自行选用。正式西餐，每上一道菜，侍者就会奉上一次酒，酒随菜不同而不同。常用的葡萄酒有雪莉酒、苦艾酒、香槟酒或鸡尾酒。

一类是饭后酒或称助消化酒，常用的有白兰地、雪莉及薄荷酒等。

在西方，正确的斟酒方法是仅倒半满的酒在杯子里；而吃中餐时，我们习惯于给客人斟满杯酒，表示对客人的敬意。

不论是在家里还是在饭店，如果你以你的酒为荣，可以让客人看看酒签。如果不是名酒，最好放在漂亮的玻璃酒瓶里。

红酒应该保存在温度低的房间，好的红酒要在餐前先打开，让它呼吸一个小时的空气，风味更佳。如果在很冷的季节为客人上红酒，应建议客人把酒杯在手里握几分钟，这样可以使酒快速升温。

餐前，至少应该把白葡萄酒在冰箱里放两个钟头。如果你有冰酒器，也可在有冰块的水里放 20 分钟左右。要多准备一些酒杯，因为在用过的杯里倒另外一种酒，会改变酒的味道。

2. 酒和菜的搭配

餐前选用配制酒和开胃酒。冷盘和海鲜用于搭配白葡萄酒，肉禽野味选用红葡萄酒，甜食要选用甜型葡萄酒或汽酒。酒和酒的搭配是：低度酒在先高度酒在后；有气在先，无气在后；新酒在先，陈酒在后；淡雅风格在先，浓郁在后；普通酒在先，名贵酒在后；白葡萄酒在先，红葡萄酒在后；并最好选用同一国家、地区的酒作为宴会用酒。

原则上是“白肉配白酒，红肉配红酒”。白葡萄酒适合于开胃菜等小菜或虾、螃蟹、贝类、鱼等菜。炖牛肉等味浓的肉食菜，搭配红葡萄酒。油炸的肉食，配味淡的红葡萄酒为宜。按国别选酒也是可以的：法国菜选法国的葡萄酒，意大利菜选基安蒂葡萄酒，吃腊肠和火腿肠为主的德国菜，应选德国的葡萄酒。喝汤的时候可以喝雪莉。上最后一道菜或甜品时就用香槟。

品酒要先从看酒标开始。首先看酒的标签，核实是否是自己要的酒，可以看：葡萄的收成年、葡萄酒名称、葡萄酒的产地。然后，先往玻璃杯里稍倒一点，举杯看酒的颜色是否漂亮，再闻一闻酒的香气，最后小口品尝。若酒瓶开了，除了明显的变质问题可以换酒外，一般是不允许退的。

每家餐馆一般会提供一两种点酒方式，如果很多人喝酒，你可以点一瓶；如果你是一个人喝酒，也可以按“杯”要酒。在西方宴会上喝酒一般不会拼命地劝酒，不醉不归。

3. 怎样斟酒

服务员来斟酒，你不必拿起酒杯，但不要忘记向服务员致谢。如果是主人亲自斟酒，必须端起酒杯致谢，甚至是起身站立或欠身点头致谢。也可以使用“叩指礼”，即用右手拇指、食指、中指捏在一起，指尖向下，轻叩几下桌面表示谢意。

主人亲自斟酒时则要注意：面面俱到，一视同仁；适量斟酒，白酒和啤酒都可以斟满，但其他酒不用斟满。

在正式宴会场合，除主人和服务员外，其他宾客一般不要自行给别人斟酒。

4. 敬酒的要点

敬酒也就是祝酒，指在正式宴会上，由主人向来宾提议，提出某个事由而饮酒。在饮酒时，通常要讲一些祝愿、祝福类的话，甚至有时候主人和主宾还要发表一篇专门的祝酒词。祝酒词越短越好。

敬酒可以随时在饮酒的过程中进行。若是致正式祝酒词，就应在特定的时间进行，并不要影响来宾的用餐。祝酒词适合在宾主入座后、用餐前开始。也可以在吃过主菜后、甜品上桌前进行。

在饮酒特别是祝酒、敬酒时进行干杯，需要有人率先提议，可以是主人、主宾，也可以是在场的人。提议干杯时，应起身站立，右手端起酒杯，或者用右手拿起酒杯后，再以左手托扶杯底，面带微笑，目视其他特别是自己的祝酒对象，嘴里同时说着祝福的话。

有人提议干杯后，要手拿酒杯起身站立。即使是滴酒不沾，也要拿起杯子做做样子。将酒杯举到眼睛高度，说完“干杯”后，将酒一饮而尽或喝适量。然后，还要手拿酒杯和提议者对视一下，这个过程就算结束。

在中餐里，干杯前，可以象征性地和对方碰一下酒杯；碰杯的时候，应该让自己的酒杯低于对方的酒杯，表示你的尊敬。用酒杯杯底轻碰桌面，也可以表示和对方碰杯。当离对方比较远时，就可以用这种方式代劳。如果主人亲自敬酒干杯后，要回敬主人，和他再干一杯。

一般情况下，敬酒应以年龄大小、职位高低、宾主身份为先后顺序，一定要充分考虑好敬酒的顺序，分明主次。即使和不熟悉的人在一起喝酒，也要先打听一下身份或是留意别人对他的称呼，避免出现尴尬。尤其你有求于席上的某位客人时，对他自然要倍加恭敬。但如果在场有更高身份或年长的人，也要先给尊长者敬酒。

如果因为生活习惯或健康等原因不宜喝酒，可以饮料、茶水代替。作为敬酒人，要充分体谅对方，在对方用饮料代替时，不要非让对方喝酒不可，也不应该好奇地“打破砂锅问到底”。要知道，别人没主动说明原因就表示对方认为这是他的隐私。

在西餐里，祝酒干杯一般只用香槟酒，并且不能越过身边的人而和其他人祝酒干杯。

二、茶水礼仪

茶和咖啡、可可被称为世界三大饮料。现在在接待来访的客人时，沏茶、上茶几乎成了一项必不可少的待客礼节。不管是自己喝还是待客，喝茶一般都有一些讲究。

1. 常见茶叶品种的饮用特点

茶叶的分类我们在前文已有介绍，从日常生活的约定俗成的标准来看，根据加工、制作方法的不同，茶叶可分为绿茶、红茶、乌龙茶、花茶、砖茶、袋茶等几个品种。

① 常喝绿茶的人皆知，当年的新茶，特别是“明前茶”（也就是清明节前采摘的茶叶）是首选。

绿茶更适合在夏天饮用，可以消暑降温。

我国著名的绿茶有：杭州龙井的龙井茶，江苏太湖洞庭山的碧螺春，安徽黄山的黄山毛峰，湖南洞庭湖青螺岛的君山银针，安徽六安齐云山的六安瓜片，河南信阳大别山区的信阳毛尖，贵州黔南都匀山区的都匀毛尖等。

② 红茶的加工制作方法刚好和绿茶相反，它是以新鲜的茶叶经过烘制，等完全发酵后制作而成。在冲泡沏水之前，它的色泽油润乌黑。在冲泡后，它具有独特的浓香和爽口的滋味，还能暖胃补气，提神益智。

红茶性温热，适宜在冬天里饮用。

我国生产的红茶品种不少，其中最著名的就是安徽祁门县的祁门红茶。此外，还有产于云南西双版纳的滇红茶等。

③ 乌龙茶的制作加工方法介于绿茶和红茶之间，是一种半发酵的茶叶。外形肥大、松散，茶叶边缘发酵，中间不发酵，整体外观上呈黑褐色。

冲泡后的乌龙茶色泽凝重鲜亮，芳香宜人。喝过后，不仅可以化解油腻，而且健胃提神。

我国乌龙茶多产于福建，其中最著名的是福建安溪县的铁观音、福建武夷山的武夷岩茶等。

④ 花茶，又叫香片，是以绿茶经过各种香花熏制而成的茶叶。花茶一般制作过程是将茶坯与刚刚采摘下来的鲜花混合在一起，鲜花吐香，茶坯吸香，茶香与花香最终融合，花茶即制作完成。花茶的最大特点是冲泡沏水后芳香扑鼻，口感浓郁，味道鲜嫩。一年四季都可以饮用。

花茶可以分为茉莉花茶、桂花花茶、玫瑰花茶、白兰花茶、珠兰花茶、米兰花茶等多个品种。其中以茉莉花茶最受欢迎。

⑤ 砖茶，又叫茶砖，是特意将茶叶压紧后，制作成的一种类似砖块形状的茶叶品种。它很受一些少数民族的喜爱，特别是添加奶、糖等之后煮着喝味道更美。

⑥ 袋茶，不是茶叶的某一个品种，而是为了饮用方便，将绿茶、红茶、乌龙茶或花茶甚至是加入补品、药品分别装入专用茶袋内。饮用时将专用茶袋放进杯子，然后冲泡就行。袋茶是茶的一种方便饮品。

根据生活习惯，一般来说，南方人爱喝绿茶，北方人爱喝花茶，东南沿海一带的人爱喝乌龙茶，欧美人爱喝红茶，特别是袋装红茶。

2. 怎样选择茶具

喝茶时，因所选茶叶不同，所以茶具的品种也不同。但通常情况下，喝茶都少不了储茶用具、泡茶用具、喝茶用具。

储茶用具的基本要求是：防潮、避光、隔热、无味。如果要存放好的茶叶，最好用特制的茶叶罐，如铝罐、锡罐、竹罐，尽量不用玻璃罐、塑料罐，更不要长时间以纸张包装、存放茶叶。

喝茶讲究的人，对泡茶用具也十分挑剔。在比较正规的情况下，泡茶用具和喝茶用具往往要区分开。正规的泡茶用具，最常见的是茶壶，多是紫砂陶或陶瓷制成。

喝茶用具，主要是茶杯、茶碗。用茶杯喝茶最常见，也正规。使用茶碗喝茶，多出现在古色古香的茶馆里。

为帮助茶汤纯正味道的发挥，茶杯应该选用紫砂陶茶杯和陶瓷茶杯。如果是为了欣赏茶叶的形状和茶汤的清澈，也可以选用玻璃茶杯。最好别用搪瓷茶杯。

如果喝茶时同时使用茶壶，最好茶杯、茶壶相配套，以便美观而和谐，尽量不要东拼西凑。要是同时用多个茶杯，也应注意配套问题。不要选用破损、残缺、有裂纹、有茶锈或污垢的茶杯待客。

3. 敬茶的程序

不可以直接下手抓茶叶，而要用勺子取，或是直接以茶罐将茶叶倒进茶壶、茶杯。

以茶敬客时，最重要的，是要注意客人的喜好、上茶的规矩、敬茶的方法以及续水的时机等几个要点。

可能的话，多准备几种茶叶，使客人可以有多种选择。上茶前，应先问一下客人是喝茶还是喝饮料，如果喝茶习惯用哪一种茶，并提供几种可能的选择。不要自以为是，强人所难。如果只有一种茶叶，应事先说清楚。

从医学角度来讲，喝茶不要太浓，如果客人有特别要求的除外。以茶待客讲究要上热茶，而且是七分满。上茶时还有“茶满欺人”的说法。

用茶待客时，由谁为来宾奉茶，往往涉及对来宾重视程度的问题。在家里待客，通常由家里的晚辈或是家庭服务员为客人上茶。接待重要的客人时，最好是主人自己亲自奉茶。在工作单位待客时，一般应由秘书、接待人为来客上茶；接待重要的客人时，应该由本单位在场的职位最高的人亲自奉茶。

如果客人多，可以遵循先客后主、先主宾后次宾、先女后男、先长辈后晚辈的原则；也可以以进入客厅为起点，按顺时针方向依次上茶；也可以按客人的先来后到的顺序；还有一种“偷懒”的办法，就是把所有的茶都泡好，让客人自己拿。

和别人说话的时候，最好别喝茶。即使要喝，礼貌的做法是小口品尝。不要连茶叶一并吞进嘴里。万一把茶叶喝进嘴里，也不要吐出来或是用手从嘴里拿出来，也可以在其他地方吐掉。

主人如果是真心诚意地以茶待客，最适当的做法，就是要为客人勤斟茶，勤续水。这种做法的寓意是："慢慢喝，慢慢叙。"以前，我们待客有"上茶不过三杯"一说。第一杯叫作敬客茶，第二杯叫作续水茶，第三杯则叫作送客茶。如果一再劝人用茶，而又不说话，往往意味着提醒来宾"应该打道回府了"。所以，在用茶招待老年人或海外华人的时候，不要再三斟茶。

在为客人续水斟茶时，不要妨碍到对方。一手拿起茶杯，使茶杯远离客人身体、座位、桌子，另一只手把水续入。最好不在客人面前续水。

三、咖啡礼仪

随着中西方饮食文化的交流，咖啡已经越来越多地出现在中国人的日常生活中。喝咖啡，除了作为饮料自身的功能外，更重要的是在人际交往中，借以促进人与人之间的交际，展现个人的教养和素质。越是正式的场合，就越是这样。在正式场合，喝什么咖啡和怎样喝咖啡，不仅仅是个人习惯，也涉及选择者身份、教养、见识的问题。

1. 喝咖啡的地点和时间

喝咖啡最常见的地点主要有：客厅、餐厅、写字间、花园、咖啡厅、咖啡座等。

在客厅里喝咖啡，主要适用于招待客人。

在写字间里喝咖啡，主要是在工作间歇自己享用，为了提神。这种情况下也没有什么要求。

如果在自家花园喝咖啡，适合和家人消闲休息，也适合招待客人。西方有一种专供女士社交的咖啡会，就是在主人家的花园或庭院中举行的。它不排位次，时间不长，重在交际和沟通。

在家里用咖啡待客，不论是会友还是纯粹作为饮料，最好不要超过下午4点钟。因为有很多人在这个时间过后不习惯再喝咖啡，又因咖啡会刺激大脑兴奋而影响有些人晚上的睡眠。邀人外出，在咖啡厅会客时喝咖啡，最佳的时间是傍晚或午后。

正式的西式宴会，咖啡往往是"压轴戏"。而一些正式的西式宴会一般在晚上举行，所以在宴会上喝咖啡通常是在晚上。不过为照顾个人爱好，在宴会上上咖啡的同时最好再备一些红茶，由来宾自己选择。

2. 喝咖啡时的得体表现

喝咖啡的时候，一定要注意个人举止。主要是在饮用的数量、配料的添加、喝的方法三个方面多加注意。

喝咖啡的具体数量，在正式的场合，我们要注意的是：

杯数要少。在正式场合喝咖啡，它只是一种休闲或交际的陪衬、手段，所以我们最多不要超过三杯咖啡。

入口要少。喝咖啡既然不是为了充饥解渴，那么在喝的时候就不要动作粗鲁，让人发笑。端起杯子一饮而尽，或是大口吞咽，喝得响声大作，都是失礼的。

有时需要根据情况，自己动手往咖啡里加一些像牛奶、糖块之类的配料。这时候，一定要牢记自主添加、文明添加这两项要求。

不要越俎代庖，给别人添加配料。如果某种配料用完，需要补充时，不要大呼大叫。加牛奶的时候，动作要稳，不要倒得满桌都是。加糖的时候，要用专用糖夹或糖匙去取，不可以直接下手。

在正式场合，咖啡都是盛进杯子，然后放在碟子上一起端上桌。碟子的作用，主要是用来放置咖啡匙，并接收溢出杯子的咖啡。

握咖啡杯的得体方法，是伸出右手，用拇指和食指握住杯耳后，再轻缓地端起杯子。不可以双手握杯或用手托着杯底，也不可以俯身就着杯子喝。洒落在碟子上面的咖啡用纸巾吸干。

如果坐在桌子附近喝咖啡，通常只需端杯子，而不必端碟子。如果离桌子比较远，或者站立、走动时喝咖啡，应用左手把杯、碟一起端到齐胸高度，再用右手拿着杯子喝。这种方法既好看，又安全。

在正式场合，咖啡匙的作用主要是加入牛奶或奶油后，用来轻轻搅动，使牛奶或奶油与咖啡相互融合。加入小糖块后，可用咖啡匙略加搅拌，以促使糖的迅速溶化。如果咖啡太烫，也可以用咖啡匙稍做搅动。

使用咖啡匙时，我们要特别注意两条禁忌：一是不要用咖啡匙去舀咖啡来喝；二是不用的时候，平放在咖啡碟里，不要立在咖啡杯里。

在喝咖啡时，为了不伤肠胃，往往会同时准备一些糕点、果仁、水果之类的小食品。

需要用甜点时，首先要放下咖啡杯。在喝咖啡时，手中不要同时拿着甜点品尝。更不能双手左右开弓，一边大吃，一边猛喝。

喝咖啡时，要适时地和交往对象进行交谈。这时候，务必要细声细语，不可大声喧哗、乱开玩笑，更不要和人动手动脚、追追打打。否则，就会破坏喝咖啡的现场氛围。

不要在别人喝咖啡时，向对方提出问题，而让他说话。自己喝过咖啡要讲话以前，最好先用纸巾擦擦嘴，免得让咖啡弄脏嘴角。

中国的饮食礼仪历经了几千年的演进，结合当前形势，吸收了西餐中的一些良好习惯，形成了今天能为大众所接受的现代饮食礼仪，是中国饮食文化中灿烂辉煌的重要组成部分。

第九章 历史名人与饮食

本章课程导引：

对比当前总书记提出的“大食物观”，了解饮食方面的历史典故与传说，思考如何传承其中体现的饮食文化。

第一节　古代四大美女与美食

西施与王昭君、杨玉环、貂蝉被称为中国古代四大美女，其中西施居首，是美的化身。四大美女分别有“闭月羞花之貌，沉鱼落雁之容”的传说。

一、西施舌

西施，名夷光，天生丽质，为中国四大美女之首。提起中国古代四大美人之一的西施，民间传说的佳话颇多。在中国烹饪史上与这位美女相关的美食亦不少。不同于山东名菜“西施舌”的传说。在福建就有关于名菜“炒西施舌”的历史传说。传说，春秋战国时期，越王勾践灭吴后，勾践的夫人偷偷叫人骗出西施，将石头绑在西施身上，沉入大海。从此沿海的泥沙中便有了似人舌的一种蛤蜊，在福建地区传说这是西施的舌头，所以称为“西施舌”。

其实，在福建地区“西施舌”是海洋食品哈蜊的一个品种，属瓣鳃软体动物，双壳贝类。它肉质软、嫩，氽、炒、拌、炖均可，其味道鲜美，令人难忘。20 世纪 30 年代著名作家郁达夫在福建时，曾称赞福建长乐“西施舌”是闽菜中最佳的一种菜品。

在浙江诸暨，有一种点心也称为西施舌。这种点心是用糯米粉制作成皮，包入枣泥、青梅、桂花等，多种果料放在模具中压制成舌形。这种舌形点心可以汤煮，也可油煎，是一种很流行的早点。

二、贵妃鸡

杨玉环，能歌善舞，通晓音律，体丰貌美。贵妃鸡，这是唐朝一名厨独创的一道川菜。选用肥嫩的母鸡为主料，添加红葡萄酒烹饪而成。成菜后，鸡肥美色艳，浓郁醉人，应了当时惟肥腴红艳为美之说，有着贵妃醉酒的意境，因此取名“贵妃鸡”。而在古城西安，也有一种贵妃鸡，是一种饺子的名字，采用细嫩的鸡肉、葱白、鲜蘑作为馅包制而成，外形饱满肥厚，色绯红，皮儿是采用优质红高粱米和小麦磨制擀成的，故也称贵妃鸡。

相传，杨贵妃一生最喜食两样东西。第一种即荔枝，对此，有唐朝诗人“一骑红尘妃子笑，无人知是荔枝来”的诗句为证。在我国，荔枝一般产于岭南，白居易《荔枝图序》言，这种水果“若离本枝，一日而色变，二日而香变，三日而味变，四五日外，则香味尽去矣”。岭南距杨贵妃所居住的京城长安有千里之遥，当时又没有飞机，无法空运，为了能让杨贵妃吃上色香味俱全的鲜荔枝，只能派人将刚摘下的荔枝，一个驿站接一个驿站地换快马于当日送到京城，因此传说当时人们看到快马荡起的尘埃，便会猜测是有人送杨贵妃爱吃的荔枝来了。第二种东西是鸡翅。京剧名段《贵妃醉酒》就是表现杨玉环在宫内备受宠幸，偶尔寂寞，在百花亭独饮，不觉沉醉而哀怨自伤的境况。后来，有厨师受到这些事情的启发，创制了“贵妃鸡翅”一道菜。此菜是用葡萄酒制作，成品鸡翅呈玫瑰色，具有贵妃醉酒之色韵，鸡翅善飞，飞可音喻妃，因此得名。

三、昭君鸭

昭君，名王嫱，貌若天仙，精通琴弦诗词。汉元帝在位期间，南北交兵，边界不得安静，为寻求安宁，自愿与匈奴和亲。传说昭君出塞后不喜当地面食，整日食欲不振，厨师就将粉条和油、面筋混合在一起用鸭汤煮之，迎合了昭君的口味。后来，人们便把粉条、油、面筋和肥鸭一起烹饪，称之为昭君鸭。如今在山西、甘肃等地此菜较为常见。在陕西还有一种叫昭君皮儿的小吃，实为凉皮，用面粉和面筋制成条切成薄片，辅以香辣佐料而成，味道酸辣，柔韧爽口。

四、貂蝉豆腐与貂蝉汤圆

貂蝉，为东汉末年司徒王允的歌女，国色天香，有倾国倾城之美貌。貂蝉豆腐，也就是我们常见的泥鳅钻豆腐，据传这菜名是由清朝美食家袁枚想象而撰。以泥鳅比喻奸猾的董卓，在热汤中急得无处藏身，钻入冷豆腐中，结果还是逃脱不了被烹煮的命运。恰似王允献貂蝉，巧使美人计一样。此菜豆腐洁白，味道鲜美带辣，汤汁滑腻清香。

民间小吃中还有种“貂蝉汤圆”。传说王允请人在普通的汤圆中加了适当生姜和辣椒。结果董卓吃了这种洁白诱人、麻辣爽口、醇香宜人的汤圆后，头脑发胀，大汗淋漓，不觉自醉，被吕布乘机杀了。

第二节　苏东坡与饮食

苏轼，号东坡居士，是我国北宋时期著名的政治家和文学家。他不仅在诗文、书法、绘画上造诣颇深，而且对医学、考古、水利等诸方面均有独到的见解，并对膳食、烹饪亦有研究，可谓知味善尝，既会吃，又会做，所以也是一位著名的烹饪学家和美食家。他一生不但饮食著述甚多，而且还研究出不少美味佳馔，仅以其别号东坡而命名的菜点就有很多，如东坡肉、东坡鱼、东坡豆腐、东坡饼、东坡肘子、东坡羹等，且流传有不少的趣闻轶事，其中尤以名肴“东坡肉”的传说最为广泛，并以其不凡的来历，享誉古今。

一、东坡肉

闻名全国的“东坡肉”这一传统名菜，素为人们所熟知，而据传它是由苏轼亲手煮制始创于黄州。后来，随苏轼的升迁，此菜便传遍大江南北，曾相继流传于苏、杭等地，并受到人们的高度赞誉。在湖南、湖北，甚至杭州、四川都是上等名菜，据说在广东和江浙以及海南一些地方也盛行吃“东坡肉”的习俗。盛而不衰的“东坡肉”，流传至今，已有近千年的历史了。

那么，黄州“东坡肉”又是怎样创制出来的呢？因黄州物产丰富，粮多畜多，肉价便宜，又因苏轼喜食猪肉，有一次家里来客，他即烹制猪肉飨客，把猪肉下锅，着水放调料后，在微火中慢慢煨着，便与客人下起棋来。两人对弈，兴致甚浓，直至局终，苏轼才恍然想起锅中之肉，他原以为一锅猪肉一定会烧焦，急忙走进厨房，却顿觉香气扑鼻，揭锅一看，只见猪肉色泽红润，汁浓味醇。一品便觉醇香可口，糯而不腻，由此博得客人的高度评价，苏轼自己也由此得到了启发。尔后如法复制，同样味美，此后，他便常用此菜，有客待客，无客自食，并将烹制这道菜的经验加以总结，写了一首诗《猪肉颂》：“净洗铛，少著水，柴头罨烟焰不起。待他自熟莫催他，火候足时他自美。黄州好猪肉，价贱如泥土。贵者不肯吃，贫者不解煮。早晨起来打两碗，饱得自家君莫管。”

苏轼煮食猪肉，烹制得法，按他总结的烹饪要领是：“慢著火，少著水。”故而烹制出的东坡肉，味极其鲜美。因为“慢著火，少著水”能使汤汁稠浓，故味道醇厚强烈。而在当时，加上苏轼的名望，特别在知识分子中间，此菜曾被“传为美谈”。菜因人而传，加上黄州人民怀念和敬仰这位名满天下的大文豪，故将他所创的这种香美软烂的佳肴——红烧肉，命名为“东坡肉”。后来厨师还在东坡肉中增添了冬（东）笋、菠（坡）菜，使其更加寓意深长。

黄州东坡肉，因其味美香醇，脍炙人口，自古一直备受人们青睐，故成为鄂东地区筵席中的一道名菜。

二、东坡鱼

据传苏东坡平生最喜爱吃鱼，当年他吃鱼经常是自己动手烹制，因此他深得各种鱼肴之妙法。他曾经在《鱼蛮子》一诗中记述了他做鲤鱼的方法：“擘水取鲂鲤，易如拾诸途。破釜不著盐，雪鳞芼［máo］青蔬。”他在黄州写有《鳊鱼》一诗：“晓日照江水，游鱼似玉瓶。谁言解缩项，贪饵每遭烹。杜老当年意，临流忆孟生。吾今又悲子，辍筯涕纵横。”四川乐山一带的岷江，出产一种黑头鱼。苏东坡与其弟苏辙曾用香油、豆瓣、葱、姜、蒜等调料，用炸、烹、收汁之法制作了“东坡墨鱼”，其味“芳香妙无匹”。苏东坡曾经在《过新息留示乡人任师中》中写道：“怪君便尔忘故乡，稻熟鱼肥信清美。”他在著名的《后赤壁赋》中也记述了将“巨口细鳞，状如松江之鲈”的鳜鱼烹煮以佐酒的故事。在《浣溪沙·渔父》中曾写了“西塞山边白鹭飞，散花洲外片帆微。桃花流水鳜鱼肥”

的美好诗句。他在任登州太守时吃鲍鱼，吃后赞不绝口，《鳆鱼行》中说“膳夫善治荐华堂，坐令雕俎生辉光。肉芝石耳不足数，醋芼鱼皮真倚墙。”

现今留传的东坡鱼也有各种做法，如东坡糖醋鱼、东坡鳊鱼、东坡墨鱼、东坡鳜鱼、东坡鲥鱼、东坡鱼头、东坡鲈鱼等，反正炸、烹、煮、蒸不一而足。但是最佳的做法，还是当年苏东坡创制的“东坡鱼”。

苏东坡在黄州时，曾写《煮鱼法》一文，介绍“子瞻在黄州，好自煮鱼。其法：以鲜鲫鱼或鲤鱼治斫，冷水下，入盐如常法。以菘菜心芼之，仍入浑葱白数茎，不得搅。半熟，入生姜、萝卜汁及酒各少许，三物相等，调匀乃下。临熟，入橘皮线，乃食之”。这种烹鱼方法，就是至今仍在眉山一带老百姓间流传的“水煮鱼”，或者又名“江水煮江鱼”。具体做法是：鱼去鳞，剖腹，掏空内脏，用刀在鱼肋两边各轻划五刀后，入沸水锅文火煮，煮时还要加姜、葱、橘皮等辅料，起锅时再入盐。鱼汤酽而白，鱼肉而嫩。吃鱼肉时可少蘸酱油，汤尤为鲜美。

三、东坡豆腐

传统名菜东坡豆腐，为闻名遐迩的东坡系列菜品之一。此肴虽用料平常，但制法独具一格，其菜质嫩色艳，鲜香味醇，为世人所称道。

相传，苏东坡谪居黄州时，因为官职被贬，薪俸不高，所以生活过得比较简朴，每次待客，便常亲自下厨做菜。因苏东坡喜爱美食，亦常爱做副食菜肴，并颇有研究，久之，人们称此肴为“东坡豆腐”。

豆腐是我国的传统食品，而黄州生产的豆腐自古出名，在当地就流传有“过江名士开笑口，樊口鳊鱼武昌酒。黄州豆腐本佳味，盘中新雪巴河藕”的赞美歌谣。黄州豆腐之所以出名，是与应用“金甲古井”水源有关。传说宋时，黄州一次发生干旱，井水干涸，当地群众挖掘此井时，掏出来一套金甲。据考证，此甲是南北朝将军谢晦（东晋名将谢玄之孙）兵败南逃路经黄州时，为了躲避追袭，便将随身盔甲投入井内，弃甲而逃。这具金甲形似龟壳，然而龟壳又称八卦，故后世又称其为八卦井。井水清澈凛冽，水质纯净，沁人肺腑，甘润醇厚。因而，用此井水做的豆腐，则具有质地细嫩柔韧、烹食味美不碎的特点。黄州名菜东坡豆腐，便是用这种豆腐烹制出来的，特别鲜美。

东坡豆腐，自苏东坡首创后，很快驰名遐迩，其烹制方法广为流传，不久，随东坡任职的转移，便传到了浙江杭州、广东惠州等地。南宋林洪所撰的《山家清供》中，就有记载“东坡豆腐”的制法。据说清代时，广东惠州知府伊秉绶回到福建，又把东坡豆腐传到了汀州，东坡豆腐因此成为汀州家喻户晓的名菜。今天全国各地烹制的东坡豆腐，因其色、香、味、形俱佳，均胜往昔。

四、东坡茶

苏东坡嗜好饮茶，常在朋友面前夸奖四川茶好，这使许多茶友都不服气。京城有位大书法家叫蔡襄，特意带着家乡盛产的闽茶，要与苏学士开个赛茶会，比试个高下。于是，众茶友聚会，共同品茗评判。

赛茶会上，蔡襄将带来的闽茶上品，用山泉水烹制。苏东坡却只取蜀茶下品，用竹沥水烹制。两种茶在茶友们间传来传去，品了一圈又一圈。最后评判揭晓：闽茶败北，蜀茶取胜。茶友们都夸苏学士精于茶道，众口一词皆赞蜀茶。

俗话说："水为茶之母，壶是茶之父。"苏东坡喜爱紫砂壶，他在谪居宜兴时，吟诗挥毫，伴随他的始终是一把提梁式紫砂茶壶，并曾写下"松风竹炉，提壶相呼"的佳句。他爱壶如子，抚摸不已，后来人们称此种壶为"东坡壶"，一直沿袭至今。

苏东坡平素不讲究衣着。一日，他穿一普通的长衫，到一个寺院里，寺院的大主持并不认识他，说了一句："坐。"招呼侍者："茶。"东坡没理他，集中精力欣赏寺内的字画去了。主持见此位来客举止不凡，不由得肃然起敬，又道："请坐！"忙吩咐侍者："敬茶！"那主持请教客人的尊姓大名，方知客人竟是大名鼎鼎的苏东坡，便满脸堆起笑容，恭请客人："请上坐！"连呼侍者："敬香茶。"当主持请他写一副对联时，东坡触景生情挥就一联："坐，请坐，请上坐；茶，敬茶，敬香茶。"将势利鬼的姿态刻画得淋漓尽致。当然，此故事也有很多不同版本附会在其他名人身上。

据传有一年皇上过生日，辽国派特使前来祝贺。皇上按照外交礼节，派苏学士前往作陪。特使早就仰慕苏学士的大名，能与苏学士品茗闲聊，是一份莫大的荣耀。因此，白天宴饮兴犹未尽，入夜继续捧茗言欢。特使乘着酒兴，提出要夜访与辽国有多年交情的前朝宰相文潞公，苏东坡答应一同前往。宾主来到太师府厅坐定后，文潞公把苏东坡拉到一边，悄声说："近日老夫拉肚子，只怕时间长了有失体统。"苏东坡安慰道："潞公之疾不过小恙一桩，尽管以茶代酒。我特地带来太后赐的龙团好茶，你就放心陪客吧！"不一会，异香扑鼻的茶呈上来了，辽国特使赞不绝口。潞公以茶代酒，陪同客人聊天。潞公本想稍坐一会儿便告辞，但他呷了几口茶汤后，便觉特别芳香。说也奇怪，那茶颇合自己口味，除了解乏爽神，肠胃竟也乖巧起来。肚子里暖融融的，十分舒服。潞公端坐徐言，精神越来越好，整个晚上竟没有上一次厕所。第二天，文潞公因昨夜饮茶，竟意外地治好了病，特意去拜访苏东坡。东坡笑道，"龙团早已吃光了。昨晚我说是龙团茶，还不是为了吊你的胃口。这其实是姜茶，一半蜀茶，一半生姜，用新汲井水煎制而成。姜助阳，茶助阴。姜茶消暑、解渴、祛毒，一热一寒，调补阴阳。眼下这个季节，肠胃病多，常饮姜茶，无病防病，有病治病。所以，才敢斗胆请潞公一试！"

姜茶物美价廉，又能防病疗病。时过不久，汴京朝野便流行起姜茶来。人们特意给它取了个雅名，叫"东坡茶"。

五、东坡酒事

读东坡先生诗文，常闻酒香扑鼻，然而他却不是个极善饮酒的人。但是，东坡先生却对酿酒颇有研究。他自己曾说过，下棋、饮酒、唱曲三事皆不如人。不善饮酒而又好与人饮得尽情尽兴。所以他的诗文里就经常出现一个"醉"字，因醉得传神，性情中的苏东坡便醺醺然独步千古了。

旷然酣饮，是坡翁的至乐之事。"夜饮东坡醒复醉，归来仿佛三更""酒困路长惟欲睡，日高人渴漫思茶，敲门试问野人家""料峭春风吹酒醒，微冷，山头斜照却相迎""寒食后，酒醒却咨嗟"，见其酒醒，便悟其醉，一醉一陶然之神态。逢饮必醉，醉了又醒，醒了又醉，手舞足蹈，口出华章，放旷风流者，惟我达人东坡。

东坡壬戌之秋游赤壁，临清风明月，举酒敬客，饮酒乐甚，扣舷而歌，浮想联翩，竟吟到"肴核既尽，杯盘狼藉。相与枕藉乎舟中，不知东方之既白"。丙辰中秋，欢饮达旦，大醉，醉中作了《水调歌头·明月几时有》一词。后人有"中秋词，自东坡水调歌头一出，余词尽废"的评说。东坡在忘情一醉中，思绪最为飘逸穿透，他曾说过："吾酒后乘兴作几千字，觉酒气拂拂从十指出也。”与太白仙斗酒百篇，何以异哉。

东坡有种雅兴，就是自己酿酒。如在惠州被贬时，自家酿了“万家春”酒，这酒有“雪花浮动”，大概是连糟渣也吃掉的糯米甜酒，然而他之所酿，颇见败绩。在黄州作蜜酒，饮辄暴下（腹泻），是因蜜水已经腐败；在惠州作桂酒，用玉桂泡浸，辣得难以入口。因此这两种苏氏家酿都成了笑柄，没有东坡肉那样为人首肯。

第三节　袁枚为豆腐折腰

袁枚（1716—1798），字子才，号简斋，浙江钱塘人，清代乾隆年间的进士，才华横溢，诗文冠江南。他与纪晓岚（四库全书的总编纂者）有“南袁北纪”之称。

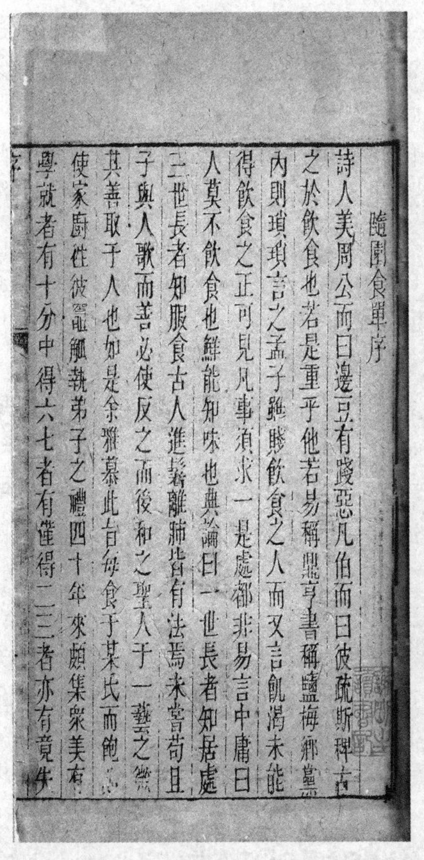

隨園食單序

詩人美周公而曰籩豆有踐惡凡伯而曰彼疏斯稗古之於飲食也若是重乎他若易稱鼎亨書稱鹽梅鄉黨內則瑣瑣言之孟子雖賤飲食之人而又言飢渴未能得飲食之正可見凡事須求一是處都非易言中庸曰人莫不飲食也鮮能知味也典論曰一世長者知居處三世長者知服食古人進鬐離肺皆有法焉未嘗苟且子與人歌而善必使反之而後和之聖人于一藝之微其善取于人也如是余雅慕此旨每食于某氏而飽必使家廚往彼灶觚執弟子之禮四十年來頗集衆美有學就者有十分中得六七者有僅得二三者亦有竟失

乾隆壬子鐫

隨園食單

小倉山房藏版

袁枚好吃，也懂得吃，是一位烹饪名家。曾著有《随园食单》，可谓集我国烹调之大成者，对饮食文化起到了承先启后的作用，为清代众多饮食专著之首，其中有许多论点至今仍可供人借鉴。他详细记载了自我国 18 世纪中叶上溯到 14 世纪的三百二十六种菜肴，大到山珍海味，小到一粥一饭，无所不包。真是味兼南北，美馔俱陈，因此为我国的饮食史保存了不少宝贵的史料。

袁枚认为“学问之道，先知而行”。因此，在《随园食单》先作“须知单”。在“先天须知”中强调了采买和食物原料的重要性。这一点对今人仍具有指导意义。名菜名点必须用上好的原料，不能滥竽充数。此外《随园食单》中所述佐料、洗刷、配搭、火候、色臭、器具，上菜的时节、多寡、洁净、补救等项须知，亦是从事烹调者所应掌握的重要知识。《食单》中又写了“戒单”，即烹调饮食中应该禁忌的诸多事项，如“戒目食”，“目食”菜肴满桌，迭碗垒盘，袁枚以为这是用眼吃，不是用嘴吃。袁枚曾到一商人家进宴，上菜换了 3 次席，点心有 16 道，总计达 40 余种，主人自认为很得意，但他回家后，还是煮粥充饥。袁枚还提出“戒耳餐”，指责那种片面追求名贵食物的做法是“耳吃”，而不是“口吃”。他说：如果仅仅是为了炫耀名贵，不如在碗中放上百粒明珠，岂不价值万金。显然，随园主人的饮食之道是讲究实惠，反对贪贵物之名，取众物之多，来炫耀富贵。袁枚最忌落入俗套，主张独创。他认为官场中的菜肴，有“十六碟”“八大碗”“四点心”之称，皆是不好的厨师的陈规陋习。因此他主张破除陈规鄙习，创造出符合实际需要的食物。

任沭阳知县时，袁枚有一次在海州一位名士的宴席上，看到有一道菜是用芙蓉花烹制的豆腐。这豆腐制作得非常特别，色若白雪，嫩如凉粉，香如菊花，细腻似凝脂，透着一股热腾腾的清鲜美味，看了让人眼馋，闻了便令人流口水，袁枚夹了一块，细细品尝之后，抹了满意的嘴巴，离席径往豆腐店，向主人请教制作方法。

店主是位年老赋闲在家的官吏，见这样一位闻名遐迩的大文豪、县官屈尊登门求教，是自己难得的一种荣耀，就故意摆摆架子，想让这荣耀再辉煌一点，于是笑道“俗语说：一技在身，赛过千金。这制法怎能轻易传人?”

笃诚的袁枚听了信以为真，略经思考，似乎明白了什么，道：“你是要银子？请开个价。”店主见袁枚一副诚恳而又着急的样子，便故意开个玩笑道：“这是金不换呐！陶渊明当年不为五斗米折腰，而今请问你是否愿意为这豆腐而三折腰?”

袁枚是个豪爽之人，向来又以不耻下问出名，听了店主的话后，不愠不怒，毕恭毕敬地向这位年长的老人弯腰三鞠躬。店主见他俯首施礼，屈尊求教，一面歉疚地说“折煞我也，折煞我也”，一面急忙频频答礼。然后，将制法全都教给了他。后来，这位著名诗人、美食家在撰写《随园食单》时，特意把这一种新制法收录于书中，使之广泛传播，使更多的人享此口福。袁枚愿为豆腐折腰，一时传为美谈。

袁枚提倡吃豆腐，他说豆腐可以有多种吃法，什么美味都可以入到豆腐里。在袁枚的带动下，豆腐列入佳肴，广为流行。如浙江的“东坡豆腐”，兰溪的“五香豆腐”，无锡的“镜箱豆腐”，山东的“三美豆腐”，江苏的“八宝豆腐”，宁波的“三虾豆腐”“蘑菇豆腐”，绍兴的“单腐”，诸暨的“双腐”等，式样繁多，美味无穷。

第四节　诸葛亮发明馒头和包子

诸葛亮（181—234），三国时杰出政治家、军事家、战略家、散文家、外交家，字孔明，号卧龙。诸葛亮在汉灵帝光和四年（181 年）出生于琅琊郡阳都县（今山东临沂沂南县）的一个官宦之家。

一、馒头

馒头，是中国具有悠久历史的发酵面团蒸食，是面食家族中最大的一支。这一中华民族传统的面类蒸制食品，其形圆而突起，原本有馅，后来由于形制的演变，又出现有实心的，也有枕头状的。古今称谓也有不同，有的称包子，是指有馅的花色馒头；有的叫蒸馍或馍馍，是指实心的白馒头，叫法因地而异，大多随形命名。不过馒头有一个共同的特点，都是用发酵的面粉为主料入笼蒸制而成，其制作方法比较简单，松软可口，还可根据所需制成各种风味，是一种大众食品。

相传，馒头是作为祭品而产生的，它的创造者竟是妇孺皆知的诸葛亮。

据传在距今一千七百多年前的蜀汉建兴三年（225年），诸葛亮由于采取著名的攻心战，七擒七纵收服了孟获，同西南少数民族建立良好关系后，班师回朝。行军到泸水时，忽然阴云密布，狂风大作，巨浪滔天，导致军队无法渡河。诸葛亮虽然知识渊博，精通天文，对天气变化非常熟悉，但是，面对这天气恶变，也迷惑不解。他急忙请教前来相送、对这一带的地理和气候非常了解的孟获。孟获告诉他说："多年以来这里一直打仗，战争不断，因此许多兵士都战死在这里，这些客死异乡的冤魂野鬼常常出来作怪，凡是要在这里渡水的，必须祭供，否则风浪不止，无法渡过河去。要用七七四十九颗人头祭供才能平安无事，而且来年此地会是一个丰收年。"用人头作祭品，这代价也实在太大了，对于爱民如子的诸葛亮来说，他是断然不能接受的。诸葛亮苦思冥想，最终想出一个用另一种物品替代人的绝妙方法。他命令士兵宰羊杀牛，把牛羊肉剁成肉酱，拌成肉馅，在外面包上面粉，做成人头模样，入笼蒸熟，这种祭品被称为"馒首"。诸葛亮又叫人将这肉与面粉做的七七四十九个馒首运到泸水边，他亲自一一摆在供桌上，拜祭一番，然后一个个丢入泸水中。果然灵验，祭后的泸水顿时云开雾散，风平浪静，大军顺利地渡了过去。此后，人们就经常用馒首作供品进行各种祭祀。馒首作了供品祭祀后可被食用，人们便从中得到启示，逐渐以馒首为食品。由于"首""头"同义，后来又把"馒首"称作"馒头"。

二、包罗万象——包子

有嚼头的"什锦包子"，原名叫"包罗万象"，是成都非常有名的风味小吃，人们十分喜爱。据说什锦包子的来历，与妇孺皆知的刘备三顾茅庐有关。

三国时期，诸葛亮虽有建功立业的想法，却不愿贸然出山，而是隐居，"聊寄傲于琴瑟兮，以待其时"。而刘备开始寄托于刘表，无立锥之地，境况十分艰难，前途未卜，但他胸怀壮志，一心匡复汉室，正苦于无贤能相佐。后闻天下奇才诸葛亮大名，便亲往拜访，欲请他出山，共图大业。

刘备同关羽、张飞前往卧龙岗，两访不遇，三访前，刘备令卜者揲蓍［shé shī］❶，选择吉日，斋戒两天，熏沐更衣，才前往卧龙岗拜谒诸葛亮。选择吉日，可以看出这位皇叔觅才之心诚，求贤之心切；斋戒、熏沐更说明他对诸葛亮的敬佩。见刘备如此礼贤下士，诸葛亮深感刘备的诚意，因此早就准备了酒菜，还吩咐家人做了两种点心，并叫家厨准备开饭。不一会儿，酒菜满桌。刘备入座之后，指着一干一稀两种食品，拜问诸葛先生。诸葛亮笑答："刘皇叔，这稀的叫'闭门羹'，那干的叫'包罗万象'。"刘备等人吃着那一干一稀两种

---

❶ 揲蓍，亦称"揲蓍草"，数蓍草，古代问卜的一种方式，用手抽点蓍草茎的数目，以决定吉凶祸福。

点心，觉得味道特别可口，尤其对那“包罗万象”赞不绝口，真是别有一番滋味。自三顾茅庐吃了那一干一稀两种点心后，始终忘不了“包罗万象”，刘备在成都称帝的盛宴上，也特意陈列了上述一干一稀两种食品。

“包罗万象”这一点心，后改名为“什锦包子”，包子呈菊花状，肉馅中包含了枣、青梅、百合、橘饼、桂圆肉、荔枝肉、葡萄干和香蕉干，果真是“包罗万象”。

虽然是民间传说，却非常质朴可爱，它不像史志或演义，言必“经邦济国”，话不离“鼎足而三”，其情节发展，巧妙地加入了“民以食为天”的饮食凡事，从而使圣贤英雄从不食人间烟火的“神龛”走下凡间，使人们更觉亲近。

参 考 文 献

[1] 赵跃鸣．金庸武侠小说中的饮食文化［J］．江南大学学报（人文社会科学版），2005，12：136-139.
[2] 高建新．中国古代文人与酒之关系略论［J］．内蒙古大学学报（人文社会科学版），2000，1：26-31.
[3] 王拥军．中华美酒谈［M］．四川：中国三峡出版社，2007：15-19.
[4] 方川．红楼梦与酒文化［J］．淮南师专学报，1998，1：35-38.
[5] 赵荣光．中国饮食文化概论［M］．北京：高等教育出版社，2005：1-28.
[6] 陈诏．中国饮食文化［M］．上海古籍出版社，2001：99-103.
[7] 胡自山．中国饮食文化［M］．北京：时事出版社，2005：97-114.
[8] 朱振藩．食林外史［M］．长沙：岳麓出版社，2004：135-142.
[9] 古清生，洪烛．闲说中国美食［M］．北京：中国文联出版社，2004：17-21.
[10] 三叶．中国美食地图［M］．乌鲁木齐：新疆人民出版社，2003：37-41.
[11] 王树明．大汶口文化晚期的酿酒［J］．中国烹饪，1987，9：97-99.
[12] 李波．吃跨中国［M］．北京：光明出版社，2004：246-264.
[13] 袁立泽．饮酒史话［M］．北京：中国大百科全书出版社，2003：5-16.
[14] 董继生，曲志华．白酒［M］．哈尔滨：黑龙江科学技术出版社，2003：151-184.
[15] 王从仁．茶趣［M］．上海：学林出版社，2002：58-74.
[16] 王从仁．中国茶文化［M］．上海：上海古籍出版社，2001：3-24.
[17] 孔润常，孔子的饮食观［M］．档案大观，2006：16-19.
[18] 王仁湘．中国饮食文化［M］．济南：济南出版社，2004：5-71.
[19] 逯耀东．中国饮食文化散记［M］．上海：三联书店出版社，2002：71-89.
[20] 张清华．饮食养生［M］．北京：中国社会出版社，2007：70-158.
[21] 朱鹰．饮食（彩图版）［M］．北京：中国社会出版社，2005：50-82.
[22] 姚伟钧，余和祥．饮食风俗［M］．武汉：湖北教育出版社，2003：2-82.
[23] 姚伟钧．膳之味［M］．北京：北京出版社，2005：20-81.
[24] 邱国珍．中国传统食俗［M］．南宁：广西民族出版社，2002：71-200.
[25] 广州中医药大学《中医饮食调补学》编委会．中医饮食调补学［M］．广州：广东科技出版社，2002：2-10.
[26] 张湖德．《黄帝内经》饮食养生宝典［M］．北京：人民军医出版社，2003：21-53.
[27] 王利华．中古华北饮食文化的变迁［M］．北京：中国社会科学出版社，2000：244-325.
[28] 王世平．社交礼仪［M］．北京：冶金工业出版社，2000：49-87.
[29] 李惠中．跟我学礼仪［M］．北京：中国商业出版社，2005：37-49.
[30] 刘毅政．实用礼仪大全［M］．呼和浩特：内蒙古人民出版社，2001：370-376.
[31] 李一建．古代饮食文化［M］．北京：中国社会科学出版社，2002：79-91.
[32] 陈传康．中国饮食文化的区域分化和发展趋势［J］．地理学报，1994，49（3）：226-233.
[33] 王卫涛．"东辣西酸、南甜北咸"与地理环境趣谈［J］．中学地理教学参考，1998，（4）：46.
[34] 沈军霞．八大菜系的渊源［J］．今日南国，2007，（12）：74-75.
[35] 王英伟．穿越千年记忆的陈香：茶器．金融博览，2018，7：72.
[36] 张剑，茶器、茶具与茶饮．江苏陶瓷，2009，42（3）：42-43.
[37] 张璜．茶之道，器之意：浅谈中国茶文化下茶具设计的方法．山东工艺美术学院学报，2018，01：91-92.
[38] 梁子，谢莉．唐代金银茶器辨析．农业考古，2005：107-112.
[39] 王谦．茶与器．苏州工艺美术职业技术学院学报，2018：76-78.

吴澎，女，博士，山东农业大学教授，硕士生导师。多个国家级协会、学会理事，多个国际、国内核心期刊特邀编辑和审稿专家，多个地方专业协会副会长、秘书长，泰安市作协会员。美国堪萨斯州立大学、美国夏威夷大学、英国皇家农业大学、英国切斯特大学访问学者。先后以第一作者在中外专业期刊发表论文100余篇，主持国家、省部各级课题30余项。主编出版教材及畅销书籍20余部，获国家级二等奖2项、省级二等奖1项。